高等职业教育工程造价专业工学结合"十二五"规划教材

建设工程造价控制

主　编　刘　霁　伍娇娇

副主编　宋红亮　张晓波

WUHAN UNIVERSITY PRESS

武汉大学出版社

图书在版编目(CIP)数据

建设工程造价控制/刘霁,伍娇娇主编.—武汉:武汉大学出版社,2015.8
(2017.7 重印)
高等职业教育工程造价专业工学结合"十二五"规划教材
ISBN 978-7-307-16581-6

Ⅰ.建… Ⅱ.①刘… ②伍… Ⅲ.建筑造价管理—高等职业教育—教材
Ⅳ.TU723.3

中国版本图书馆 CIP 数据核字(2015)第 196620 号

责任编辑:王慧平 邓 瑶 邹 莹 责任校对:薛文杰 装帧设计:吴 极

出版发行:**武汉大学出版社** (430072 武昌 珞珈山)
(电子邮件:whu_publish@163.com 网址:www.stmpress.cn)
印刷:北京虎彩文化传播有限公司
开本:787×1092 1/16 印张:14.5 字数:344 千字
版次:2015 年 8 月第 1 版 2017 年 7 月第 2 次印刷
ISBN 978-7-307-16581-6 定价:38.00 元

前　言

建设工程造价控制是工程造价专业、工程管理专业(投资与造价方向)必修的一门核心课程。通过该课程的学习,学生应能掌握建设工程造价控制的基础知识、基本原理和方法,具备从事建设工程造价控制工作的基本能力。

本书依据《建设工程工程量清单计价规范》(GB 50500—2013)、《建筑安装工程费用项目组成》(建标〔2013〕44号)、《建筑工程施工发包与承包计价管理办法》(中华人民共和国住房和城乡建设部令第16号)、《中华人民共和国简明标准施工招标文件》(国家发展和改革委员会、财政部、住房和城乡建设部等九部委第56号令)、《建设工程价款结算暂行办法》(财建〔2004〕369号)等与工程造价相关的规范、办法等,结合工程实际进行编写,系统性较强,前后知识连贯,形成了完整的知识体系。本书注重建设工程造价控制的应用操作程序,提供了大量的参考表格格式和一些实际案例,可以使学生基本掌握各阶段建设工程造价控制的工作程序,熟悉程序中的相关内容,有利于学生实践能力的培养,满足其毕业后尽快适应工作岗位的要求。

建设项目决策阶段造价控制通过投资估算,确定建设项目的预期投资额,进行投资方案比选和项目财务评价。建设项目设计阶段造价控制是建设工程造价控制的重点,主要通过综合评价法、静态评价法、动态评价法、价值工程进行设计方案的比选和优化,审查设计概算和施工图预算。建设项目招投标阶段造价控制通过招投标方式控制投标价和中标。建设项目施工阶段造价控制通过工程变更、索赔、投资偏差分析等进行。建设项目竣工阶段造价控制编制竣工工程价款结算和竣工决算报表,确定新增资产价值。本书可作为全国高职类建设工程造价和建筑经济管理等相关专业的教学用书,也可作为本科类相关专业的教学参考书和工程造价管理人员的自学参考书。

本书由刘霁、伍娇娇担任主编,由宋红亮、张晓波担任副主编,由文雅、欧阳洋、吴洋、贾亮担任参编。具体的编写分工为:湖南城建职业技术学院文雅、伍娇娇编写项目一,湖南城建职业技术学院刘霁、欧阳洋编写项目二,湖南城建职业技术学院张晓波编写项目三,湖南城建职业技术学院伍娇娇编写项目四,湖南城建职业技术学院宋红亮编写项目五,湖南城建职业技术学院吴洋、贾亮编写项目六。全书由刘霁、伍娇娇统稿、修改并定稿。

在本书编写过程中,编者结合实际工作,参阅了大量资料并多次进行修改,但由于编者水平有限,时间仓促,书中难免存在不当之处,望广大读者提出宝贵意见。

编　者

2015年7月

目　　录

项目一　建设工程造价构成

任务一　建设项目投资及工程造价的构成

　　建设项目总投资是指投资主体为获取预期收益，在选定的建设项目上所需投入的全部资金。生产性建设项目总投资包括建设投资、建设期利息和流动资金三部分；非生产性建设项目总投资包括建设投资和建设期利息两部分。其中，建设投资与建设期利息之和对应于固定资产投资，固定资产投资与建设项目的工程造价在量上相等。

　　建设工程造价的主要构成部分是建设投资，建设投资是指为了完成工程项目建设，在建设期内投入且形成现金流出的全部费用。根据中华人民共和国国家发展和改革委员会(以下简称国家发改委)和建设部发布的《建设项目经济评价方法与参数》(发改投资〔2006〕1325 号)的规定，建设投资包括工程费用、工程建设其他费用和预备费三部分。工程费用是指建设期内直接用于工程建设、设备购置及其安装的建设投资，可以分为设备及工器具购置费和建筑安装工程费；工程建设其他费用是指建设期内发生的与土地使用权取得、整个工程项目建设及未来企业生产经营有关的，构成建设投资但不包括在工程费用中的费用；预备费是指在建设期内为各种不可预见因素的变化而预留的可能增加的费用，包括基本预备费和价差预备费。建设项目总投资的具体构成内容如图 1-1 所示。

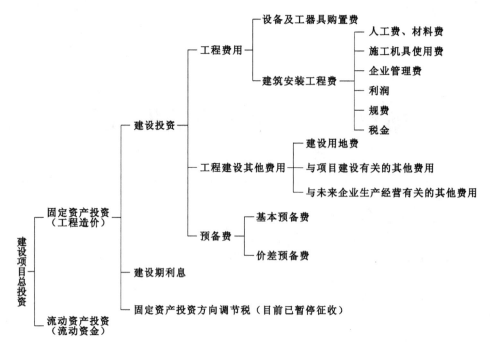

图 1-1　我国现行建设项目总投资的构成

任务二　设备及工器具购置费的构成和计算

设备及工器具购置费,是指按照建设工程设计文件要求,建设单位(或其委托单位)购置或自制达到固定资产标准的设备和与新建、扩建项目配置的首套工器具及生产家具所需的费用,其由设备原价、工器具原价和运杂费(包括设备成套公司服务费)组成。在生产性建设工程项目中,设备及工器具购置费主要表现为其他部门创造的价值向建设工程项目的转移,但这部分投资是建设工程项目投资中的积极部分,其占建设投资比重的提高意味着生产技术的进步和资产有机构成的提高。

一、设备购置费的构成和计算

设备购置费是指为建设工程项目购置或自制的达到固定资产标准的设备、工具、器具所需的费用。固定资产是指为生产商品、提供劳务、对外出租或经营管理而持有的,使用寿命超过一年会计年度的有形资产。新建、扩建项目的新建车间购置或自制的全部设备、工具、器具,无论是否达到固定资产标准,均计入设备及工器具购置费中。设备购置费包括设备原价(或进口设备抵岸价)和设备运杂费。

设备购置费＝设备原价或进口设备抵岸价＋设备运杂费　　　　(1-1)

其中,设备原价指国产标准设备原价、国产非标准设备原价或进口设备原价;设备运杂费指设备原价中未包括的采购、运输、途中包装及仓库保管等方面费用的总和。

（一）国产标准设备原价

国产标准设备是指按照国家主管部门颁布的标准图纸和技术要求，由设备生产厂批量生产的，符合国家质量检验标准的设备。国产标准设备原价一般有两种类型：带有备件的原价和不带有备件的原价。在计算时，通常按带有备件的出厂价计算。国产标准设备一般有完善的设备交易市场，可通过查询交易市场价格或向设备生产厂家询价获得国产标准设备原价。

（二）国产非标准设备原价及计算

国产非标准设备是指国家尚无定型标准，各设备生产厂不可能在工艺过程中采用批量生产，只能按一次订货，并根据具体的设计图纸制造的设备。国产非标准设备原价有多种不同的计算方法，如成本计算估价法、系列设备插入估价法、分部组合估价法、定额估价法等。但无论采用哪种方法，都应该使国产非标准设备计价的准确度接近实际出厂价，并且计算方法要简便。单台国产非标准设备原价由以下各项组成。

1. 材料费。其计算公式如下：

$$材料费 = 材料净重 \times (1 + 加工损耗系数) \times 每吨材料综合价$$

2. 加工费。包括生产工人工资和工资附加费、燃料动力费、设备折旧费、车间经费等。其计算公式如下：

$$加工费 = 设备总重量（吨） \times 设备每吨加工费$$

3. 辅助材料费（简称辅材费）。包括焊条、焊丝、氧气、氩气、氮气、油漆、电石等费用。其计算公式如下：

$$辅助材料费 = 设备总重量 \times 辅助材料费指标$$

4. 专用工具费。按 1～3 项之和乘以一定百分比计算。

5. 废品损失费。按 1～4 项之和乘以一定百分比计算。

6. 外购配套件费。按设备设计图纸所列的外购配套件的名称、型号、规格、数量、重量，根据相应的价格加运杂费计算。

7. 包装费。按以上 1～6 项之和乘以一定百分比计算。

8. 利润。可按 1～5 项加第 7 项之和乘以一定利润率计算。

9. 税金，主要指增值税。计算公式为：

$$增值税 = 当期销项税额 - 进项税额$$
$$当期销项税额 = 销售额 \times 适用增值税率（\%）$$
$$销售额 = 1～8 项之和$$

10. 国产非标准设备设计费：按国家规定的设计费收费标准计算。

综上所述，单台国产非标准设备原价可用以下公式计算：

单台国产非标准设备 ＝ {[（材料费＋加工费＋辅助材料费）×（1＋专用工具费率）

（1＋废品损失费率）＋外购配套件费]×

（1＋包装费率）－外购配套件费}×（1＋利润率）＋

销项税额＋非标准设备设计费＋外购配套件费　　　　　　（1-2）

（三）进口设备原价的构成及其计算

进口设备原价又称进口设备抵岸价，是指抵达买方边境、港口或边境车站，且交完手续费、税费后形成的价格。

1.进口设备的交易价格

在国际贸易中,使用较为广泛的交易价格有以下三种(表1-1):装运港船上交货价(FOB),习惯上称为离岸价;运费在内价(CFR);运费、保险费在内价(CIF),习惯上称为到岸价。

表1-1　　　　　　　　　　　交易价格 FOB、CFR 和 CIF

交易价格	概念	卖方基本义务	买方基本义务
FOB (Free on Board) 离岸价	装运港船上交货价,亦称为离岸价,指当货物在指定的装运港越过船舷,卖方即完成交货义务时的价格。风险转移以在指定的装运港货物越过船舷时为分界点。其费用划分与风险转移的分界点一致	① 办理出口清关手续,自负风险和费用,领取出口许可证及其他官方文件; ② 在约定的日期或期限内,在合同规定的装运港,按港口惯常的方式,把货物装上买方指定的船只并及时通知买方; ③ 承担货物在指定的装运港越过船舷之前的一切费用和风险; ④ 向买方提供商业发票和证明货物已交至船上的装运单据或具有同等效力的电子单证	① 负责租船订舱,按时派船到合同约定的装运港接运货物,支付运费,并将船期、船名及装船地点及时通知卖方; ② 承担货物在指定的装运港越过船舷后的各种费用及货物灭失或损坏的一切风险; ③ 负责获取进口许可证或其他官方文件,以及办理货物入境手续; ④ 受领卖方提供的各种单证,按合同规定支付货款
CFR (Cost and Freight) 运费在内价	运费在内价又称为成本加运费,指在装运港货物越过船舷卖方即完成交货,卖方必须支付将货物运至指定目的港所需的运费和费用,但交货后货物灭失或损坏的风险,以及由于各种事件造成的任何额外费用,即由卖方转移到买方。与FOB相比,CFR的费用划分与风险转移的分界点是不一致的	① 提供合同规定的货物,负责订立运输合同,并租船订舱,在合同规定的装运港和规定的期限内将货物装上船并及时通知买方,支付运至目的港的运费; ② 负责办理出口清关手续,提供出口许可证或其他官方批准的证件; ③ 承担货物在指定装运港越过船舷之前的一切费用和风险; ④ 按合同规定提供正式有效的运输单据、发票或具有同等效力的电子单证	① 承担货物在指定装运港越过船舷以后的一切风险及运输途中因遭遇风险所引起的额外费用; ② 在合同规定的目的港受领货物,办理进口清关手续,缴纳进口税; ③ 受领卖方提供的各种约定的单证,并按合同规定支付货款
CIF (Cost Insurance and Freight) 到岸价	成本加保险费、运费,习惯上称为到岸价	除负有与CFR相同的义务外,还应办理货物在运输途中最低险别的海运保险,并应支付保险费	除保险费这项义务之外,买方的义务与CFR相同

注:三种交易价格的关系为:到岸价(CIF)=离岸价(FOB)+国际运费+运输保险费=运费在内价(CFR)+运输保险费。

2.进口设备原价的构成及计算

进口设备原价的计算公式如下。

$$进口设备原价=货价+国际运费+运输保险费+银行财务费+$$
$$外贸手续费+进口关税+消费税+增值税+车辆购置税$$

（1）货价：一般指装运港船上交货价（FOB）。计算公式为：

$$货价=离岸价（FOB）×人民币外汇牌价 \qquad (1\text{-}3)$$

（2）国际运费：指从指定装运港到达目的港的运费。我国进口设备大部分采用海洋运输方式，小部分采用铁路运输方式，个别采用航空运输方式。计算公式为：

$$国际运费=离岸价（FOB）×运费费率 \qquad (1\text{-}4)$$

或

$$国际运费=单位运价×运量 \qquad (1\text{-}5)$$

其中，运费费率或单位运价可参照有关部门或进出口公司的规定。

（3）运输保险费：指由保险人（保险公司）与被保险人（出口人或进口人）订立保险契约，在被保险人交付议定的保险费后，保险人根据保险契约的规定对货物在运输过程中发生的承保责任范围内的损失给予经济上的补偿。计算公式为：

$$运输保险费=\frac{离岸价（FOB）+国际运费}{1-保险费费率}×保险费费率 \qquad (1\text{-}6)$$

（4）银行财务费：一般指在国际贸易结算中，我国银行为进出口商提供金融结算服务收取的费用。计算公式为：

$$银行财务费=离岸价（FOB）×人民币外汇牌价×银行财务费费率 \qquad (1\text{-}7)$$

其中，银行财务费费率一般为 0.4%～0.5%。

（5）外贸手续费：指按规定的外贸手续费费率计取的费用，外贸手续费费率一般取 1.5%。计算公式为：

$$外贸手续费=到岸价（CIF）×人民币外汇牌价×外贸手续费费率 \qquad (1\text{-}8)$$

（6）关税：指由海关对进出国境的货物和物品征收的一种税。计算公式为：

$$关税=到岸价（CIF）×人民币外汇牌价×关税税率 \qquad (1\text{-}9)$$

（7）消费税：指对部分进口产品（如轿车等）征收的一种税。计算公式为：

$$消费税=\frac{到岸价（CIF）×人民币外汇牌价+关税}{1-消费税税率}×消费税税率 \qquad (1\text{-}10)$$

（8）增值税：指我国政府对从事进口贸易的单位和个人，在进口商品报关进口后征收的税种。我国增值税相关条例规定，进口应纳税产品均按组成计税价格，依增值税税率直接计算应纳税额，不扣除任何项目的金额或已纳税额。计算公式为：

$$增值税 = 组成计税价格×增值税税率 \qquad (1\text{-}11)$$

$$组成计税价格 = 到岸价（CIF）×人民币外汇牌价 + 关税 + 消费税 \qquad (1\text{-}12)$$

增值税基本税率为 17%。

（9）车辆购置税。

$$车辆购置税=（关税完税价格+关税+消费税）×车辆购置税税率 \qquad (1\text{-}13)$$

【例 1-1】 从某国进口设备,质量为 500 t,装运港船上交货价为 200 万美元,工程建设项目位于我国某省会城市。如果国际运费标准为 300 美元/t,海上运输保险费费率为 3‰,银行财务费费率为 5‰,外贸手续费费率为 1.5%,关税税率为 22%,增值税税率为 17%,消费税税率为 10%,银行人民币外汇牌价为 1 美元=6.2 元人民币。试对该设备的原价进行估算。

【解】

$$FOB=200×6.2=1240(万元)$$

$$国际运费=300×500×6.2=93(万元)$$

$$海上运输保险费=\frac{1240+93}{1-3‰}×3‰=4.01(万元)$$

$$CIF=1240+93+4.01=1337.01(万元)$$

$$银行财务费=1240×5‰=6.2(万元)$$

$$外贸手续费=1337.01×1.5\%=20.06(万元)$$

$$关税=1337.01×22\%=294.14(万元)$$

$$消费税=\frac{1337.01+294.14}{1-10\%}×10\%=181.24(万元)$$

$$增值税=(1337.01+294.14+181.24)×17\%=308.11(万元)$$

$$进口设备原价=1337.01+6.2+20.06+294.14+181.24+308.11=2146.76(万元)$$

(四) 设备运杂费的构成及计算

1. 设备运杂费的构成

设备运杂费通常由以下各项构成。

(1) 运费和装卸费:对于国产标准设备,指由设备制造厂交货地点起至工地仓库(或施工组织设计指定的需要安装设备的堆放地点)止所发生的运费和装卸费;对于进口设备,则指由我国到岸港口、边境车站起至工地仓库(或施工组织设计指定的需要安装设备的堆放地点)止所发生的运费和装卸费。

(2) 包装费:在设备出厂价格中没有包含的设备包装和包装材料器具费。

(3) 供销部门的手续费:按有关部门规定的统一费率计算。

(4) 采购与仓库保管费:指采购、验收、保管和收发设备所发生的各种费用,包括设备采购、保管和管理人员工资,工资附加费,办公费,差旅交通费,设备供应部门办公和仓库所占固定资产使用费,工具用具使用费,劳动保护费,检验试验费等。这些费用可按主管部门规定的采购保管费费率计算。

2. 设备运杂费的计算

设备运杂费按设备原价乘以设备运杂费费率计算。其计算公式为:

$$设备运杂费=设备原价×设备运杂费费率 \qquad (1-14)$$

其中,设备运杂费费率按各部门及省、市等的规定计取。

二、工器具及生产家具购置费的构成及计算

工器具及生产家具购置费是指新建、扩建项目初步设计规定所必须购置的未达到固

定资产标准的设备、仪器、工卡模具、器具、生产家具和备品备件的费用。其一般计算公式为：

$$工器具及生产家具购置费 = 设备购置费 \times 定额费率 \qquad (1\text{-}15)$$

任务三 建筑安装工程费用构成和计算

一、建筑安装工程费用的构成

根据《住房城乡建设部 财政部关于印发〈建筑安装工程费用项目组成〉的通知》（建标〔2013〕44 号），建筑安装工程费由人工费、材料费、施工机具使用费、企业管理费、利润、规费和税金组成，如图 1-2 所示。而根据《建设工程工程量清单计价规范》（GB 50500—2013）的规定，采用工程量清单计价，建筑安装工程费由分部分项工程费、措施项目费、其他项目费、规费和税金组成，如图 1-3 所示。前者主要表述的是建筑安装工程费用的组成，而后者规定的建筑安装工程费用组成是基于建筑安装工程在工程交易和工程实施阶段工程造价的组价要求，包括索赔等，内容更全面、更具体。

二、按费用构成要素划分建筑安装工程费用项目

建筑安装工程费用按照费用构成要素划分，由人工费、材料费、施工机具使用费、企业管理费、利润、规费和税金组成。

（一）人工费

人工费是指按工资总额构成规定，支付给从事建筑安装工程施工的生产工人和附属生产单位工人的各项费用。

（1）计时工资或计件工资：指按计时工资标准和工作时间或对已做工作按计件单价支付给个人的劳动报酬。

（2）奖金：指对超额劳动和增收节支支付给个人的劳动报酬，如节约奖、劳动竞赛奖等。

（3）津贴补贴：指为了补偿职工特殊或额外的劳动消耗和因其他特殊原因支付给个人的津贴，以及为了保证职工工资水平不受物价影响而支付给个人的物价补贴，如流动施工津贴、特殊地区施工津贴、高温（寒）作业临时津贴、高空作业津贴等。

（4）加班加点工资：指按规定支付的在法定节假日工作的加班工资和在法定日工作时间外延时工作的加点工资。

（5）特殊情况下支付的工资：指根据国家法律、法规和政策规定，因病、工伤、产假、计划生育假、婚丧假、事假、探亲假、定期休假、停工学习、执行国家或社会义务等按计时工资标准或计时工资标准的一定比例支付的工资。

人工费计算方法有以下两种：

$$人工费 = \sum (工日消耗量 \times 日工资单价) \qquad (1\text{-}16)$$

$$人工费 = \sum (工程工日消耗量 \times 日工资单价) \qquad (1\text{-}17)$$

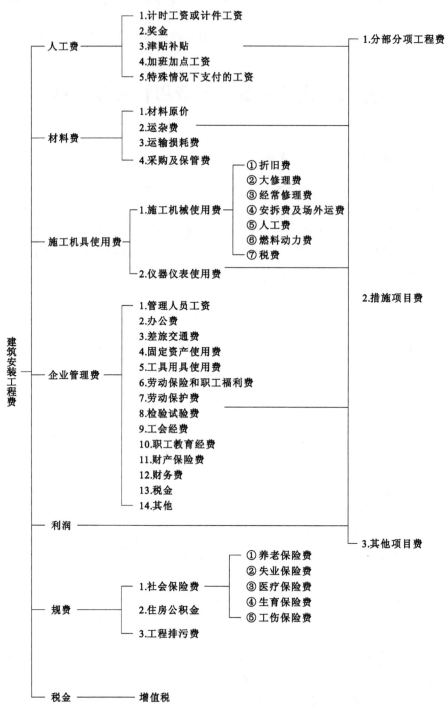

图 1-2　建筑安装工程费项目组成表(按费用构成要素划分)

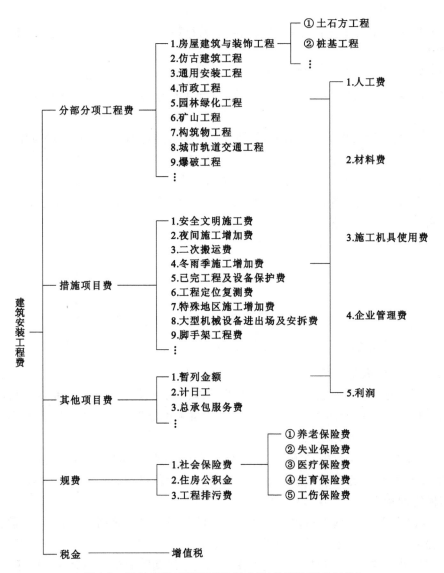

图 1-3　建筑安装工程费项目组成表(按造价形成划分)

其中,日工资单价是指施工企业平均技术熟练程度的生产工人在每工作日(国家法定工作时间内)按规定从事施工作业应得的日工资总额。

日工资单价＝

$$\frac{\text{生产工人平均月工资(计时或计件)}＋\text{平均月(奖金＋津贴补贴＋特殊情况下支付的工资)}}{\text{年平均每月法定工作日}}$$

(1-18)

式(1-16)主要适用于施工企业投标报价时自主确定人工费,也是工程造价管理机构编制计价定额确定定额人工单价或发布人工成本信息的参考依据。式(1-17)适用于工程造价管理机构编制计价定额时确定定额人工费,也是施工企业投标报价的参考依据。

（二）材料费

材料费是指施工过程中耗费的原材料、辅助材料、构配件、零件、半成品或成品、工程设备的费用。

（1）材料原价：指材料、工程设备的出厂价格或商家的供应价格。

（2）运杂费：指材料、工程设备自来源地运至工地仓库或指定堆放地点所发生的全部费用。

（3）运输损耗费：指材料在运输、装卸过程中不可避免的损耗所产生的费用。

（4）采购及保管费：指为组织采购、供应和保管材料、工程设备的过程中所需要的各项费用，包括采购费、仓储费、工地保管费、仓储损耗。工程设备是指构成或计划构成永久工程一部分的机电设备、金属结构设备、仪器装置及其他类似的设备和装置。

材料费计算方法如下。

$$材料费 = \sum（材料消耗量 \times 材料单价） \tag{1-19}$$

$$材料单价 = （材料原价 + 运杂费）\times（1 + 运输损耗率）\times（1 + 采购保管费费率）$$
$$\tag{1-20}$$

$$工程设备费 = \sum（工程设备量 \times 工程设备单价） \tag{1-21}$$

$$工程设备单价 = （设备原价 + 运杂费）\times（1 + 采购保管费费率） \tag{1-22}$$

（三）施工机具使用费

施工机具使用费是指施工作业中所发生的施工机械、仪器仪表使用费或其租赁费。

（1）施工机械使用费：以施工机械台班耗用量乘以施工机械台班单价表示，施工机械台班单价由以下 7 项费用组成。

① 折旧费：指施工机械在规定的使用年限内，陆续收回其原价值的费用。

② 大修理费：指施工机械按规定的大修理间隔台班进行必要的大修理，以恢复其正常功能所需的费用。

③ 经常修理费：指施工机械除大修理以外的各级保养和临时故障排除所需的费用，包括为保障机械正常运转所需替换设备与随机配备工具附具的摊销和维护费用，机械运转中日常保养所需润滑与擦拭的材料费用及机械停滞期间的维护和保养费用等。

④ 安拆费及场外运费：安拆费指施工机械（大型机械除外）在现场进行安装与拆卸所需的人工、材料、机械和试运转费用，以及机械辅助设施的折旧、搭设、拆除等费用；场外运费指由施工机械整体或分体自停放地点运至施工现场或由一施工地点运至另一施工地点的运输、装卸、辅助材料及架线等费用。

⑤ 人工费：指机上司机（司炉）和其他操作人员的人工费。

⑥ 燃料动力费：指施工机械在运转作业过程中所消耗的各种燃料及水、电等的费用。

⑦ 税费：指施工机械按照国家规定应缴纳的车船使用税、保险费及年检费等。

（2）仪器仪表使用费：指工程施工所需使用的仪器仪表的摊销及维修费用。

施工机具使用费计算方法如下：

$$施工机械使用费 = \sum（施工机械台班耗用量 \times 机械台班单价） \tag{1-23}$$

$$机械台班单价＝台班折旧费＋台班大修费＋台班经常修理费＋$$
$$台班安拆费及场外运费＋台班人工费＋$$
$$台班燃料动力费＋台班车船税费 \quad (1-24)$$
$$仪器仪表使用费＝工程使用的仪器仪表摊销费＋维修费 \quad (1-25)$$

（四）企业管理费

企业管理费是指建筑安装企业组织施工生产和经营管理所需的费用。

（1）管理人员工资：指按规定支付给管理人员的计时工资、奖金、津贴补贴、加班加点工资及特殊情况下支付的工资等。

（2）办公费：指企业管理办公用的文具、纸张、账表、印刷、邮电、书报、办公软件、现场监控、会议、水电、烧水和集体取暖降温（包括现场临时宿舍取暖降温）等费用。

（3）差旅交通费：指职工因公出差、调动工作的差旅费、住勤补助费，市内交通费和误餐补助费，职工探亲路费，劳动力招募费，职工退休、退职一次性路费，工伤人员就医路费，工地转移费及管理部门使用的交通工具的油料、燃料等费用。

（4）固定资产使用费：指管理和试验部门及附属生产单位使用的属于固定资产的房屋、设备、仪器等的折旧、大修、维修或租赁费。

（5）工具用具使用费：指企业施工生产和管理使用的不属于固定资产的工具、器具、家具、交通工具及检验、试验、测绘、消防用具等的购置、维修和摊销费。

（6）劳动保险和职工福利费：指由企业支付的职工退职金、按规定支付给离休干部的经费、集体福利费、夏季防暑降温费、冬季取暖补贴、上下班交通补贴等。

（7）劳动保护费：指企业按规定发放的劳动保护用品的支出，如工作服、手套、防暑降温饮料及在有碍身体健康的环境中施工的保健费用等。

（8）检验试验费：指施工企业按照有关标准规定，对建筑及材料、构件和建筑安装物进行一般鉴定、检查所发生的费用，包括自设试验室进行试验所耗用的材料等费用，但不包括新结构、新材料的试验费，对构件做破坏性试验和按其他特殊要求检验试验的费用及建设单位委托检测机构进行检测的费用。对此类检测发生的费用，由建设单位在工程建设其他费用中列支。但对施工企业提供的具有合格证明的材料进行检测发现不合格的，该检测费用由施工企业支付。

（9）工会经费：指企业按《中华人民共和国工会法》规定对全部职工工资总额按比例计提的工会经费。

（10）职工教育经费：指企业按职工工资总额的规定比例计提，为职工进行专业技术和职业技能培训、专业技术人员继续教育、职工职业技能鉴定、职业资格认定及根据需要对职工进行各类文化教育所发生的费用。

（11）财产保险费：指施工管理用财产、车辆等的保险费用。

（12）财务费：指企业为施工生产筹集资金或提供预付款担保、履约担保、职工工资支付担保等所发生的各种费用。

（13）税金：指企业按规定缴纳的房产税、车船使用税、土地使用税、印花税等。

（14）其他：包括技术转让费、技术开发费、投标费、业务招待费、绿化费、广告费、公证费、法律顾问费、审计费、咨询费、保险费等。

企业管理费一般采用取费基数乘以企业管理费费率的方法进行计算,企业管理费费率因取费基数的不同有三种计算方式:以分部分项工程费为计算基础、以人工费和机械费合计为计算基础、以人工费为计算基础。

(1)以分部分项工程费为计算基础。

$$企业管理费费率=\frac{生产工人年平均管理费}{年有效施工天数×人工单价}×人工费占分部分项工程费比例×100\%$$

$$(1\text{-}26)$$

(2)以人工费和机械费合计为计算基础。

$$企业管理费费率=\frac{生产工人年平均管理费}{年有效施工天数×(人工单价+每一工日机械使用费)}×100\%$$

$$(1\text{-}27)$$

(3)以人工费为计算基础。

$$企业管理费费率=\frac{生产工人年平均管理费}{年有效施工天数×人工单价}×100\%$$

$$(1\text{-}28)$$

上述公式适用于施工企业投标报价时自主确定管理费,是工程造价管理机构编制计价定额确定企业管理费的参考依据。

工程造价管理机构在确定计价定额中的企业管理费时,应以定额人工费或(定额人工费+定额机械费)作为计算基数,其企业管理费费率应根据历年工程造价累积的资料辅以调查数据确定,列入分部分项工程和措施项目中。

(五) 利润

利润是指施工企业完成所承包工程获得的盈利。

(六) 规费

规费是指按国家法律、法规规定,由省级政府和省级有关权力部门规定必须缴纳或计取的费用。

1. 社会保险费

(1)养老保险费:指企业按照规定标准为职工缴纳的基本养老保险费。

(2)失业保险费:指企业按照规定标准为职工缴纳的失业保险费。

(3)医疗保险费:指企业按照规定标准为职工缴纳的基本医疗保险费。

(4)生育保险费:指企业按照规定标准为职工缴纳的生育保险费。

(5)工伤保险费:指企业按照规定标准为职工缴纳的工伤保险费。

2. 住房公积金

住房公积金指企业按规定标准为职工缴纳的住房公积金。

3. 工程排污费

工程排污费指企业按规定缴纳的施工现场工程排污费。

其他应列入但未列入的规费,按实际发生计取。

(七)税金

建筑安装工程费用中的税金是指按照国家税法规定的应计入建筑安装工程造价内的增值税。而城市维护建设税、教育附加税、地方教育附加税等税费则归入企业管理费的税金中。增值税的计税方法包括一般计税法和简易计税法。

1. 一般计税法

一般计税法的应纳税额,是指当期销项税额抵扣当期进项税额后的余额。应纳税额计算公式:

$$应纳税额＝当期销项税额－当期进项税额$$

当期销项税额小于当期进项税额不足抵扣时,其不足部分可以结转下期继续抵扣。销项税额是指纳税人发生应税行为按照销售额和增值税税率计算并收取的增值税额,销项税额计算公式:

$$销项税额＝销售额×税率$$

进项税是指纳税人购进货物、加工修理修配劳务、服务、无形资产或者不动产,支付或者负担的增值税额。进项税额在工程造价中不计算,由财务根据增值税专用发票、增值税专用缴款书等凭证从销项税额中进项抵扣。

由上述可知,采用一般计税方法时,增值税计算公式为:

$$增值税＝税前造价×建筑业增值税税率$$

注:建筑业增值税税率目前为10%。

税前造价为人工费、材料费、施工机具使用费、企业管理费、利润和规费之和,各费用项目均以不包含增值税可抵扣进项税额的价格(除税价格)计算。

2. 简易计税法

简易计税法的适用范围如下。

(1)小规模纳税人:纳税人提供建筑服务的年应征增值税销售额未超过500万,并且会计核算不健全,不能按规定报送税务资料的增值税纳税人;或年应征增值税销售额超过500万,但不经常发生应税行为的单位也可选择按照小规模纳税人计税。

(2)一般纳税人以清包工方式提供的建筑服务,即施工方不采购建筑工程所需要的材料或只采购辅助材料,并收取人工费、管理费或其他费用的建筑服务。

(3)一般纳税人为甲方工程提供的建筑服务,即全部或部分设备、材料、动力由发包人自行采购的建筑工程。

(4)一般纳税人为建筑工程老项目提供的建筑服务,建筑工程老项目是指:开工日期在2016年4月30日前的建筑工程项目。

简易计税法的应纳税额,是指按照应纳税销售额和增值税征收率计算的增值税额,不得抵扣进项税额。当采用简易计税法时,建筑业增值税税率为3%,增值税计算公式为:

$$增值税＝税前造价×3\%$$

税前造价为人工费、材料费、施工机具使用费、企业管理费、利润和规费之和,各费用项目均以包含增值税进项税额的含税价格(不除税价格)计算。

三、按造价形成划分建筑安装工程费用项目

建筑安装工程费按照工程造价形成划分,由分部分项工程费、措施项目费、其他项目费、规费、税金组成,分部分项工程费、措施项目费、其他项目费包含人工费、材料费、施工机具使用费、企业管理费和利润。

(一)分部分项工程费

分部分项工程费是指各专业工程的分部分项工程应予列支的各项费用。

(1)专业工程:指按现行国家计量规范划分的房屋建筑与装饰工程、仿古建筑工程、通用安装工程、市政工程、园林绿化工程、矿山工程、构筑物工程、城市轨道交通工程、爆破工程等各类工程。

(2)分部分项工程:指按现行国家计量规范对各专业工程划分的项目,如房屋建筑与装饰工程划分为土石方工程、地基处理与桩基工程、砌筑工程、钢筋及钢筋混凝土工程等。各专业工程的分部分项工程划分见现行国家或行业计量规范。

$$分部分项工程费 = \sum(分部分项工程量 \times 综合单价) \qquad (1\text{-}37)$$

其中,综合单价包括人工费、材料费、施工机具使用费、企业管理费和利润及一定范围的风险费用。

(二)措施项目费

措施项目费是指为完成建设工程施工,在该工程施工前和施工过程中发生的关于技术、生活、安全、环境保护等方面的费用。

(1)安全文明施工费。

① 环境保护费:指施工现场为达到环保部门的要求所需要的各项费用。

② 文明施工费:指施工现场文明施工所需要的各项费用。

③ 安全施工费:指施工现场安全施工所需要的各项费用。

④ 临时设施费:指施工企业为进行建设工程施工所必须搭设的生活和生产用的临时建筑物、构筑物和其他临时设施所需要的费用,包括临时设施的搭设、维修、拆除、清理或摊销等费用。

(2)夜间施工增加费:指因夜间施工所发生的夜班补助费、夜间施工降效、夜间施工照明设备摊销及照明用电等费用。

(3)二次搬运费:指因施工场地条件限制而发生的材料、构配件、半成品等一次运输不能到达堆放地点,必须进行二次或多次搬运所发生的费用。

(4)冬雨季施工增加费:指在冬季或雨季施工需增加的临时设施,防滑、排除雨雪措施,人工及施工机械效率降低等费用。

(5)已完工程及设备保护费:指竣工验收前,对已完工程及设备采取的必要保护措施所发生的费用。

(6)工程定位复测费:指工程施工过程中进行全部施工测量放线和复测工作的费用。

(7)特殊地区施工增加费:指工程在沙漠或其边缘地区,高海拔、高寒、原始森林等特殊地区施工所增加的费用。

(8) 大型机械设备进出场及安拆费:指机械整体或分体自停放场地运至施工现场或由一个施工地点运至另一个施工地点,所发生的机械进出场运输和转移费用及机械在施工现场进行安装、拆卸所需的人工费、材料费、机械费、试运转费和安装所需的辅助设施的费用。

(9) 脚手架工程费:指施工需要的各种脚手架搭拆、运输费用及脚手架购置的摊销(或租赁)费用。

措施项目费及其包含的内容详见各类专业工程的现行国家或行业计量规范。

措施项目费的计算方法有以下两种。

(1) 国家计量规范规定应予计量的措施项目,其计算公式为:

$$措施项目费 = \sum(措施项目工程量 \times 综合单价) \tag{1-38}$$

(2) 国家计量规范规定不宜计量的措施项目计算方法如下。

① 安全文明施工费=计算基数×安全文明施工费费率。

计算基数应为定额基价(定额分部分项工程费+定额中可以计量的措施项目费)、定额人工费或(定额人工费+定额机械费),其费率由工程造价管理机构根据各专业工程的特点综合确定。

② 夜间施工增加费=计算基数×夜间施工增加费费率。

③ 二次搬运费=计算基数×二次搬运费费率。

④ 冬雨季施工增加费=计算基数×冬雨季施工增加费费率。

⑤ 已完工程及设备保护费=计算基数×已完工程及设备保护费费率。

上述②~⑤项措施项目费的计算基数应为定额人工费或(定额人工费+定额机械费),其费率由工程造价管理机构根据各专业工程特点和调查资料综合分析后确定。

(三) 其他项目费

(1) 暂列金额:指建设单位在工程量清单中暂定并包括在工程合同价款中的一笔款项。其用于施工合同签订时尚未确定或不可预见的所需材料、工程设备、服务的采购,施工中可能发生的工程变更、合同约定调整因素出现时的工程价款调整及发生的索赔、现场签证确认等的费用。

(2) 计日工:指在施工过程中,施工企业完成建设单位提出的施工图纸以外的零星项目或工作所需的费用。

(3) 总承包服务费:指总承包人为配合、协调建设单位进行的专业工程发包,对建设单位自行采购的材料、工程设备等进行保管及施工现场管理、竣工资料汇总整理等服务所需的费用。

(四) 规费

规费的定义同按费用构成要素划分。

(五) 税金

税金的定义同按费用构成要素划分。

任务四　工程建设其他费用的构成和计算

工程建设其他费用是指从工程筹建起至工程竣工验收交付使用止的整个建设期内，除建筑安装工程费和设备及工器具购置费以外的，为保证工程建设顺利完成和交付使用后能够正常发挥作用而发生的各项费用。工程建设其他费用大体上可分为三类：第一类为建设用地费，第二类为与项目建设有关的其他费用，第三类为与未来企业生产经营有关的其他费用。

一、建设用地费

任何一个建设项目都固定于一定地点与地面相连接，必然会占用一定量的土地，也就必然会发生为获得建设用地而支付的费用，这就是土地使用费。它是指通过划拨方式取得土地使用权而支付的土地征用及迁移补偿费，或者通过出让方式取得土地使用权而支付的土地使用权出让金。

（一）建设用地取得的基本方式

建设用地取得的实质是依法获取国有土地的使用权。建设用地取得的方式主要有出让方式、划拨方式、租赁和转让方式。

1. 以出让方式取得国有土地使用权

国有土地使用权出让是指国家将土地使用权在一定年限内出让给土地使用者，由土地使用者向国家支付土地使用权出让金的行为。出让方式包括招标、拍卖、挂牌、协议。

土地使用权出让最高年限按不同用途确定：

① 居住用地为 70 年；

② 工业用地为 50 年；

③ 教育、科技、文化、卫生、体育用地为 50 年；

④ 商业、旅游、娱乐用地为 40 年；

⑤ 综合或者其他用地为 50 年。

2. 以划拨方式取得国有土地使用权

国有土地使用权划拨是指县级以上人民政府依法批准，在土地使用者缴纳补偿、安置等费用后将该幅土地交付其使用，或者将土地使用权无偿交付给土地使用者使用的行为，即划拨土地使用权不需要使用者出钱购买土地使用权，而是国家批准其无偿、无年限限制地使用国有土地。但取得划拨土地使用权的使用者应当依法缴纳土地使用税。

以划拨方式取得土地使用权的,除法律、行政法规另有规定外,没有使用期限的限制。虽然无偿取得划拨土地使用权没有年限限制,但因土地使用者迁移、解散、撤销、破产或者其他原因而停止使用土地的,国家应当无偿收回划拨土地使用权,并可依法出让。因城市建设发展的需要和城市规划的要求,也可以对划拨土地使用权无偿收回,并可依法出让。无偿收回划拨土地使用权的,其地上建筑物和其他附着物归国家所有,但应根据实际情况给予适当补偿。

根据《中华人民共和国城市房地产管理法》第二十四条的规定,下列建设用地的土地使用权,确属必需的,可以由县级以上人民政府依法批准划拨:

(1)国家机关用地和军事用地。

(2)城市基础设施用地和公益事业用地。

(3)国家重点扶持的能源、交通、水利等项目用地。

(4)法律、行政法规规定的其他用地。

以划拨方式取得土地使用权的,经主管部门登记、核实,由同级人民政府颁发土地使用权证。

(二)建设用地取得的费用

建设用地如果通过划拨方式获得,则土地使用者需要承担征地补偿费用或对原用地单位或个人的拆迁补偿费用。建设用地如果通过市场机制获得,则土地使用者需要向土地所有者支付有偿使用费,即土地出让金。

1.征地补偿费用

征用耕地的补偿费用包括土地补偿费、安置补助费、青苗补偿费和地上附着物补偿费、新菜地开发建设基金、耕地占用税及土地管理费。

(1)土地补偿费。

征用耕地的土地补偿费为该耕地被征用前三年平均年产值的6~10倍。征用其他土地的土地补偿费和安置补助费标准由省、自治区、直辖市参照征用耕地的土地补偿费和安置补助费的标准规定。

(2)安置补助费。

征用耕地的安置补助费按照需要安置的农业人口数计算。需要安置的农业人口数按照被征用的耕地数量除以征地前被征用单位平均每人占有耕地的数量计算。每一个需要安置的农业人口的安置补助费标准为该耕地被征用前三年平均年产值的4~6倍。但是,每公顷被征用耕地的安置补助费最高不得超过被征用前三年平均年产值的15倍。

(3)青苗补偿费和地上附着物补偿费。

青苗补偿费是因征地时对正在生长的农作物造成损害而给予的一种赔偿。地上附着物是指房屋、水井、树木、涵洞、桥梁、公路、水利设施、林木等地面建筑物、构筑物、附着物等。被征用土地上的附着物和青苗的补偿标准由省、自治区、直辖市规定。

(4)新菜地开发建设基金。

若征用城市郊区的菜地,则用地单位应按国家有关规定缴纳新菜地开发建设基金。

标准为：百万人口的城市，每征用一亩菜地缴纳 7000～10000 元；五十万以上不足百万人口的城市，每征用一亩菜地缴纳 5000～7000 元；不足十万人口的城市，每征用一亩菜地缴纳 3000～5000 元。各省、自治区、直辖市根据以上标准确定自己的标准，但不得超出以上标准限额。

（5）耕地占用税。

耕地占用税是指对占用耕地建房或者从事其他非农业建设的单位和个人征收的一种税，目的是合理利用土地资源，节约用地，保护农用耕地。

（6）土地管理费。

土地管理费主要是针对征地工作中所发生的办公、会议、培训、宣传、差旅、借用人员工资等必须支付的费用。

2. 拆迁补偿费用

根据《国有土地上房屋征收与补偿条例》的规定，房屋征收对被征收人给予的补偿包括：

（1）被征收房屋价值的补偿；

（2）因征收房屋造成的搬迁、临时安置的补偿；

（3）因征收房屋造成的停产停业损失的补偿。

市、县级人民政府应当制定补助和奖励办法，对被征收人给予补助和奖励。对被征收房屋价值的补偿不得低于房屋征收决定公告之日被征收房屋类似房地产的市场价格。被征收房屋的价值由具有相应资质的房地产价格评估机构按照房屋征收评估办法评估确定。被征收人可以选择货币补偿，也可以选择房屋产权调换。被征收人选择房屋产权调换的，市、县级人民政府应当提供用于产权调换的房屋，并与被征收人计算、结清被征收房屋价值和用于产权调换房屋价值的差价。因旧城区改建征收个人住宅，被征收人选择在改建地段进行房屋产权调换的，作出房屋征收决定的市、县级人民政府应当提供改建地段或就近地段的房屋。因征收房屋造成搬迁的，房屋征收部门应当向被征收人支付搬迁费；选择房屋产权调换的，产权调换房屋交付前房屋征收部门应当向被征收人支付临时安置费或者提供周转用房。对因征收房屋造成停产停业损失的补偿，根据房屋被征收前的效益、停产停业期限等因素确定，具体办法由省、自治区、直辖市制定。房屋征收部门与被征收人依照《国有土地上房屋征收与补偿条例》的规定，就补偿方式、补偿金额和支付期限、用于产权调换房屋的地点和面积、搬迁费、临时安置费或者周转用房、停产停业损失、搬迁期限、过渡方式和过渡期限等事项，订立补偿协议。实施房屋征收应当先补偿、后搬迁。作出房屋征收决定的市、县级人民政府对被征收人给予补偿后，被征收人应当在补偿协议约定或补偿决定确定的搬迁期限内完成搬迁。

3. 土地出让金

建设工程通过土地使用权出让方式取得有限期的土地使用权，依照《中华人民共和国城镇国有土地使用权出让和转让暂行条例》规定，必须支付土地使用权出让金。

二、与项目建设有关的其他费用

(一) 建设管理费

建设管理费是指建设单位从项目筹建开始至工程竣工验收合格或交付使用为止发生的项目建设管理费用。

1. 建设单位管理费

建设单位管理费是指建设单位发生的管理性质的开支,包括工作人员工资、工资性补贴、施工现场津贴、职工福利费、住房基金、基本养老保险费、基本医疗保险费、失业保险费、工伤保险费、办公费、差旅交通费、劳动保护费、工具用具使用费、固定资产使用费、必要的办公及生活用品购置费、必要的通信设备及交通工具购置费、零星的固定资产购置费、招募生产工人费、技术图书资料费、业务招待费、设计审查费、工程招标费、合同契约公证费、法律顾问费、咨询费、完工清理费、竣工验收费、印花税和其他管理性质的开支。如建设管理采用工程总承包方式,其总包管理费由建设单位与总包单位根据总包工作范围在合同中商定,从建设管理费中支出。

建设单位管理费以建设投资中的工程费用为基数乘以建设单位管理费费率进行计算:

$$建设单位管理费＝工程费用×建设单位管理费费率 \qquad (1\text{-}39)$$

工程费用是指建筑安装工程费和设备及工器具购置费之和。

2. 工程监理费

工程监理费是指建设单位委托工程监理单位实施工程监理的费用。

由于工程监理是受建设单位委托的工程建设技术服务,故属于建设管理范畴。如采用监理,则建设单位部分管理工作量转移至监理单位。监理费应根据委托的监理工作范围和监理深度在监理合同中商定或按当地或所属行业部门的有关规定计算。

(二) 可行性研究费

可行性研究费是指在建设工程项目前期工作中,编制和评估项目建议书(或预可行性研究报告)、可行性研究报告所需的费用。可行性研究费依据前期研究委托合同计列,或参照《国家计委关于印发〈建设项目前期工作咨询收费暂行规定〉的通知》(计价格〔1999〕1283 号)计算。编制预可行性研究报告参照编制项目建议书收费标准并可适当调整。

(三) 研究试验费

研究试验费是指为建设工程项目提供或验证设计数据、资料等进行必要的研究试验及按照设计规定在建设过程中必须进行试验、验证所需的费用。

研究试验费按照研究试验内容和要求进行编制,其不包括以下项目:

① 应由科技三项费用(新产品试制费、中间试验费和重要科学研究补助费)开支的项目。

② 应在建筑安装工程费用中列支的施工企业对建筑材料、构件和建筑物进行一般鉴定、检查所发生的费用及技术革新的研究试验费。

③ 应由勘察设计费或工程费用开支的项目。

(四)勘察设计费

勘察设计费是指委托勘察、设计单位进行工程水文地质勘察、工程设计所发生的各项费用。勘察设计费依据勘察设计委托合同计列,或参照《国家计委、建设部关于发布〈工程勘察设计收费管理规定〉的通知》(计价格〔2002〕10 号)计算。

(五)环境影响评价费

环境影响评价费是指按照《中华人民共和国环境保护法》《中华人民共和国环境影响评价法》等规定,为全面、详细评价建设工程项目对环境可能产生的污染或造成的重大影响所需的费用,包括编制环境影响报告书(含大纲)、环境影响报告表和评估环境影响报告书(含大纲)、环境影响报告表等所需的费用。

环境影响评价费依据环境影响评价委托合同计列,或按照原中华人民共和国国家发展计划委员会、国家环境保护总局《关于规范环境影响咨询收费有关问题的通知》(计价格〔2002〕125 号)规定计算。

(六)劳动安全卫生评价费

劳动安全卫生评价费是指按照中华人民共和国人力资源和社会保障部相关规定,为预测和分析建设工程项目存在的职业危险、危害因素的种类和危险危害程度,并提出先进、科学、合理可行的劳动安全卫生技术和管理对策所需的费用,包括编制建设工程项目劳动安全卫生预评价大纲和劳动安全卫生预评价报告书及为编制上述文件所进行的工程分析和环境现状调查等所需的费用。

劳动安全卫生评价费依据劳动安全卫生预评价委托合同计列,或按照建设工程项目所在省、市、自治区劳动行政部门规定的标准计算。

(七)场地准备及临时设施费

场地准备及临时设施费是指建设场地准备费和建设单位临时设施费。

(1)场地准备费是指建设工程项目为达到工程开工条件所进行的场地平整和对建设场地遗留的有碍于施工建设的设施进行拆除清理所需的费用。

(2)建设单位临时设施费是指建设单位为满足工程项目建设、生活、办公的需要,用于临时设施建设、维修、租赁、使用所发生或摊销的费用。

(八)引进技术及引进设备其他费用

引进技术及引进设备其他费用是指引进技术和设备所发生的但未计入设备购置费中的费用,包括引进项目图纸资料翻译复制费、备品备件测绘费、出国人员费用、来华人员费用,以及银行担保和承诺费。

(九)工程保险费

工程保险费是指建设工程项目在建设期间根据需要对建筑工程、安装工程、机器设备和人身安全进行投保而发生的保险费用,包括建筑安装工程一切险、进口设备财产保险和人身意外伤害险等,不包括已列入施工企业管理费中的施工管理用财产、车辆保险费。不投保的工程不计取此项费用。

（十）特殊设备安全监督检验费

特殊设备安全监督检验费是指在施工现场组装的锅炉及压力容器、压力管道、消防设备、燃气设备、电梯等特殊设备和设施，由安全监察部门按照有关安全监察条例和实施细则及设计技术要求进行安全检验，应由建设工程项目支付，向安全监察部门缴纳的费用。

特殊设备安全监督检验费按照建设工程项目所在省、市、自治区安全监察部门的规定标准计算。无具体规定的，在编制投资估算和概算时可按受检设备现场安装费的比例估算。

（十一）市政公用设施费

市政公用设施费是指使用市政公用设施的建设工程项目，按照项目所在地省一级人民政府有关规定建设或缴纳的市政公用设施建设配套费用，以及绿化工程补偿费用。按工程所在地人民政府规定标准计列。

三、与未来企业生产经营有关的其他费用

（一）联合试运转费

联合试运转费是指新建项目或新增加生产能力的项目在交付生产前，按照批准的设计文件所规定的工程质量标准和技术要求，进行整个生产线或装置的负荷联合试运转或局部联动试车所发生的费用净支出（试运转支出大于试运转收入的差额部分费用）。试运转支出包括试运转所需原材料、燃料及动力消耗，低值易耗品、其他物料消耗，工具用具使用费、机械使用费、保险金、施工单位参加试运转人员工资及专家指导费等；试运转收入包括试运转期间的产品销售收入和其他收入。

（二）专利及专有技术使用费

1.专利及专有技术使用费的主要内容

（1）国外设计及技术资料费，引进有效专利、专有技术使用费和技术保密费。

（2）国内有效专利、专有技术使用费。

（3）商标权、商誉和特许经营权费等。

2.专利及专有技术使用费的计算

在计算专利及专有技术使用费时，应注意以下问题：

（1）按专利使用许可协议和专有技术使用合同的规定计列。

（2）专有技术的界定应以省、部级鉴定批准为依据。

（3）项目投资中只计算需在建设期内支付的专利及专有技术使用费，协议或合同规定在生产期内支付的使用费应在生产成本中核算。

（4）一次性支付的商标权、商誉及特许经营权费按协议或合同规定计列，协议或合同规定在生产期支付的商标权或特许经营权费应在生产成本中核算。

（5）为项目配套的专用设施投资，包括专用铁路线、专用公路、专用通信设施、送变电站、地下管道、专用码头等，如由项目建设单位负责投资但产权不归属本单位，应作无形资产处理。

（三）生产准备费及开办费

生产准备费是指新建项目或新增生产能力的项目，为保证竣工交付使用而进行必要的生产准备所发生的费用。费用内容包括：

（1）生产职工培训费。自行培训、委托其他单位培训人员的工资、工资性补贴、职工福利费、差旅交通费、学习资料费、学费、劳动保护费。

（2）生产单位提前进厂参加施工，设备安装、调试等，以及熟悉工艺流程及设备性能等人员的工资、工资性补贴、职工福利费、差旅交通费、劳动保护费等。

新建项目以设计定员为基数计算，改扩建项目以新增设计定员为基数计算：

$$生产准备费 = 设计定员 \times 生产准备费指标（元/人） \tag{1-40}$$

任务五 预备费和建设期利息的计算

一、预备费

按我国现行规定，预备费包括基本预备费和价差预备费。

（一）基本预备费

基本预备费是指在项目实施过程中可能发生难以预料的支出，需要事先预留的费用，又称为不可预见费，主要指设计变更及施工过程中可能增加工程量的费用。计算公式为：

$$基本预备费 = （设备及工器具购置费 + 建筑安装工程费 +$$
$$工程建设其他费用） \times 基本预备费费率 \tag{1-41}$$

（二）价差预备费

价差预备费一般根据国家规定的投资综合价格指数，以估算年份价格水平的投资额为基数，采用复利方法计算，计算公式如下：

$$PF = \sum_{t=1}^{n} I_t \left[(1+f)^m (1+f)^{0.5} (1+f)^{t-1} - 1 \right] \tag{1-42}$$

式中 PF——价差预备费；

n——建设期年份数；

I_t——建设期第 t 年的投资计划额，包括工程费用、工程建设其他费用及基本预备费，即第 t 年的静态投资计划额；

f——年均投资价格上涨率；

m——建设前期年限（从编制估算到开工建设），年。

【例1-2】 某建设工程的建筑安装工程费为5500万元，设备购置费为3500万元，工程建设其他费用为2000万元，已知基本预备费费率为5％，项目建设前期年限为1年，项目建设期为3年，各年投资计划额为：第1年投入20％，第2年投入60％，第3年投入

20%,年均投资价格上涨率为6%,求建设项目建设期间价差预备费。

【解】　　　　基本预备费$=(5500+3500+2000)\times5\%=550(万元)$

静态投资计划额$=5500+3500+2000+550=11550(万元)$

建设期第1年完成投资额$=11550\times20\%=2310(万元)$

第1年价差预备费为:

$$PF_1=I_1[(1+f)^1(1+f)^{0.5}-1]=2310\times[(1+6\%)^{1.5}-1]$$
$$=210.99(万元)$$

建设期第2年完成投资额$=11550\times60\%=6930(万元)$

第2年价差预备费为:

$$PF_2=I_2[(1+f)^1(1+f)^{0.5}(1+f)^1-1]=1086.74(万元)$$

建设期第3年完成投资额$=11550\times20\%=2310(万元)$

第3年价差预备费为:

$$PF_3=I_3[(1+f)^1(1+f)^{0.5}(1+f)^2-1]=522.58(万元)$$

故建设期价差预备费为:

$$PF=210.99+1086.74+522.58=1820.31(万元)$$

二、建设期利息

建设期利息是指项目借款在建设期内发生并计入固定资产的利息。为了简化计算,在编制投资估算时通常假定借款均在每年的年中支用,借款第一年按半年计息,其余各年按全年计息。计算公式为:

$$各年应计利息=\left(年初借款本息累计+\frac{本年借款额}{2}\right)\times年利率 \qquad (1\text{-}43)$$

【例1-3】　某新建项目,建设期为3年,分年均衡进行贷款,第1年300万元,第2年600万元,第3年400万元,年利率为12%,建设期内利息只计息不支付,计算建设期利息。

【解】　在建设期内,各年利息计算如下:

第一年应计利息$=0.5\times300\times12\%=18(万元)$

第二年应计利息$=(300+18+0.5\times600)\times12\%=74.16(万元)$

第三年应计利息$=(318+600+74.16+0.5\times400)\times12\%=143.06(万元)$

建设期利息$=18+74.16+143.06=235.22(万元)$

◇ 思考与练习

一、单选题

1.工程造价的主要构成部分是建设投资,根据《建设项目经济评价方法与参数》(发改投资〔2006〕1325号)的规定,建设投资包括(　　　)。

A.工程费用、工程建设其他费用和预备费

B.工程费用、建设期利息和基本预备费

C.工程费用、工程建设其他费用和建设期利息

D.工程费用、基本建设成本和工程建设其他费用

2.某建设项目建筑工程费为 2000 万元,安装工程费为 700 万元,设备购置费为 1100 万元,工程建设其他费用为 450 万元,预备费为 180 万元,建设期利息为 120 万元,流动资金为 500 万元,则该项目的建设投资为( )万元。

A.4250   B.4430   C.4550   D.5050

3.下列关于工器具及生产家具购置费的表述,正确的是( )。

A.该项费用属于设备费

B.该项费用属于工程建设其他费用

C.该项费用是为了保证项目生产运营期的需要而支付的相关购置费用

D.该项费用一般以需要安装的设备购置费为基数乘以一定费率计算

4.某进口设备的人民币货价为 50 万元,国际运费费率为 10%,运输保险费费率为 3%,关税税率为 20%,则该设备应支付的关税税额是( )万元。

A.11.34   B.11.33   C.11.30   D.10.00

5.建设项目的工程造价在量上与( )相等。

A.建设项目总投资   B.静态投资

C.建筑安装工程投资   D.固定资产投资

6.某项目需购入一台国产非标准设备,该设备材料费为 12 万元,加工费为 3 万元,辅助材料费为 1.8 万元,外购配套件费为 1.5 万元,非标准设备设计费为 2 万元,专用工具费费率为 3%,废品损失率及包装费费率均为 2%,增值税税率为 17%,利润率为 10%,则该国产非标准设备的利润为( )万元。

A.1.95   B.2.15   C.1.80   D.1.77

7.某进口设备,到岸价为 5600 万元,关税税率为 21%,增值税税率为 17%,无消费税,则该进口设备应缴纳的增值税为( )万元。

A.2128.00   B.1151.92   C.952.00   D.752.08

8.某进口设备 FOB 为人民币 1200 万元,国际运费为 72 万元,运输保险费为 4.47 万元,关税为 217 万元,银行财务费为 6 万元,外贸手续费为 19.15 万元,增值税为 253.89 万元,消费税税率为 5%,则该设备的消费税为( )万元。

A.78.60   B.74.67   C.79.93   D.93.29

二、多选题

1.下列属于生产性建设项目总投资内容的选项有( )。

A.固定资产投资   B.建设期利息   C.流动资金

D.建设投资   E.建设贷款

2.下列关于设备及工器具购置费的描述,正确的是( )。

A.设备购置费由设备原价、设备运杂费组成

B.国产标准设备带有备件时,其原价按不带备件的价值计算,备件价值计入工器具购置费中

C. 国产标准设备的运费和装卸费是指由设备制造厂交货地点起至工地仓库止所产生的运费和装卸费

D. 进口设备采用装运港船上交货价时,其运费和装卸费是指设备由装运港港口起到工地货仓止所发生的运费和装卸费

E. 设备及工器具购置费是固定资产投资中的积极部分

3. 在设备购置费中,进口车辆购置税的计提基础包括(　　　)。

A. 到岸价　　　　　　　　B. 外贸手续费　　　　　　C. 消费税

D. 关税　　　　　　　　　E. 银行财务费

4. 下列有关进口设备原价的构成与计算,说法正确的是(　　　)。

A. 运输保险费＝CIF×保险费费率

B. 消费税＝(CIF＋关税)×消费税税率

C. 关税＝CIF×关税税率

D. 关税＝关税完税价格×关税税率

E. 增值税＝(CIF＋关税)/(1－消费税税率)×增值税税率

5. 下列属于设备运杂费的有(　　　)。

A. 临时设施费　　　　　　B. 采购与仓库保管费　　　C. 装卸费

D. 设备供销部门的手续费　E. 运费

[思考与练习参考答案]

一、单选题

1～5　ABCAD;6～8　CBA

二、多选题

1～5　BCD　　　ACE　　　ACD　　　ACDE　　　BCDE

项目二　建设项目决策阶段造价控制

```
【知识目标】
  (1) 了解建设项目决策与工程造价的关系；
  (2) 熟悉建设项目决策阶段影响工程造价的主要因素；
  (3) 掌握建设项目决策阶段投资估算的编制方法；
  (4) 掌握项目固定资产投资、流动资金估算表、总投资估算汇总表的编制方法。
【技能目标】
  (1) 能够编制投资估算；
  (2) 能够编制项目固定资产投资、流动资金估算表、总投资估算汇总表。
```

任务一　概　　述

一、建设项目决策的含义

建设项目决策是指投资者在调查、分析、研究的基础上,选择和决定投资行动方案的过程,是对拟建项目的必要性和可行性进行技术经济论证,对不同建设方案进行技术经济比较,以及作出判断和决定的过程。建设项目决策的正确与否,直接关系到工程造价的高低及投资效果的好坏。总之,建设项目决策是投资行动的准则,正确的项目投资行动来源于正确的建设项目决策,正确的建设项目决策是正确估算和有效控制工程造价的前提。

二、建设项目决策与工程造价的关系

(一) 建设项目决策的正确性是工程造价合理性的前提

建设项目决策正确意味着对项目建设作出科学的判断,优选出最佳投资行动方案,达到资源的合理配置,只有这样才能合理地估计和计算工程造价,并且在实施最优投资方案过程中有效地控制工程造价。建设项目决策失误主要体现在对不该建设的项目进行投资建设,或者项目建设地点的选择错误,或者投资方案的确定不合理等。诸如此类

的决策失误,会直接带来不必要的资金投入和人力、物力及财力的浪费,甚至造成不可弥补的损失。在这种情况下,合理地进行工程造价的计价与控制已经毫无意义了。因此,要保证工程造价的合理性,就要事先保证建设项目决策的正确性,避免决策失误。

(二)建设项目决策的内容是决定工程造价的基础

工程造价的计价与控制贯穿于项目建设全过程,但决策阶段的各项技术经济决策对该建设项目的工程造价有重大影响,特别是建设标准的确定、建设地点的选择、工艺的评选、设备的选用等,直接关系到工程造价的高低。据有关资料统计,在项目建设各阶段,建设项目决策阶段影响工程造价的程度最高,达到 70%~90%。因此,决策阶段是决定工程造价的基础阶段,直接影响着决策阶段之后的各个建设阶段工程造价的计价与控制是否科学、合理。

(三)建设项目决策的深度影响投资估算的精确度,也影响工程造价的控制效果

建设项目决策过程是一个由浅入深、不断深化的过程,依次分为若干工作阶段。不同阶段决策的深度不同,投资估算的精确度也不同,如投资机会研究及项目建议书阶段是初步决策的阶段,投资估算的误差率为±30%;而详细可行性研究阶段是最终决策阶段,投资估算误差率在±10%以内。另外,由于在项目建设的各阶段,即决策阶段、初步设计阶段、技术设计阶段、施工图设计阶段、工程招投标及承发包阶段、施工阶段及竣工验收阶段,通过对工程造价的确定与控制,相应形成投资估算、设计概算、修正概算、施工图预算、承包合同价、结算价及竣工决算。这些造价形式之间存在前者控制后者、后者补充前者的相互作用关系。按照前者控制后者的制约关系,投资估算对其后面各种形式的造价起着制约作用,作为限额目标。由此可见,只有增加建设项目决策的深度,采用科学的估算方法和可靠的数据资料,合理地进行投资估算,保证投资估算精确,才能保证其他阶段的造价被控制在合理的范围内,使投资控制目标能够实现,避免"三超"现象的发生。

(四)造价高低、投资多少也影响建设项目决策

决策阶段的投资估算是进行投资方案选择的重要依据之一,同时是决定建设项目是否可行及主管部门进行建设项目审批的参考依据。

三、建设项目决策阶段影响工程造价的主要因素

项目工程造价的多少主要取决于项目的建设标准。建设标准是工程项目前期工作中,对项目决策中有关建设的原则、等级、规模、建筑面积、工艺设备配置、建设用地和主要技术经济指标等方面进行的规定。制定建设标准的目的在于建立工程项目的建设活动秩序,适应社会主义市场经济体制的要求,加强固定资产投资与建设宏观调控,指导建设项目科学决策和管理,合理确定项目建设水平,充分利用资源,推动技术进步,不断提高投资效益。

建设项目决策阶段影响工程造价的因素很多,主要影响因素如图 2-1 所示。

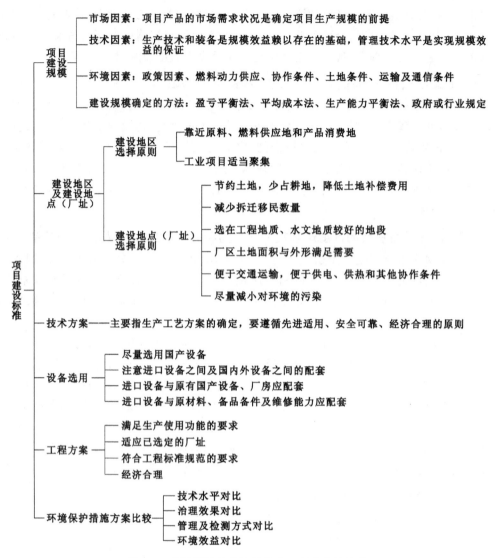

图 2-1　建设项目决策阶段影响工程造价的因素

任务二　投资估算的编制

可行性研究是建设项目决策阶段的重要工作之一,其内容包括总论,市场预测,资源条件评价,建设规模与产品方案,厂址选择,技术方案、设备方案和工程方案,主要原材料、燃料供应,总图布置,厂内外运输与公用辅助工程,能源和资源节约措施,环境影响评价,劳动安全卫生与消防,组织结构与能力资源配置,项目实施进度,投资估算,融资估算,项目的经济评价、社会评价,风险分析,研究结论与建议。其中,投资估算属于建设项目决策阶段工程造价确定和控制的内容,本任务中将详细介绍。

一、建设项目投资估算的含义和作用

建设项目投资估算是指在项目建议书和可行性研究阶段,依据现有的资料和特定的方法,对建设项目的投资数额进行的估计。它是建设项目建设前期编制项目建议书和可行性研究报告的重要组成部分,是项目决策的重要依据之一。投资估算的准确与否不仅影响可行性研究工作的质量和经济评价结果,还直接关系到下一阶段设计概算和施工图预算的编制,对建设项目资金筹措方案也有直接的影响。因此,全面、准确地估算建设项目的工程造价,是可行性研究乃至整个建设项目决策阶段造价管理的重要任务。

建设项目投资估算在建设项目开发建设过程中的作用有以下几点:

(1) 项目建议书阶段的投资估算是项目主管部门审批项目建议书的依据之一,并对项目的规划、规模起参考作用。

(2) 项目可行性研究阶段的投资估算是项目投资决策的重要依据,也是研究、分析、计算项目投资经济效果的重要条件。当可行性研究报告被批准之后,其投资估算额就是设计任务书中下达的投资限额,即建设项目投资的最高限额,不得随意突破。

(3) 项目投资估算对工程设计概算起控制作用,设计概算不得突破批准的投资估算额,并应控制在投资估算额以内。

(4) 项目投资估算可作为项目资金筹措及制订建设贷款计划的依据,建设单位可根据批准的项目投资估算额进行资金筹措和向银行申请贷款。

(5) 项目投资估算是核算建设项目固定资产投资需要额和编制固定资产投资计划的重要依据。

二、建设项目投资估算的阶段划分与精度要求

在我国,建设项目投资估算是初步设计之前各工作阶段均需进行的一项工作。在做工程初步设计之前,根据需要可邀请设计单位参与编制项目规划和项目建议书,并可委托设计单位承担项目的初步可行性研究、可行性研究及设计任务书的编制工作,同时应根据建设项目已明确的技术经济条件,编制和估算出精确度不同的投资估算额。我国建设项目的投资估算分为以下几个阶段。

(1) 项目规划阶段的投资估算。

项目规划阶段是指有关部门根据国民经济发展规划、地区发展规划和行业发展规划的要求,编制建设项目的建设规划的阶段。此阶段是按项目规划的要求和内容,粗略地估算建设项目所需要的投资额,其对投资估算精度的要求为允许误差大于±30%。

(2) 项目建议书阶段的投资估算。

项目建议书阶段的投资估算是指按项目建议书中的产品方案、项目建设规模、产品主要生产工艺、企业车间组成、初选建厂地点等,估算建设项目所需要的投资额。其对投资估算精度的要求为误差控制在±30%以内。此阶段建设项目投资估算的意义是据此判断一个项目是否需要进行下一个阶段的工作。

（3）初步可行性研究阶段的投资估算。

初步可行性研究阶段的投资估算是指在掌握了更详细、更深入资料的条件下，估算建设项目所需的投资额。其对投资估算精度的要求为误差控制在±20%以内。此阶段项目投资估算的意义是据以确定是否需要进行详细可行性研究。

（4）详细可行性研究阶段的投资估算。

详细可行性研究阶段的投资估算至关重要，因为这个阶段的投资估算经审查批准之后，便要确定工程设计任务书中规定的项目投资限额，并可据此列入项目年度基本建设计划。其对投资估算精度的要求为误差控制在±10%以内。

三、投资估算的编制内容、要求及步骤

（一）编制内容

根据国家规定，从满足建设项目投资设计和投资规模的角度，建设项目投资估算包括固定资产投资估算和流动资金估算两部分。

固定资产投资估算的内容按照费用的性质划分，包括建筑安装工程费、设备及工器具购置费、工程建设其他费用、基本预备费、价差预备费、建设期利息、固定资产投资方向调节税。其中，建筑工程费、设备及工器具购置费、安装工程费直接形成实体固定资产，被称为工程费用；工程建设其他费用可分别形成固定资产、无形资产及其他资产。

流动资金是指生产经营性项目投产后，用于购买原材料、燃料，支付工资及其他经营费用等所需的周转资金。它是伴随固定资产投资而发生的长期占用的流动资产投资。

流动资金＝流动资产－流动负债

其中，流动资金主要考虑现金、应收账款和存货；流动负债主要考虑应付账款。因此，流动资金的概念实际上就是财务中营运的资金。

（二）编制要求

（1）工程内容和费用构成齐全，计算合理，不重复计算，不提高或降价估算标准，不漏项、不少算。

（2）选用指标与具体工程之间存在标准或条件差异时，应进行必要的换算或调整。

（3）投资估算精度应能满足控制初步设计概算的要求。

（三）编制步骤

（1）分别估算各单项工程所需的建筑工程费、设备及工器具购置费、安装工程费。

（2）在汇总各单项工程费用的基础上，估算工程建设其他费用和基本预备费。

（3）估算价差预备费和建设期利息。

（4）估算流动资金。

四、投资估算的计算

（一）静态投资部分的估算方法

不同阶段的投资估算，其方法和允许误差是不同的。在项目规划和项目建议书阶

段,投资估算的精度低,可采取简单的匡算法,如单位生产能力法、生产能力指数法、系数估算法和比例估算法等。在可行性研究阶段,投资估算精度要求高,需采用相对详细的投资估算法,即指标估算法。

1.项目规划和项目建议书阶段投资估算方法

(1)单位生产能力估算法。

依据调查的统计资料,利用相近规模的单位生产能力投资乘以建设规模,即得到拟建项目静态投资。其计算公式为:

$$C_2 = \frac{C_1}{Q_1} Q_2 f \tag{2-1}$$

式中　C_1——已建类似项目的静态投资额;

C_2——拟建项目的静态投资额;

Q_1——已建类似项目的生产能力;

Q_2——拟建项目的生产能力;

f——不同时期、不同地点的定额、单价、费用变更等的综合调整系数。

【例 2-1】　某开发商拟建一座 280 套客房的高档宾馆,刚好附近竣工一类似工程,其有 220 套客房,总造价为 3900 万元。试估算新建项目的静态投资额(取 $f=1$)。

【解】　　　　　$C_2 = \frac{C_1}{Q_1} Q_2 f = \frac{3900}{220} \times 280 = 4963.64(万元)$

(2)生产能力指数法。

生产能力指数法又称指数估算法,它是根据已建成类似项目的生产能力和投资额来粗略估算拟建静态项目投资额的方法。其计算公式为:

$$C_2 = C_1 \left(\frac{Q_2}{Q_1}\right)^n f \tag{2-2}$$

式中　n——生产能力指数。

其他符号含义同前。

式(2-2)表明,造价与规模(或容量)呈非线性关系,且单位造价随着工程规模(或容量)的增大而减小。在正常情况下,$0 \leqslant n \leqslant 1$。在不同生产率水平的国家和不同性质的项目中,$n$ 的取值是不同的。例如,对于化工项目,美国取 $n=0.6$,英国取 $n=0.66$,日本取 $n=0.7$。

若已建类似项目的生产规模与拟建项目生产规模相差不大,Q_1 与 Q_2 的比值为 $0.5 \sim 2$,则指数 n 的取值近似为 1。若已建类似项目的生产规模与拟建项目生产规模相差不大于 50 倍,且拟建项目生产规模的扩大仅依靠增大设备规模来达到,则 n 的取值为 $0.6 \sim 0.7$;若拟建项目生产规模是依靠增加相同规格设备的数量来达到,则 n 的取值为 $0.8 \sim 0.9$。

【例 2-2】　2011 年建成的年产 20 万吨的某钢厂,预期投资额为 6800 万元。2014 年拟建年产 50 万吨的钢厂项目,建设期为 2 年。2011—2014 年每年平均造价指数递增 5%。试估算拟建钢厂的静态投资额(n 取 0.8)。

【解】 $C_2 = C_1 \left(\dfrac{Q_2}{Q_1} \right)^n f = 6800 \times \left(\dfrac{50}{20} \right)^{0.8} \times (1 + 5\%)^3 = 16384.33$(万元)

则该项目的静态投资额为 16384.33 万元。

(3) 系数估算法。

① 设备系数法。

设备系数法指以已建项目或装置的设备费为基数进行估算的方法。此估算方法根据已建成的同类项目的建筑安装工程费和其他工程费用等占设备价值的百分比,求出拟建项目的建筑安装工程费及其他工程费用,进而求出项目的静态投资。其计算公式为:

$$C = E(1 + f_1 P_1 + f_2 P_2 + f_3 P_3 + \cdots) + I \qquad (2\text{-}3)$$

式中　C——拟建项目的静态投资额;

E——根据拟建项目当时当地价格计算的设备购置费的总和;

$P_1, P_2, P_3, \cdots$——已建项目中建筑工程费用、安装工程费用及其他工程费用等占设备价值的百分比;

$f_1, f_2, f_3, \cdots$——由于时间因素引起的定额、价格、费用标准等变化的综合调整系数;

I——拟建项目的其他费用。

【例 2-3】 购买某套设备,估计设备购置费为 6900 万元,根据以往资料,建筑工程费、安装工程费和其他工程费用等占设备价值的百分比分别为 43%、15%、10%。假定各工程费用上涨与设备费用上涨是同步的。试估计该项目的静态投资额。

【解】 $\begin{aligned} C &= E(1 + f_1 P_1 + f_2 P_2 + f_3 P_3 + \cdots) + I \\ &= 6900 \times (1 + 1 \times 43\% + 1 \times 15\% + 1 \times 10\%) \\ &= 11592 \text{(万元)} \end{aligned}$

则该项目静态投资额为 11592 万元。

② 主体专业系数法。

主体专业系数法指以拟建项目中最主要、投资比重较大并与生产能力直接相关的工艺设备的投资(包括运杂费及安装费)为基数进行估算的方法。首先根据同类型的已建项目的有关统计资料,计算出拟建项目的各专业工程(总图、土建、采暖通风、给排水、管道、电气、电信、自控及其他费用等)占工艺设备投资的百分比,再据此求出各专业的投资,然后把各部分投资费用(包括工艺设备)相加求和,即为项目的总费用。其计算公式为:

$$C = E \left(1 + \sum_{i=1}^{n} f_i P_i \right) + I \qquad (2\text{-}4)$$

式中 P_i——i 专业工程费用占工艺设备费用的百分比;

f_i——i 专业工程由于时间因素引起的定额、价格、费用标准等变化的综合调整系数;

n——专业工程数。

其他符号意义同前。

【例 2-4】 拟建年产 4000 万吨的铸钢厂,根据可行性研究报告提供的已建年产 3500 万吨类似工程的主厂房工艺设备投资约为 3600 万元。已建类似项目资料——与工艺设备投资有关的各专业工程投资系数,见表 2-1。已知拟建项目建设期与类似项目建设期的综合价格差异系数为 1.25,试用生产能力指数法估算拟建项目的工艺设备投资额,并用主体专业系数法估算该项目主厂房投资。

表 2-1   与工艺设备投资有关的各专业工程投资系数

专业工程	加热炉	汽化冷却	余热锅炉	自动化仪表	起重设备	供电与传动	建筑安装工程
投资系数	0.12	0.01	0.04	0.02	0.09	0.18	0.40

【解】 用生产能力指数法:由于已建项目的规模与拟建项目的规模相差不大,故生产能力指数 n 取为 1。

$$主厂房工艺设备投资=3600\times\left(\frac{4000}{3500}\right)^1\times1.25=5142.86(万元)$$

用主体专业系数法:

$$主厂房投资=5142.86\times(1+12\%+1\%+4\%+2\%+9\%+18\%+40\%)$$
$$=5142.86\times(1+0.86)=9565.72(万元)$$

③ 朗格系数法。

朗格系数法指以设备费为基础,乘以适当系数来推算项目的建设费用的方法。计算比较简单,但没有考虑设备规格、材质的差异,精确度不高。其计算公式为:

$$D=(1+\sum K_i)K_c E \tag{2-5}$$

式中 D——总建设费用;

E——主要设备费用;

K_i——管线、仪表、建筑物等费用的估算系数;

K_c——包括工程费、合同费、应急费等间接费在内的总估算系数。

总建设费用与设备费用之比为朗格系数 K_L,即

$$K_L=(1+\sum K_i)K_c \tag{2-6}$$

(4) 比例估算法

比例估算法是指根据已知的类似建设项目主要生产工艺设备占整个建设项目的投资比例,先逐项估算出拟建项目主要生产工艺设备投资,再按比例估算出拟建项目的静态投资方法。其计算公式为:

$$I = \frac{1}{K} \sum_{i=1}^{n} Q_i P_i \qquad (2-7)$$

式中　I——拟建项目的静态投资；

　　　K——已建项目主要生产工艺设备投资占拟建项目投资的比例；

　　　n——设备种类数；

　　　Q_i——第 i 种设备的数量；

　　　P_i——第 i 种设备的单价(到厂价格)。

比例估算法主要适用于设计深度不足、拟建项目与类似项目的主要生产工艺设备投资比重较大、行业内相关系数等基础资料完备的情况。

2. 可行性研究阶段投资估算方法

指标估算法是投资估算的主要方法。为了保证编制精度，可行性研究阶段建设项目投资估算原则上应采用指标估算法。指标估算法是指依据投资估算指标，对各单位工程或单项工程费用进行估算的方法。

指标估算法是编制各种具体的投资估算指标，进行单位工程投资估算，在此基础上汇总成某一单项工程的投资，再估算工程费用和工程建设其他费用及预备费，即求得所需的建设投资。使用指标估算法的注意事项如下。

① 套用的指标与具体工程之间的标准或条件有差异时，应进行必要的换算或调整。

② 使用的指标单位应密切结合每个单位工程的特点，正确反映其设计参数，切勿盲目地单纯套用一种单位指标。

这种方法大多用于房屋、建筑物的投资估算，要求累积各种不同结构的房屋、建筑物的投资估算指标，并且明确拟建项目的结构和主要技术参数，这样才能保证投资估算的精确度。一般多层轻工车间(厂房)每 100 m² 建筑面积的主要工程量指标见表 2-2。

表 2-2　　　　　　　**厂房每 100 m² 建筑面积的主要工程量指标**

项目	单位	框架结构(3～5 层)	砖混结构(2～4 层)
基础(钢筋混凝土、砖、毛石等)	m³	14～20	16～25
外墙(1～1.5 砖)	m³	10～12	15～25
内墙(1 砖)	m³	7～15	12～20
钢筋混凝土(现、预制)	m³	19～31	18～25
门(木)	m²	4～8	6～10
屋面(卷材平屋面)	m²	20～30	25～50

(二) 动态投资部分的估算方法

动态投资部分主要包括价格变动可能增加的投资额、建设期利息两部分内容。动态投资部分的估算应以基准年静态投资的资金使用计划为基础来计算，而不是以编制的年静态投资为基础计算。

1. 价差预备费的估算

价差预备费计算详见项目一中的任务五。除此之外，如果是涉外项目，还应该计算汇率的影响。汇率是两种不同货币之间的兑换比率,汇率的变化意味着一种货币相对于另一种货币的升值或贬值。在我国,人民币与外币之间的汇率采取以人民币表示外币价格的形式给出,如 1 美元＝6.2 元人民币。由于涉外项目的投资中包含人民币以外的币种,则需要按照相应的汇率把外币投资额换算为人民币投资额,所以汇率变化会对涉外项目的投资额产生影响。

（1）外币对人民币升值。

项目从国外市场购买设备材料所支付的外币金额不变,但换算成人民币的金额增加;从国外借款,本息所支付的外币金额不变,但换算成人民币的金额增加。

（2）外币对人民币贬值。

项目从国外市场购买设备材料所支付的外币金额不变,但换算成人民币的金额减少;从国外借款,本息所支付的外币金额不变,但换算成人民币的金额减少。

2. 建设期利息的估算

建设期利息包括银行借款和其他债务资金的利息及其他融资费用。其他融资费用是指某些债务融资中发生的手续费、承诺费、管理费、信贷保险费等融资费用,一般情况下应将其单独计算并计入建设期利息;在项目前期研究的初期阶段,也可作粗略估算并计入建设投资;对于不涉及国外贷款的项目,在可行性研究阶段,也可作粗略估算并计入建设投资。

建设期利息计算详见项目一中的任务五。

（三）流动资金的投资估算

流动资金的投资估算一般采用分项详细估算法,项目决策分析与评价的初期阶段或者小型项目可采用扩大指标估算法。

（1）分项详细估算法。

分项详细估算法指对构成流动资金的各项流动资产与流动负债分别进行估算的方法。其计算公式为:

$$流动资金＝流动资产－流动负债$$

$$流动资产＝应收账款＋预付账款＋存货＋现金$$

$$流动负债＝应付账款＋预收账款$$

$$流动资金本年增加额＝本年流动资金－上年流动资金$$

流动资金投资估算的具体步骤:首先计算各类流动资产和流动负债的年周转次数,然后分别估算占用资金额。

① 周转次数的计算。周转次数是指流动资金在一年内循环的次数。其计算公式为:

$$年周转次数＝360÷最低周转天数$$

各类流动资产和流动负债的最低周转天数可参照同类企业的平均周转天数并结合项目特点确定,或按部门（行业）规定计算。

② 应收账款估算。应收账款是指企业对外赊销产品,提供劳务尚未收回的资金。其计算公式为:

$$应收账款＝\frac{年经营成本}{应收账款周转次数}$$

③ 预付账款估算。预付账款指企业为购买各类材料、半成品或服务所预先支付的款项。其计算公式为：

$$预付账款 = \frac{外购商品或服务年费用金额}{预付账款周转次数}$$

④ 存货估算。存货指企业为销售或者生产耗用而储备的各种物资,主要有原材料、辅助材料、燃料、低值易耗品、维修备件、包装物、商品、在产品、自制半成品和产成品等。其计算公式为：

$$存货 = 外购原材料、燃料及动力 + 其他材料 + 在产品 + 产成品$$

$$外购原材料、燃料及动力 = \frac{年外购原材料、燃料及动力费用}{分项周转次数}$$

$$其他材料 = \frac{年其他材料费用}{其他材料周转次数}$$

$$在产品 = \frac{年外购原材料、燃料及动力费用 + 年工资及福利费 + 年修理费 + 年其他制造费用}{在产品周转次数}$$

$$产成品 = \frac{年经营成本 - 年其他营业费用}{产成品周转次数}$$

其他制造费用是指制造费用中扣除生产单位管理人员工资及福利费、折旧费、修理费后剩余的部分。

其他营业费用是指营业费用扣除工资及福利费、折旧费、修理费后剩余的部分。

⑤ 现金估算。现金指企业生产运营活动中停留于货币形态的那部分资金,包括企业库存现金和银行存款。其计算公式为：

$$现金 = \frac{年工资及福利费 + 年其他费用}{现金周转次数}$$

$$年其他费用 = 制造费用 + 管理费用 + 营业费用 -$$
$$以上三项费用所含的工资及福利费、折旧费、摊销费、修理费$$

⑥ 流动负债估算。流动负债指在一年或者超过一年的营业周期内,需要偿还的各种债务,包括短期借款、应付票据、应付账款、预收账款、应付工资、应付福利费、应付股利、应缴税金、其他暂收应付款、预提费用和一年内到期的长期借款等。在可行性研究中,流动负债的估算可以只考虑应付账款和预收账款两项。

$$应付账款 = \frac{外购原材料、燃料、动力费用及其他材料年费用}{应付账款周转次数}$$

$$预收账款 = \frac{预售的营业收入年金额}{预收账款周转次数}$$

【例 2-5】 某企业预投资一工业项目,该项目达到设计生产能力以后,全厂定员为 1000 人,工资与福利费按照每人每年 13000 元估算,每年的其他费用为 880 万元(其中其他制造费用为 300 万元)。年外购商品或服务费用为 1000 万元,年外购原材料、燃料及动力费用为 6500 万元,年修理费为 500 万元,年经营成本为 4200 万元,年营业费用忽略不计,年预售营业收入为 1500 万元。各项流动资金的最低周转天数:应收账款为 30 天,预付账款为 20 天,现金为 45 天,存货中各构成项的周转次数均为 40 天,应付账款为 30

天,预收账款为 35 天。试用分项详细估算法估算拟建项目的流动资金,编制流动资金估算表。

【解】

$$应收账款 = \frac{年经营成本}{应收账款周转次数} = \frac{4200}{360/30} = 350(万元)$$

$$预付账款 = \frac{外购商品或服务年费用金额}{预付账款周转次数} = \frac{1000}{360/20} = 55.56(万元)$$

$$现金 = \frac{年工资及福利费 + 年其他费用}{现金周转次数} = \frac{1.3 \times 1000 + 880}{360/45} = 272.5(万元)$$

$$外购原材料、燃料及动力 = \frac{年外购原材料、燃料及动力费用}{分项周转次数}$$

$$= \frac{年外购原材料、燃料及动力费用}{存货周转次数}$$

$$= \frac{6500}{360/40} = 722.22(万元)$$

在产品=

$$\frac{年外购原材料、燃料及动力费用 + 年工资及福利费 + 年修理费 + 年其他制造费用}{在产品周转次数}$$

$$= \frac{6500 + 1.3 \times 1000 + 500 + 300}{360/40} = 955.56(万元)$$

$$产成品 = \frac{年经营成本 - 年其他营业费用}{产成品周转次数} = \frac{4200}{360/40} = 466.67(万元)$$

$$存货 = 外购原材料、燃料及动力 + 在产品 + 产成品$$

$$= 722.22 + 955.56 + 466.67 = 2144.45(万元)$$

$$流动资产 = 应收账款 + 预付账款 + 存货 + 现金$$

$$= 350 + 55.56 + 2144.45 + 272.5$$

$$= 2822.51(万元)$$

$$应付账款 = \frac{外购原材料、燃料、动力费用及其他材料年费用}{应付账款周转次数}$$

$$= \frac{6500}{360/30} = 541.67(万元)$$

$$预收账款 = \frac{预售的营业收入年金额}{预收账款周转次数} = \frac{1500}{360/35} = 145.83(万元)$$

$$流动负债 = 应付账款 + 预收账款 = 541.67 + 145.83 = 687.5(万元)$$

$$流动资金 = 流动资产 - 流动负债 = 2822.51 - 687.5 = 2135.01(万元)$$

流动资金估算见表 2-3。

表 2-3　　　　　　　　　　　　　　**流动资金估算表**

序号	项目	最低周转天数/天	周转次数	金额/万元
1	流动资产(1.1+1.2+1.3+1.4)			2822.51
1.1	应收账款	30	360/30=12	350
1.2	预付账款	20	360/20=18	55.56

序号	项目	最低周转天数/天	周转次数	金额/万元
1.3	存货	40	360/40=9	2144.45
1.3.1	外购原材料、燃料及动力	40	360/40=9	722.22
1.3.2	在产品	40	360/40=9	955.56
1.3.3	产成品	40	360/40=9	466.67
1.4	现金	45	360/45=8	272.5
2	流动负债(2.1+2.2)			687.5
2.1	应付账款	30	360/30=12	541.67
2.2	预收账款	35	360/35=24	145.83
3	流动资金(1-2)			2135.01

（2）扩大指标估算法。

扩大指标估算法是一种简化的流动资金估算方法，一般可参照同类企业流动资金占建设投资、经营成本、销售收入的比例，或者单位产量占流动资金的数额进行估算。具体采用何种基数依据企业习惯而定。该方法简单易行，但准确度不高，适用于项目建议书阶段的投资估算。

五、投资估算文件的编制

根据《建设项目投资估算编审规程》（CECA/GC 1-2007）规定，单独成册的投资估算文件应包括封面、签署页、目录、编制说明、有关附表等。在编制投资估算文件的过程中，一般需要编制建设投资估算表、建设期利息估算表、流动资金估算表、总投资估算汇总表和分年度总投资估算表等。

1.建设投资估算表的编制

按费用归集形式，建设投资可按概算法或形成资产法分类。

（1）概算法编制建设投资估算表。

建设投资由工程费用、工程建设其他费用和预备费三部分构成。其中，工程费用又包括建筑工程费、设备购置费（含工器具及生产家具购置费）和安装工程费。具体内容见表2-4。

表2-4　　　　　　　　　　建设投资估算表（概算法）（人民币单位：万元；外币单位：　）

序号	工程或费用名称	建筑工程费	设备工程费	安装工程费	其他费用	合计	其中：外币	比例/%
1	工程费用							
1.1	主体工程							
1.1.1	×××							
	…							

序号	工程或费用名称	建筑工程费	设备工程费	安装工程费	其他费用	合计	其中：外币	比例/%
1.2	辅助工程							
1.2.1	×××							
	…							
1.3	公用工程							
1.3.1	×××							
	…							
1.4	服务性工程							
1.4.1	×××							
	…							
1.5	厂外工程							
1.5.1	×××							
	…							
1.6	×××							
	…							
2	工程建设其他费用							
2.1	×××							
	…							
3	预备费							
3.1	基本预备费							
3.2	价差预备费							
4	建设投资合计							
	比例/%							

（2）形成资产法编制建设投资估算表。

按形成资产法分类，建设投资由形成固定资产的费用、形成无形资产的费用、形成其他资产的费用和预备费用四部分组成。固定资产费用是指项目投产时直接形成固定资产的建设投资，包括工程费用和工程建设其他费用中按规定将形成固定资产的费用，后者被称为固定资产其他费用，主要包括建设单位管理费、可行性研究费、研究试验费、勘察设计费、环境影响评价费、场地准备及临时设施费、引进技术和引进设备其他费、工程保险费、联合试运转费、特殊设备安全监督检验费和市政公用设施建设及绿化费等。无形资产费用是指将直接形成无形资产的建设投资，主要是专利权、非专利技术、商标权、土地使用权和商誉等。其他资产费用是指建设投资中除形成固定资产和和无形资产以外的部分,如生产准备开办费等。

对于土地使用权的特殊处理:按照规定,在尚未开发或建造自用项目前,土地使用权作为无形资产核算,房地产开发企业开发商品房时,将其账面价值转入开发成本;企业自用项目时将其账面价值转入在建工程成本。因此,为了与以后的折旧和摊销计算相协调,在建设投资估算中通常将土地使用权直接列入固定资产其他费用中。

按形成资产法编制建设投资估算表如表 2-5 所示。

表 2-5 　　　　　　　建设投资估算表(形成资产法) 　(人民币单位:万元;外币单位: 　)

序号	工程或费用名称	建筑工程费	设备工程费	安装工程费	其他费用	合计	其中:外币	比例/%
1	固定资产费用							
1.1	工程费用							
1.1.1	×××							
1.1.2	×××							
	...							
1.2	固定资产其他费用							
1.2.1	×××							
1.2.2	×××							
	...							
2	无形资产费用							
2.1	×××							
	...							
3	其他资产费用							
3.1	×××							
	...							
4	预备费							
4.1	基本预备费							
4.2	价差预备费							
5	建设投资合计							
	比例/%							

2.建设期利息估算表的编制

在估算建设期利息时,需要编制建设期利息估算表(表 2-6)。建设期利息估算表中主要包括建设期发生的各项借款及债券等项目,期初借款余额等于上年借款本金和应计利息之和,即上年期末借款余额;其他融资费用主要指融资中发生的手续费、承诺费、管理费、信贷保险费等融资费用。

表 2-6 　　　　　　　　　　建设期利息估算表 　　　　　　　（单位:万元）

序号	项目	合计	建设期					
			1	2	3	4	…	n
1	借款							
1.1	建设期利息							
1.1.1	期初借款余额							
1.1.2	当期借款							
1.1.3	当期应计利息							
1.1.4	期末借款余额							
1.2	其他融资费用							
1.3	小计(1.1+1.2)							
2	债券							
2.1	建设期利息							
2.1.1	期初债务余额							
2.1.2	当期债务金额							
2.1.3	当期应计利息							
2.1.4	期末债务余额							
2.2	其他融资费用							
2.3	小计(2.1+2.2)							
3	合计(3.1+3.2)							
3.1	建设期利息合计(1.1+2.1)							
3.2	其他融资费用合计(1.2+2.2)							

3.流动资金估算表的编制

在可行性研究阶段,应根据分项详细估算法估算的各项流动资金估算结果编制流动资金估算表,见表 2-7。

表 2-7 　　　　　　　　　　流动资金估算表

序号	项目	最低周转天数/天	周转次数	金额/万元
1	流动资产(1.1+1.2+1.3+1.4)			
1.1	应收账款			
1.2	预付账款			
1.3	存货			
1.3.1	外购原材料、燃料、动力费用			

序号	项目	最低周转天数/天	周转次数	金额/万元
1.3.2	其他材料			
1.3.3	在产品			
1.3.4	产成品			
1.4	现金			
2	流动负债(2.1+2.2)			
2.1	应付账款			
2.2	预收账款			
3	流动资金(1−2)			

4.总投资估算汇总表

按上述投资估算内容和估算方法估算各类投资并进行汇总,编制总投资估算汇总表,见表2-8。

表2-8 **总投资估算汇总表** （人民币单位:万元;外币单位： ）

序号	费用名称	投资额		估算说明
		合计	其中:外汇	
1	建设投资(1.1+1.2)			
1.1	建设投资静态部分			
1.1.1	建筑工程费			
1.1.2	设备及工器具购置费			
1.1.3	安装工程费			
1.1.4	工程建设其他费用			
1.1.5	基本预备费			
1.2	建设投资动态部分			
1.2.1	价差预备费			
2	建设期利息			
3	流动资金			
	项目总投资(1+2+3)			

5.分年度总投资估算表

估算出项目总投资后,应根据项目进度计划的安排编制分年度总投资估算表;分年度建设投资额可作为安排融资计划、估算建设期利息的基础。具体见表2-9。

表 2-9　　　　　　　　　　分年度总投资估算表　（人民币单位:万元;外币单位:　）

序号	项目	人民币			外币		
		1	2	⋯	1	2	⋯
	分年度计划/%						
1	建设投资						
2	建设期利息						
3	流动资金						
4	项目投入总资金(1+2+3)						

➡ 思考与练习

一、单选题

1.某投资者准备在某市郊区建一座水泥厂,则下列(　　　)是该项目规模确定中需考虑的首要因素。

A.国家、地区及行业经济发展规划

B.生产技术水平

C.协作及土地条件

D.当地乃至全国该产品市场需求情况

2.厂区选址时,一般地形力求平坦而略有坡度是为了(　　　)。

A.使厂址的地下水位尽可能低于地下建筑物的基准面

B.节省土地补偿费用

C.减少平整场地的土方工程量,节约投资,又便于地面排水

D.缩短运输距离,减少建设投资和未来的运营成本

3.投资估算指标中建设项目综合指标一般以项目的(　　　)表示。

A.综合生产能力的单位投资

B.综合建筑面积的单位投资

C.综合设备采购的单位投资

D.综合建筑体积的单位投资

4.下列各种投资估算方法中,精确度最高的是(　　　)。

A.比例法　　　　　　　　　　　B.生产能力指数法

C.单位生产能力法　　　　　　　D.指标估算法

5.下列对流动资金估算阐述正确的是(　　　)。

A.若采用分项详细估算法,应根据项目实际情况分别确定现金、应收账款等的最高周转天数

B.不同生产负荷下的流动资金,按照100%生产负荷下的流动资金乘以生产负荷百分比求得

C. 流动资金估算方法可采用扩大指标估算法或分项详细估算法

D. 在确定最低周转天数时不考虑保险系数

6. 按照生产能力指数法($x=0.6,f=1.2$),若将设计中的化工生产系统的生产能力提高 3 倍,投资额将增加(　　)。

　　A. 118.9％　　　　　B. 158.3％　　　　　C. 176％　　　　　D. 191.5％

7. 某新建生产型项目,采用主要车间技术法进行固定资产投资估算,经估算主要生产车间的投资额为 3000 万元,辅助及工用系统投资系数为 0.67,行政及生活福利设施投资系数为 0.25,其他投资系数为 0.38,则该项目的投资额为(　　)万元。

　　A. 6900.00　　　　　B. 7420.88　　　　　C. 7621.88　　　　　D. 8066.10

8. 某建设项目,建设前期为 1 年,建设期为 2 年,第 1 年计划投资 1000 万元,第 2 年计划投资 500 万元,年均投资价格上涨率为 5％,则建设期间价差预备费为(　　)万元。

　　A. 62.5　　　　　B. 75.0　　　　　C. 100.0　　　　　D. 140.79

9. 流动资产估算时,一般采用分项详细估算法,其正确的计算式是:流动资金＝(　　)。

　　A. 流动资金＋流动负债

　　B. 流动资产－流动负债

　　C. 应收账款＋存货－现金

　　D. 应付账款＋存货＋现金－应收账款

　　E. 应收账款＋存货＋现金－应付账款

10. 某新建项目,建设期为 5 年,分年均衡进行贷款,第 1 年贷款 1000 万元,第 2 年贷款 2000 万元,第 3 年贷款 500 万元,年贷款利率为 6％,建设期间只计息不支付,则该项目第 3 年贷款利息为(　　)万元。

　　A. 204.11　　　　　B. 243.60　　　　　C. 345.00　　　　　D. 355.91

二、多选题

1. 关于项目决策与工程造价的关系,下列说法中正确的是(　　)。

　　A. 项目决策的深度影响投资估算的精确度

　　B. 项目决策的深度影响工程造价的控制效果

　　C. 工程造价的合理性是项目决策正确性的前提

　　D. 项目决策的内容是决定工程造价的基础

2. 生产能力指数法是指根据已建成的类似项目的生产能力和投资额来粗略估算拟建项目投资额的方法。下列关于生产能力指数法的说法,正确的是(　　)。

　　A. 在正常情况下,生产能力指数取值通常为 0～1

　　B. 工程造价与规模呈线性关系,单位造价随着工程规模的增大而增大

　　C. 若已建项目的生产规模与拟建项目的生产规模相差不大,则指数 x 的取值近似为 1

　　D. 同一性质的项目在不同生产率水平的国家,指数 x 的取值往往不同

3. 在设备选用中,应注意处理好以下问题(　　)。

　　A. 要尽量选用国产设备

　　B. 要注意进口设备之间以及国内外设备之间的衔接配套问题

C.要注意进口设备与原有国产设备、厂房之间的配套问题

D.要注意进口设备与原材料、备品备件及维修能力之间的配套问题,应尽量避免引进的设备所用的主要原料需要进口

4.应用朗格系数法进行工程项目或装置估价的精度仍不是很高,主要原因是( )。

A.装置规模大小发生变化

B.不同地区自然地理条件的差异

C.不同地区经济地理条件的差异

D.主要设备材质发生变化时,设备费用变化较大而安装费变化不大

5.固定资产投资可分为静态部分和动态部分,构成静态投资部分的是( )。

A.设备及工器具购置费   B.建筑安装工程费

C.价差预备费   D.基本预备费

三、简答题

1.静态投资估算方法有哪些?

2.建设项目投资决策影响工程造价的主要因素是什么?

四、计算题

某建设项目的工程费用与工程建设其他费用的估算额为 52180 万元,预备费为 5000 万元,建设期为 3 年。3 年的投资比例是:第 1 年为 20%,第 2 年为 55%,第 3 年为 25%,第 4 年投产。该项目固定资产投资来源为自有资金和贷款。贷款的总额为 40000 万元,其中,外汇贷款为 2300 万美元。外汇牌价为 1 美元兑换 6.6 元人民币。贷款的人民币部分从中国建设银行获得,年利率为 6%(按季计息)。贷款的外汇部分从中国银行获得,年利率为 8%(按年计息)。

建设项目达到设计生产能力后,全厂定员为 1100 人,工资和福利费按照每人每年 7.20 万元估算;每年其他费用为 860 万元(其中,其他制造费用为 660 万元);年外购原材料、燃料及动力费用估算为 19200 万元;年经营成本为 21000 万元,年销售收入为 33000 万元,年修理费占年经营成本的 10%;年预付账款为 800 万元;年预收账款为 1200 万元。各项流动资金最低周转天数:应收账款为 30 天,现金为 40 天,应付账款为 30 天,存货 40 天,预付账款为 30 天,预收账款为 30 天。

问题:

(1)估算建设期利息。

(2)用分项详细估算法估算拟建项目的流动资金,编制流动资金估算表。

(3)估算拟建项目的总投资。

[思考与练习参考答案]

一、单选题

1~5 DCADC;6~10 CADBA

二、多选题

1~5   ABD   ACD   ABCD   ABCD   ABD

三、简答题

1. 静态投资的估算方法是多种多样的,有单位生产能力估算法、生产能力指数法、比例估算法、系数估算法(设备系数法、主体专业系数法、朗格系数法)和指标估算法等。虽然静态投资估算的方法较多,但是为提高投资估算的科学性和准确性,应根据建设项目的性质(工业或民用)、技术资料和有关数据等具体情况,有针对性地选用适宜的估算方法。

2. 项目决策阶段影响工程造价的主要因素有以下几点。

① 项目规模:市场因素是确定项目规模需要考虑的首要因素,还有技术因素、环境因素。

② 建设地区及建设地点(厂址)的选择:采用靠近原材料、燃料提供地和产品消费地及工业项目适当聚集的原则。

③ 技术方案的确定:主要包括生产工艺方案的确定和主要设备的选择两部分。

④ 设备的选择:尽量选用国产设备,注意进口设备之间及国内外设备之间的衔接配套问题,进口设备与原有国产设备、厂房之间的配套问题,以及进口设备与原材料、备品、备件及维修能力之间的配套问题。

⑤ 工程方案:满足生产使用功能要求,适应已选定的厂址,符合工程标准规范要求,经济合理。

⑥ 环境保护措施方案比选。

四、计算题

【解】 (1)建设期利息计算。

① 人民币贷款实际利率计算。

$$人民币实际利率 = (1+6\% \div 4)^4 - 1 = 6.14\%$$

② 每年投资的贷款部分本金数额计算。

a. 人民币部分。

贷款总额为:

$$40000 - 2300 \times 6.6 = 24820(万元)$$

第 1 年为:

$$24820 \times 20\% = 4964(万元)$$

第 2 年为:

$$24820 \times 55\% = 13651(万元)$$

第 3 年为:

$$24820 \times 25\% = 6205(万元)$$

b. 美元部分。

贷款总额为 2300 万元。

第 1 年为:

$$2300 \times 20\% = 460(万美元)$$

第 2 年为:

$$2300 \times 55\% = 1265(万美元)$$

第 3 年为：

$$2300 \times 25\% = 575(万美元)$$

③ 每年应计利息计算。

a. 人民币贷款利息计算。

第 1 年贷款利息 $= (0 + 4964 \div 2) \times 6.14\% = 152.39(万元)$

第 2 年贷款利息 $= (4964 + 152.39 + 13651 \div 2) \times 6.14\% = 733.23(万元)$

第 3 年贷款利息 $= (4964 + 152.39 + 13651 + 733.23 + 6205 \div 2) \times 6.14\%$
$= 1387.83(万元)$

人民币贷款利息合计 $= 152.39 + 733.23 + 1387.83 = 2273.45(万元)$

b. 外币贷款利息计算。

第 1 年外币贷款利息 $= (0 + 460 \div 2) \times 8\% = 18.40(万美元)$

第 2 年外币贷款利息 $= (460 + 18.40 + 1265 \div 2) \times 8\% = 88.87(万美元)$

第 3 年外币贷款利息 $= (460 + 18.40 + 1265 + 88.87 + 575 \div 2) \times 8\%$
$= 169.58(万美元)$

外币贷款利息合计 $= 18.40 + 88.87 + 169.58 = 276.85(万美元)$

（2）用分项详细估算法估算流动资金及编制流动资金估算表。

应收账款 $=$ 年经营成本 $\div$ 年周转次数 $= 21000 \div (360 \div 30) = 1750(万元)$

现金 $=$（年工资福利费 $+$ 年其他费）$\div$ 年周转次数
$=(1100 \times 7.2 + 860) \div (360 \div 40)$
$= 975.56(万元)$

外购原材料、燃料及动力 $=$ 年外购原材料、燃料及动力费用 $\div$ 年周转次数
$= 19200 \div (360 \div 40)$
$= 2133.33(万元)$

在产品 $=$（年工资福利费 $+$ 年其他制造费 $+$ 年外购原材料、燃料及动力费 $+$
年修理费）$\div$ 年周转次数
$=(1100 \times 7.20 + 660 + 19200 + 21000 \times 10\%) \div (360 \div 40)$
$= 3320.00(万元)$

产成品 $=$ 年经营成本 $\div$ 年周转次数 $= 21000 \div (360 \div 40) = 2333.33(万元)$

存货 $= 2133.33 + 3320 + 2333.33 = 7786.66(万元)$

预付账款 $=$ 年预付账款 $\div$ 年周转次数 $= 800 \div (360 \div 30) = 66.67(万元)$

应付账款 $=$ 外购原材料、燃料及动力费用 $\div$ 年周转次数
$= 19200 \div (360 \div 30) = 1600.00(万元)$

预收账款 $=$ 年预收账款 $\div$ 年周转次数 $= 1200 \div (360 \div 30) = 100.00(万元)$

由此求得：

流动资产 $=$ 应收账款 $+$ 现金 $+$ 存货 $+$ 预付账款
$= 1750 + 975.56 + 7786.66 + 66.67$
$= 10578.89(万元)$

流动负债 $=$ 应付账款 $+$ 预收账款 $= 1600 + 100.00 = 1700.00(万元)$

流动资金 ＝ 流动资产 － 流动负债 ＝ 10578.89 － 1700 ＝ 8878.89(万元)

编制流动资金估算表,见表 2-10。

表 2-10   流动资金估算表

序号	项目	最低周转天数/天	周转次数	金额/万元
1	流动资产(1.1＋1.2＋1.3＋1.4)			10578.89
1.1	应收账款	30	360/30＝12	1750
1.2	预付账款	30	360/30＝12	66.67
1.3	存货	40	360/40＝9	7786.66
1.3.1	外购原材料、燃料及动力	40	360/40＝9	2133.33
1.3.2	在产品	40	360/40＝9	3320.00
1.3.3	产成品	40	360/40＝9	2333.33
1.4	现金	40	360/40＝9	975.56
2	流动负债(2.1＋2.2)			1700.00
2.1	应付账款	30	360/30＝12	1600.00
2.2	预收账款	30	360/30＝12	100.00
3	流动资金(1－2)			8878.89

(3) 根据建设项目总投资构成内容,计算拟建项目的总投资。

总投资＝建设投资＋贷款利息＋流动资金

＝52180＋5000＋276.85×6.6＋2273.45＋8878.89

＝70159.55(万元)

项目三 建设项目设计阶段造价控制

【知识目标】

（1）了解设计程序及设计阶段影响工程造价的主要因素；

（2）了解设计阶段工程造价控制的意义；

（3）掌握工程设计方案的优选方法，重点掌握价值工程在设计方案优选和成本控制中的应用；

（4）掌握设计概算和施工图预算的编制和审查方法。

【技能目标】

（1）能够运用价值工程进行设计方案优选和成本控制；

（2）能够编制设计概算和施工图预算。

任务一 建设项目设计与工程造价的关系

一、概述

建设项目设计是指建设项目开始施工之前，设计者依据已批准的可行性研究报告和设计任务书，为具体实现拟建项目的技术、经济要求，拟订建筑、安装和设备制造等所需的规划、图纸、数据等技术文件的工作。

建设项目设计是使建设项目由计划变为现实并具有决定性意义的工作阶段。设计文件是建筑安装的依据。拟建项目在建设过程中能否保证进度、质量及节约投资，在很大程度上取决于设计阶段。项目建设完成后，能否获得满意的经济效益，除了项目决策之外，设计工作还起着决定性作用。设计工作的重要原则是保证设计的整体性，为此设计工作必须按照一定的程序分阶段进行。

二、项目设计与工程造价的关系

（一）设计阶段工程造价控制的重要意义

1.提高资金利用效率

设计阶段工程造价的计价形式是编制设计概算，通过设计概算可以了解工程造价的构成，分析资金分配的合理性，并可以利用价值工程理论分析项目各个组成部分功能与成本的匹配程度，调整项目功能与成本，使其趋于合理。

2.提高投资控制效率

编制设计概预算并进行分析，可以了解工程各组成部分的投资比例。对于投资比例较大的部分，应作为重点控制对象，以提高投资控制效率。

3.使控制工作更主动

在设计阶段控制工程造价，可以先按一定的质量标准提出新建建筑物每一部分或分项的计划支出费用报表，然后当详细设计制定出来以后，对工程的每一部分或分项估算造价，对照造价计划中所列的指标进行审核，预先发现差异，主动采取一些控制方法消除，使设计更经济。

4.便于技术与经济相结合

由于体制和传统习惯的原因，我国工程设计工作往往由建筑师等专业技术人员来完成。他们在设计过程中往往更关注工程的使用功能，力求采用比较先进的技术方法实现项目所需的功能，而对经济因素考虑较少。如果在设计阶段让造价工程师参与全过程设计，使设计从一开始就建立在健全的经济基础之上，在作出重要决定时就能充分认识其经济后果。另外，投资限额一旦确定，设计就只能在确定的限额内进行，有利于建筑师发挥个人创造力，选择一种最经济的方式实现技术目标，从而确保设计方案能较好地体现技术与经济的结合。

5.在设计阶段控制工程造价效果最显著

工程造价控制贯穿于项目建设全过程，但是影响项目投资最大的阶段是项目设计阶段。国内外工程实践及工程造价资料分析表明：设计阶段对工程造价的影响程度为$75\%\sim85\%$，而在施工阶段通过技术革新等手段，对工程造价的影响只有$5\%\sim10\%$，显然设计阶段是控制工程造价的关键环节。设计阶段的工程造价控制工作不但必要而且很重要。

（二）工业建设项目设计与工程造价的关系

工业建设项目设计对工程造价的影响见表 3-1。

表 3-1   **工业建设项目设计对工程造价的影响**

设计内容	影响因素	应注意的问题	设计要求及选用原则
总平面设计	占地面积	一方面影响征地费用的高低,另一方面影响管线布置成本及项目建成后的运营成本	要注意节约用地,不占或少占农田;满足生产工艺过程的要求;选择方便、经济的运输设施和合理的运输线路;适应建设地点的气候、地形、工程水文地质等自然条件;且必须符合城市规划的要求
	功能区分	合理的功能区分既可以使建筑物的各项功能充分发挥,又可以使总平面布置紧凑、安全,避免深挖深填,减少土石方量和节约用地,降低工程造价;同时使生产工艺流程顺畅、运输方便,降低项目建成后的运营成本	
	现场条件	现场条件是制约设计方案的主要因素之一	
	运输方式	尽可能选择无轨运输,但应考虑项目运营的需要,如果运输量较大,则有轨运输往往比无轨运输成本低	
工艺设计	生产方法	应注意生产方法的先进适用,符合所采用的原料路线和清洁生产的要求	严格按照批准的可行性研究报告的内容进行工艺技术方案的设计,确定具体的工艺流程和生产技术
	工艺流程	工艺流程是工艺设计的核心,应保证主要生产工艺流程无交叉和逆行现象,并使生产线路尽可能短,节省占地,减少管线工程量,节约造价	
	主要设备选型	其对造价和产品质量及生产方法起着决定作用	
建筑设计	平面形状	建筑物平面形状的设计应在满足建筑物使用功能的前提下,降低建筑周长系数	在建筑平面布置和立面形式选择上,满足生产工艺的要求;根据设备种类、规格、数量、重量、振动情况及设备的外形和基础尺寸,确定建筑物的大小、布置和基础类型及建筑结构的选择;根据生产组织管理、生产工艺技术、生产状况提出劳动卫生和建筑结构的要求
	流通空间	满足适用和美观要求的前提下,减小流动空间	
	层高	综合考虑生产工艺、采光、通风及建筑经济等因素。单层厂房高度取决于车间内的运输方式,多层厂房层高还取决于能否容纳车间内的最大生产设备和满足运输的要求	
	建筑物层数	工业厂房层数的选择应该考虑生产性质和生产工艺的要求。对于需要大跨度和高层数,拥有重型生产设备和超重设备,生产时有较大振动,以及大量热和气散发的重型工业设备的情况,采用单层厂房经济合理。多层厂房的经济层数由两个因素确定:厂房展开面积、厂房宽度和长度	
	柱网布置	确定柱子的跨度和间距。单跨厂房柱距不变时宜增加跨度,多跨厂房跨度不变时中跨数量越多越经济	
	建筑物体积和面积	采用大跨度、大柱距平面形状以提高平面利用系数降低造价	
	建筑结构	采用先进结构形式和轻质量高强度建筑材料	
	室内外高差	室内外高差过大,则建筑物的工程造价提高,高差过小又影响使用及卫生要求等	

（三）民用建设项目设计与工程造价的关系

民用建设项目设计是根据建筑物的使用功能要求,确定建筑物标准、结构形式、建筑物空间与平面布置及建筑群体的配置等。民用建筑一般包括公共建筑、住宅小区、住宅建筑。住宅建筑是民用建筑中量最大、最主要的建筑形式,这里主要介绍住宅建筑。

1.住宅小区规划

在进行住宅小区建设规划时,要根据小区的基本功能和要求,确定各构成部分的合理层次与关系,据此安排住宅建筑、公共建筑、管网、道路及绿地的布局,确定合理人口与建筑密度、房屋间距和建筑层数,布置公共设施项目、规模及服务半径,以及水、电、热、煤气的供应等,并划分包括土地开发在内的上述各部分的投资比例。小区规划设计的核心问题是提高土地利用率。

（1）住宅小区规划中影响工程造价的主要因素。

① 占地面积。住宅小区的占地面积不仅直接决定着土地费的高低,还影响小区内道路、工程管线长度和公共设备的多少,而这些费用对小区建设投资的影响通常很大。因此,占地面积指标在很大程度上影响小区建设的总造价。

② 建筑群体的布置形式。建筑群体的布置形式对用地的影响不容忽视,通过采取高低搭配、点条结合、前后错列及局部东西向布置、斜向布置或拐角单元等手法节省地。在保证小区居住功能的前提下,适当集中公共设施,提高公共建筑的层数,合理布置道路,充分利用小区内的边角地,有利于提高建筑密度,降低小区的总造价,或者通过合理压缩建筑间距、适当提高住宅层数或高低层搭配、适当增加房屋长度等方式节约用地。

（2）住宅小区规划中节约用地的措施。

① 压缩建筑间距。住宅建筑的间距主要有日照间距、防火间距、使用间距,取其中最大的间距作为设计依据。

② 提高住宅层数或高低搭配。提高住宅层数或采用多层、高层搭配是节约用地、增加建筑面积的有效措施。但高层住宅造价较高,因此确定住宅的合理层数对节约用地和节约投资有很大影响。

③ 适当增加房屋长度。房屋长度的增加可取消山墙的间距,提高建筑密度。

④ 提高公共建筑层数。公共建筑分散占地多,若能将有关的公共设施集中建在一幢楼内,不仅方便群众,还节约用地。有的公共设施还可以放在住宅底层或者半地下室。

2.住宅建筑设计

（1）住宅建筑设计影响工程造价的因素。

① 建筑物平面形状和周长系数。与工业建设项目设计类似,如按使用指标,虽然圆形建筑 K 周最小,但由于施工复杂,施工费用较矩形建筑增加 20%～30%,故其墙体工程量的减少不能使建筑工程造价降低,且使用面积有效利用率不高,用户使用不便。因此,一般都建造矩形和正方形住宅,既有利于施工,又能降低造价和方便使用。在矩形住宅建筑中,又以长:宽=2:1 为佳。一般住宅以 3～4 个住宅单元、房屋长度为 60～80 m 较为经济。

在满足住宅功能和质量的前提下,适当加大住宅宽度。这是由于宽度加大,墙体面积系数相应减小,故有利于降低造价。

② 住宅的层高和净高。住宅的层高和净高直接影响工程造价。根据工程性质的不同,综合测算住宅层高每降低 10 cm,可降低造价 1.2%～1.5%。层高降低还可提高住宅区的建筑密度,节约土地成本及市政设施费。但是,层高设计中还需考虑采光与通风问题,层高过低不利于采光及通风,因此,民用住宅的层高一般不宜超过 2.8 m。

③ 住宅的层数。民用建筑中,在一定幅度内,住宅层数的增加具有降低造价和使用费用,以及节约用地的优点。随着住宅层数的增加,单方造价系数在逐渐降低,即层数越多越经济,但是边际造价系数也在逐渐减小,说明随着层数的增加,单方造价系数下降幅度减缓。根据规定,7 层及 7 层以上住宅或住户入口层楼面距室外设计地面的高度超过 16 m 时必须设置电梯,需要较多的交通面积(过道、走廊要加宽)和补充设备(供水设备和供电设备等)。所以,住宅以 5～6 层较为经济。高层住宅由于需要提高结构强度,改变结构形式,且需要增加电梯,故单方造价较高,但高层住宅可以节约土地占用面积,对于土地费用较高的城市,采用中高层住宅是比较经济的选择。

④ 住宅单元组成、户型和住户面积。住宅单元组成越多,工程造价越低。如表 3-2 所示,据统计,三居室住宅的设计比两居室的设计降低 1.5% 左右的工程造价,四居室的设计又比三居室的设计降低 3.5% 的工程造价。衡量单元组成、户型设计的指标是结构面积系数(住宅结构面积与建筑面积之比),结构面积系数越小,设计方案越经济。因为结构面积系数减小,有效面积就增加。结构面积系数除与房屋结构有关外,还与房屋外形及其长度和宽度有关,同时与房间平均面积大小和户型组成有关。房屋平均面积越大,内墙、隔墙在建筑面积中所占的比重就越小。

表 3-2　　　　　　　　　　　　　住宅单元组成与工程造价的关系

单元数	1	2	3	4	5	6
工程造价相对值/%	108.96	106.62	101.59	100.70	100.15	100

⑤ 住宅建筑结构的选择。随着我国工业化水平的提高,住宅工业化建筑体系的结构形式多种多样,考虑工程造价时应根据实际情况,因地制宜、就地取材,采用适合本地区经济合理的结构形式。

任务二　设计方案的优选和评价

一、设计方案优选原则

为了提高工程建设投资效果,从选择建设场地和工程总平面布置开始,直至建筑节点的设计,都应进行多方案比选,从中选取技术先进、经济合理的最佳设计方案。设计方案优选应遵循以下原则。

① 设计方案必须要处理好技术先进性与经济合理性之间的关系。

技术先进性与经济合理性有时是矛盾的,设计者应妥善处理好两者之间的关系。设计人员必须使技术和经济有机结合,在每个设计阶段,都能从功能和成本两个角度认真地进行综合考虑、评价,使使用功能和造价互相平衡、协调。一般情况下,要在满足使用者要求的前提下,尽可能地降低工程造价,或者在资金限制范围内,尽可能地提高项目功能水平。

② 设计方案必须兼顾建设与使用,考虑项目全寿命周期费用。

工程造价水平的变化会影响将来的使用成本。如果单纯地降低工程造价,建造质量得不到保证,就会导致使用过程中的维修费用很高,甚至有可能发生重大事故,给社会财产和人民安全带来严重损害。在设计过程中应兼顾建设过程和使用过程,力求项目全寿命周期费用最低。

③ 设计必须兼顾近期与远期的要求。

一方面,项目建成后往往会在很长一段时间内发挥作用,若在设计过程中只强调资金节约,技术上只按照目前的要求设计,则可能导致将来由于项目功能水平低而需要对原项目进行技术改造甚至重新建造,从长远来看,反而造成建设资金的浪费。另一方面,如果设计阶段按照未来的功能要求设计项目,就会增加建设项目造价,并且由于功能水平较高,目前阶段使用者不需要较高的使用功能或无力承受较高的使用功能而产生的费用会造成项目资源闲置浪费。所以,设计时要兼顾近期和远期的要求,选择项目合理的功能水平,同时要根据远期发展需要,适当留有发展余地。

二、工业建设项目设计评价指标和方法

(一) 总平面设计评价

总平面设计是指总图运输设计和总平面布置。其主要包含的内容有:厂址方案、占地面积和土地利用情况,总图运输、主要建筑物和构筑物及公用设施的配置,外部运输、水、电、气及其他外部协作条件等。

1. 总平面设计对工程造价的影响因素

在总平面设计中影响工程造价的因素有:

① 占地面积;

② 功能分区;

③ 运输方式的选择。

2. 工业项目总平面设计的评价指标

(1) 有关面积的指标。有关面积的指标包括:厂区占地面积、建筑物和构筑物占地面积、永久性场地占地面积、建筑占地面积(建筑物和构筑物占地面积+永久性场地占地面积)、厂区道路占地面积、工业管网占地面积、绿化面积。

(2) 比率指标。比率指标包括反映建筑系数(建筑密度)、土地利用系数和绿化系数的指标。

① 建筑系数。建筑系数是厂区内(一般指厂区围墙内)建筑物、构筑物和各种露天仓库及堆场、操作场地等的占地面积与整个厂区建设用地面积之比。它是反映总平面设计用地是否经济合理的指标。建筑系数大,表明布置紧凑,用地节约,管线距离缩短,工程

造价降低。建筑系数可用下式计算：

$$建筑系数 = \frac{建筑占地面积}{厂区占地面积} \qquad (3-1)$$

② 土地利用系数。土地利用系数是厂区内建筑物、构筑物、露天仓库及堆场、操作场地道路、广场、排水设施、地上地下管线等所占面积与整个厂区建设用地面积之比，可反映总平面布置的经济合理性和土地利用效率。土地利用系数可用下式计算：

$$土地利用系数 = \frac{建筑占地面积+厂区道路占地面积+工程管网占地面积}{厂区占地面积} \qquad (3-2)$$

③ 绿化系数。绿化系数是厂区内绿化面积与厂区占地面积之比。它综合反映了厂区的环境质量水平。

（3）工程量指标。工程量指标包括场地平整土石方量、地上及地下管线工程量、防洪设施工程量等。工程量指标综合反映了总平面设计中功能分区的合理性及设计方案对地势地形的适应性。

（4）功能指标。功能指标包括生产流程短捷、流畅、连续程度，场内运输便捷程度，安全生产满足程度等。

（5）经济指标。经济指标包括每吨货物的运输费用、经营费用等。

3. 总平面设计方案的评价方法

总平面设计方案的评价方法很多，有价值工程理论、模糊数学理论、层次分析理论等不同的方法，操作比较复杂。常用的方法是多指标对比法。

（二）工艺设计评价

工艺设计部分需要确定企业的技术水平，主要包括建设规模、标准和产品方案，工艺流程和主要设备的选型，主要原材料、能源供应，"三废"治理及环保措施，此外还包括生产组织及生产过程中的劳动定员情况等。

对工艺技术方案进行比选的方法很多，主要有多指标评价法和投资效益评价法。

三、民用建设项目设计评价指标和方法

民用建设项目设计是根据建筑物的使用功能要求，确定建筑标准、结构形式、建筑物空间与平面布置及建筑群体的配置等。民用建筑设计包括住宅建筑设计、公共建筑设计。住宅建筑是民用建筑中量最大、最主要的建筑形式。因此，本节主要介绍住宅建筑设计方案评价。

（一）住宅小区建设规划

1. 住宅小区建设规划中影响工程造价的主要因素

① 占地面积；

② 建筑群体的布置形式。

2. 在住宅小区规划设计中节约用地的主要措施

① 减小建筑的间距；

② 提高住宅层数或高低层搭配；

③ 适当增加房屋长度；

④ 提高公共建筑的层数；

⑤ 合理布置道路。

3. 住宅小区设计方案评价指标

住宅小区设计方案评价指标见式(3-3)~式(3-9)。

$$建筑毛密度 = \frac{居住和公共建筑基底面积}{居住小区占地总面积} \times 100\% \qquad (3-3)$$

$$居住建筑净密度 = \frac{居住建筑基底面积}{居住建筑占地总面积} \times 100\% \qquad (3-4)$$

$$居住面积密度 = \frac{居住面积}{居住建筑占地面积} \qquad (3-5)$$

$$居住建筑面积密度 = \frac{居住建筑面积}{居住建筑占地面积} \qquad (3-6)$$

$$人口毛密度 = \frac{居住人数}{居住小区占地总面积} \qquad (3-7)$$

$$人口净密度 = \frac{居住人数}{居住建筑占地面积} \qquad (3-8)$$

$$绿化覆盖率 = \frac{居住小区绿化面积}{居住占地总面积} \times 100\% \qquad (3-9)$$

其中,需要注意区别的是居住建筑净密度和居住面积密度。

① 居住建筑净密度是衡量用地经济性和保证居住区必要卫生条件的主要技术经济指标。其数值的大小与建筑层数、房屋间距、层高、房屋排列方式等因素有关。适当提高居住建筑净密度,可节省用地,但应保证日照、通风、防火、交通安全的基本需要。

② 居住面积密度是反映建筑布置、平面设计与用地之间关系的重要指标。影响居住面积密度的主要因素是房屋的层数,层数增加,其数值就增大,有利于节约土地和减少管线费用。

(二) 住宅建筑设计评价

住宅建筑设计的评价指标如下。

(1) 平面指标。平面指标用来衡量平面布置的紧凑性、合理性。

$$平面系数 K = \frac{居住面积}{建筑面积} \times 100\% \qquad (3-10)$$

$$平面系数 K_1 = \frac{居住面积}{有效面积} \times 100\% \qquad (3-11)$$

$$平面系数 K_2 = \frac{辅助面积}{有效面积} \times 100\% \qquad (3-12)$$

$$平面系数 K_3 = \frac{结构面积}{建筑面积} \times 100\% \qquad (3-13)$$

其中,有效面积指建筑平面中可供使用的面积;居住面积=有效面积−辅助面积;结构面积指建筑平面中结构所占的面积;有效面积+结构面积=建筑面积。对于住宅建筑,应尽量减小结构面积所占比例,增加有效面积。

（2）建筑周长指标。建筑周长指标是建筑周长与建筑占地面积之比。居住建筑进深加大，则单元周长减小，可节约用地，减少墙体，降低造价。

$$单元周长指标（m/m^2）= \frac{单元周长}{单元建筑面积} \tag{3-14}$$

$$建筑周长指标（m/m^2）= \frac{建筑周长}{建筑占地面积} \tag{3-15}$$

（3）建筑体积指标。建筑体积指标是建筑体积与建筑面积之比，是衡量层高的指标。

$$建筑体积指标（m^3/m）= \frac{建筑体积}{建筑面积} \tag{3-16}$$

（4）面积定额指标。面积定额指标用于控制设计面积。

$$户均建筑面积 = \frac{建筑总面积}{总户数} \tag{3-17}$$

$$户均使用面积 = \frac{使用总面积}{总户数} \tag{3-18}$$

$$户均面宽指标 = \frac{建筑物总长度}{总户数} \tag{3-19}$$

（5）户型比。户型比指不同居室的户数占总户数的比例，是评价户型结构是否合理的指标。

四、设计方案技术经济评价方法

1. 多指标评价法

多指标评价法是通过对反映建筑产品功能和耗费特点的若干技术经济指标的计算、分析、比较，评价设计方案的经济效果的方法。其可分为多指标对比法和多指标综合评分法。

（1）多指标对比法。

多指标对比法是使用一组适用的指标体系，将对比方案的指标值列出，然后一一进行对比分析，根据指标值的高低分析判断方案的优劣。优点是：指标全面，分析准确，可通过各种技术经济指标定性或定量地直接反映方案的技术经济性能。缺点是：容易出现不同指标的评价结果相悖的情况，这样易使分析工作复杂化。

（2）多指标综合评分法。

首先对需要进行分析评价的设计方案设定若干评价指标，并按各指标的重要程度确定其权重，然后确定评分标准，并就各设计方案对各指标的满足程度打分，最后计算各方案的加权得分，以加权得分高者为最优设计方案。其计算公式为：

$$S = \sum_{i=1}^{n} W_i S_i \tag{3-20}$$

式中　　S——设计方案总得分；

　　　　S_i——某方案在评价指标 i 上的得分；

　　　　W_i——评价指标 i 的权重；

　　　　n——评价指标数。

【例 3-1】 某建设项目有 3 个设计方案,根据该项目的特点拟对设计方案的实用性、平面布置、经济性、美观、其他指标进行比较分析,各指标的权重及 3 个方案的得分情况分别见表 3-3、表 3-4。试对 3 个设计方案进行评价。

表 3-3 各指标权重设定表

指标	实用性	平面布置	经济性	美观	其他
权重	0.3	0.25	0.1	0.2	0.15

表 3-4 各方案得分表

得分/分 \ 指标 \ 方案	实用性	平面布置	经济性	美观	其他
方案 A	9	8	9	9	8
方案 B	8	9	7	8	7
方案 C	9	9	8	9	8

【解】 由表 3-3、表 3-4 可知:

方案 A:
$$S_1 = 9 \times 0.3 + 8 \times 0.25 + 9 \times 0.1 + 9 \times 0.2 + 8 \times 0.15 = 8.6$$

方案 B:
$$S_2 = 8 \times 0.3 + 9 \times 0.25 + 7 \times 0.1 + 8 \times 0.2 + 7 \times 0.15 = 8.0$$

方案 C:
$$S_3 = 9 \times 0.3 + 9 \times 0.25 + 8 \times 0.1 + 9 \times 0.2 + 8 \times 0.15 = 8.75$$

显然,$S_2 < S_1 < S_3$,方案 C 得分最高,故以方案 C 为最优。

2. 静态投资效益评价法

(1) 投资回收期法。

设计方案的比选往往是比选各方案的功能水平及成本。功能水平先进的设计方案一般所需的投资较多,方案实施过程中的效益一般也较好。用投资回收期反映初始投资补偿速度,衡量设计方案的优劣是非常必要的。投资回收期越短的方案越好。

差额投资回收期是指在不考虑时间价值的情况下,用投资大的方案比用投资小的方案节约成本。回收差额投资所需要的时间计算公式为:

$$\Delta P_t = \frac{K_2 - K_1}{C_1 - C_2} \tag{3-21}$$

式中 K_2——方案 2 的投资额;

K_1——方案 1 的投资额,且 $K_2 > K_1$;

C_2——方案 2 的年经营成本;

C_1——方案 1 的年经营成本,且 $C_1 > C_2$;

ΔP_t——差额投资回收期。

当 $\Delta P_t \leqslant P_c$(基准投资回收期)时,投资大的方案优;反之,投资小的方案优。如果两方案的年业务量不同,则公式修正为:

$$\Delta P_t = \frac{K_2/Q_2 - K_1/Q_1}{C_1/Q_1 - C_2/Q_2} \tag{3-22}$$

式中 Q_1,Q_2——各设计方案的年业务量。

其他参数的含义同前。

【例 3-2】 某新建企业有 2 个设计方案,方案甲总投资为 2000 万元,年经营成本为 500 万元,年产量为 1200 件;方案乙总投资为 1200 万元,年经营成本为 420 万元,年产量为 900 件,基准投资回收期 $P_c=6$ 年。试选出最优设计方案。

【解】 (1) 计算各方案单位产量的费用。

$$\frac{K_甲}{Q_甲} = \frac{2000}{1200} = 1.67(万元 / 件)$$

$$\frac{K_乙}{Q_乙} = \frac{1200}{900} = 1.33(万元 / 件)$$

$$\frac{C_甲}{Q_甲} = \frac{500}{1200} = 0.42(万元 / 件)$$

$$\frac{C_乙}{Q_乙} = \frac{420}{900} = 0.47(万元 / 件)$$

(2) 求出差额投资回收期。

$$\Delta P_t = (1.67 - 1.33) \div (0.47 - 0.42) = 6.8(年)$$

$\Delta P_t > 6$ 年,故单位产量投资额较小的方案乙较优。

(2) 计算费用法。

计算费用法是用费用来反映设计方案对物质及劳动量的消耗多少,并以此评价设计方案优劣的方法。经计算后,计算费用最小的设计方案为最佳方案。计算费用法有两种计算方式,即总费用计算法和年费用计算法。

① 总计算费用法。

$$TC = K + P_c C \tag{3-23}$$

式中 K——项目总投资;

C——年经营成本;

P_c——基准投资回收期。

② 年费用计算法。

$$AC = C + R_c K \tag{3-24}$$

式中 R_c——基准投资效果系数。

【例 3-3】 某企业为扩大生产规模,有 3 个设计方案:方案一是改建现有工厂,一次性投资 2500 万元,年经营成本为 750 万元;方案二是建新厂,一次性投资 3550 万元,年经营成本为 650 万元;方案三是扩建现有工厂,一次性投资 4350 万元,年经营成本为 650 万元。3 个方案的寿命周期相同,所在行业的标准投资效果系数为 10%,用计算费用法选择最优方案。

【解】   由公式 $AC = C + R_c K$ 计算可知:

$$AC_1 = 750 + 0.1 \times 2500 = 1000(万元)$$

$$AC_2 = 650 + 0.1 \times 3550 = 1005(万元)$$
$$AC_3 = 650 + 0.1 \times 4350 = 1085(万元)$$

因为 AC_1 最小,所以方案一最优。

3.动态投资效益评价法

对于寿命周期相同的设计方案,可以采用净现值法、净年值法、差额内部收益率法等,由于相关课程已经作了详细介绍,本书不再赘述。

任务三 价值工程在设计方案的优选和评价中的应用

一、限额设计

(一)概述

限额设计指按照批准的可行性研究投资估算控制初步设计,并按照批准的初步设计总概算控制施工图设计,同时各专业在保证达到使用功能的前提下,按分配的投资限额控制设计,并严格控制设计的不合理变更,保证不突破总投资限额的工程设计过程,即按照初步设计概算造价限额进行施工图设计,按施工图预算造价对施工图设计的各个专业设计文件作出决策。

限额设计的基本原理是通过合理确定设计标准、设计规模和设计原则,合理取定概预算基础资料,并通过层层设计限额来实现投资限额的控制和管理。

限额设计指标经项目经理或总设计师提出,再经主管院长审批下达后,其总额一般只下达直接工程费的 90%,专业限额指标必须经批准才能进行调整。

(二)限额设计的主要内容

限额设计的主要内容见表 3-5。

表 3-5　　　　　　　　　　限额设计的主要内容

目标		在初步设计开始前,根据批准的可行性研究报告及其投资估算确定	
全过程控制	纵向控制	投资分配	投资分配是实行限额设计的有效途径和主要方法,将投资先分解到各专业,再分配到各单项工程和单位工程,作为初步设计的造价控制目标
		初步设计	严格按分配的造价控制目标进行设计,切实进行多方案比选。若发现投资超额,应及时反映,并提出解决方法
		施工图设计	按照批准的初步设计及设计概算进行,注意保证质量和控制造价
		设计变更管理	为实现限额设计的目标,应严格控制设计变更,对于非发生不可的设计变更,应尽量提前,以减小变更对工程造成的损失
	横向控制	责任分配	明确设计单位内部各专业科室对限额设计所应承担的责任,责任落实越接近个人,效果越明显
		建立健全奖惩制度	根据节约投资额的大小,对设计单位给予奖励。因设计单位设计错误导致工程静态投资超支的,要根据其超出比例扣减相应的设计费

二、价值工程的概念

价值工程又称价值分析,是通过对产品的功能分析,使其以最低的寿命周期成本可靠地实现产品的必要功能,从而提高产品价值的一套科学的技术经济分析方法。它是处理工程造价和功能矛盾的一种现代化方法,以通过对产品的功能分析来实现节约资源和降低成本为目的。运用这种方法就可以通过功能细化把多余的功能去掉,对造价高的功能实施重点控制,从而最终降低工程造价,实现建设项目经济效益、社会效益和环境效益的最佳结合。它包括以下三个方面。

(1) 价值工程以功能分析为核心。其包括功能定义、功能整理和功能评价等。

(2) 着眼于寿命周期成本。这就要求在建筑工程造价控制过程中进行决策时,不仅要考虑项目的建造成本(生产成本),还要考虑项目投入使用以后的使用成本,力求达到既能满足业主的需求,又使寿命周期成本比较低的目的。

(3) 价值工程的目标表现为产品价值的提高。这里的“价值”既不是对象的使用价值,也不是对象的交换价值,而是对象的比较价值,即对象所具有的功能与获得该功能的全部费用之比,可用公式表示为:

$$V = \frac{F}{C} \tag{3-25}$$

式中　V——研究对象的价值系数;

　　　F——研究对象的功能系数;

　　　C——研究对象的成本系数,即寿命周期成本。

进行价值分析的目的是力求正确处理好功能与成本之间的关系,找出它们的最佳配置。其应用主要有以下几种途径:

① 功能提高,同时降低成本,即 $V = \frac{F(\uparrow)}{C(\downarrow)}$;

② 成本不变,提高功能,即 $V = \frac{F(\uparrow)}{C(\rightarrow)}$;

③ 功能不变,降低成本,即 $V = \frac{F(\rightarrow)}{C(\downarrow)}$;

④ 成本少量提高,功能大幅度提高,即 $V = \frac{F(\uparrow \text{大})}{C(\uparrow \text{小})}$;

⑤ 功能略有下降,成本大幅度下降,即 $V = \frac{F(\downarrow \text{小})}{C(\downarrow \text{大})}$。

价值工程在结构设计中具有独特的优势,结构工程师应积极利用价值工程,在设计时合理地进行价值分析。

三、运用价值工程进行设计方案比选

(一) 操作程序

在新建项目设计方案评选时,运用价值工程与一般工业产品中应用价值工程略有不同,因为建设项目具有单一性和一次性等特点。利用其他项目的资料选择价值工程的研究对象,分析效果较差,而设计主要是对项目的功能及其实现手段进行设计,因此,可将整个设计方案作为价值工程的研究对象。其具体操作程序为:对象选择→收集整理信息资料→功能分析→功能评价→方案创新与评价。

具体操作如下。

① 对象选择:这一过程应明确目标、限制条件和分析范围,组成价值工程领导小组,制订工作计划。

② 收集整理信息资料:该项工作贯穿于价值工程的全过程。价值工程的研究对象确定以后,就要围绕研究对象收集一切对开展价值工程研究有用的技术与经济的情报资料。价值工程的目标是提高价值,一般来说情报越多,价值提高的可能性就越大。因此,在一定意义上可以说,价值工程成果的大小取决于情报收集的质量、数量与适宜的时间,即需要注意目的性、可靠性和计划性等原则。不同价值工程对象所需收集的信息资料内容不尽相同。收集信息资料的方法通常有面谈法、观察法、书面调查法。

③ 功能分析:功能分析是价值工程的核心。功能分析的目的就是研究产品各组成部分及其之间的相互关系,对产品的功能进行技术和经济两方面的分析,为功能数量化、进行功能评价、创造方案和实现方案的最优化提供依据。功能分析是通过给选定的对象下功能定义,进行功能分类和整理,并绘制功能系统图,以便与功能的现实费用进行比较,从而找出提高价值的对象,并估计改善的可能性。

④ 功能评价:为体现各功能的重要程度,需要计算各功能的评价系数,作为该功能的重要性程度,即权重。具体的计算方法有 0～1 评分法、0～4 评分法、环比评分法等。

⑤ 方案创新及评价:依靠集体的智慧,针对提高价值的对象,提出各种各样的改进设想方案。对于在功能分析基础上提出的各种改进设想方案,要运用科学的方法进行技术可行性和经济可行性的评价。通过评价,评选出有价值的改进方案,并在此基础上进一步具体化。

(二) 计算步骤

1. 功能分析

某项目设计方案有 A、B、C 3 种,通过综合分析,其主要功能有 F_1、F_2、F_3、F_4 4 种,现需要对该项目设计方案的功能进行打分,得出 A、B、C 3 种设计方案实现 F_1、F_2、F_3、F_4 功能情况的得分 S_{Ai}、S_{Bi}、S_{Ci},见表 3-6。

表 3-6　　　　　　　　　　　　A、B、C 设计方案的功能得分

方案功能	方案得分/分		
	A	B	C
F_1	10	10	8
F_2	10	·10	9
F_3	8	9	7
F_4	9	8	7

2.各功能权重的计算

在这一计算过程中,需要根据功能 F_1、F_2、F_3、F_4 的重要程度分别计算它们的权重 P_1、P_2、P_3、P_4。权重的计算方法有 $0\sim1$ 评分法、$0\sim4$ 评分法、环比评分法等。

① $0\sim1$ 评分法确定权重。

操作思路:首先按照指标的重要程度一一打分,重要的得 1 分,不重要的得 0 分,自己与自己不打分。将各功能得分累计加 1 分进行修正,用各功能的修正总得分除以所有功能修正总得分之和即得该功能的权重。若 F_1、F_2、F_3、F_4 的重要程度排序为 $F_4 > F_1 > F_2 > F_3$,则分析结果见表 3-7。

表 3-7　　　　　　　　　　　　　$0\sim1$ 评分法求权重

指标	F_1	F_2	F_3	F_4	指标总得分 W_i	修正得分 (W_i+1)	权重 P_i $\left[\dfrac{W_i+1}{\sum(W_i+1)}\right]$
F_1	$\times$	1	1	0	2	3	0.3
F_2	0	$\times$	1	0	1	2	0.2
F_3	0	0	$\times$	0	0	1	0.1
F_4	1	1	1	$\times$	3	4	0.4
$\sum(W_i+1)$						10	1.0

由表 3-7 可以得出通过 $0\sim1$ 评分法求得的功能 F_1、F_2、F_3、F_4 的权重 $P_1=0.3$,$P_2=0.2$,$P_3=0.1$,$P_4=0.4$。

② $0\sim4$ 评分法确定权重。

由于 $0\sim1$ 评分法的重要程度差别仅为 1,不能拉开档次,为了弥补这一不足,$0\sim4$ 评分法将分档扩大为 4 级,其打分矩阵与 $0\sim1$ 评分法一致。档次划分为:F_1 比 F_2 重要得多,F_1 得 4 分,F_2 得 0 分;F_1 比 F_2 重要,F_1 得 3 分,F_2 得 1 分;F_1 与 F_2 同样重要,F_1 与 F_2 均得 2 分;反之亦然。该方法适用于被评价对象在重要程度上相差不大,且评价指标数目不太多的情况。

假设 F_1 比 F_2 重要得多,F_2 比 F_3 重要,F_2 与 F_4 一样重要,则分析结果见表 3-8。

表 3-8　　　　　　　　　　　　　$0\sim4$ 评分法求权重

指标	F_1	F_2	F_3	F_4	指标总得分 W_i	权重 P_i $(W_i/\sum W_i)$
F_1	$\times$	4	4	4	12	0.5
F_2	0	$\times$	3	2	5	0.21
F_3	0	1	$\times$	1	2	0.08
F_4	0	2	3	$\times$	5	0.21
$\sum W_i$					24	1.0

由表 3-8 可以得出通过 0～4 评分法求得的功能 F_1、F_2、F_3、F_4 的权重 $P_1 = 0.5$，$P_2 = 0.21$，$P_3 = 0.08$，$P_4 = 0.21$。

③ 环比评分法确定权重。

环比评分法是指通过确定各指标的重要性系数来评价和创新方案的方法。该方法适用于各个评比对象之间有明显的可比关系，能直接进行对比，并能准确地评定指标重要度比值的情况。

3. 计算各功能的功能系数 F_i

在这一计算过程中，我们将要分别计算出 A、B、C 3 个设计方案的功能系数 F_A、F_B 及 F_C。之前已经计算了设计方案中各功能（F_1、F_2、F_3、F_4）的权重系数（P_1、P_2、P_3、P_4），功能系数 F_i 的计算公式如下：

$$功能系数 \ F_i = \frac{第\ i\ 个方案各功能加权得分之和}{各方案各功能加权得分之和} \tag{3-26}$$

由此可计算出方案 A 的功能系数：

$$F_A = \frac{\sum P_i S_{Ai}}{\sum P_i S_{Ai} + \sum P_i S_{Bi} + \sum P_i S_{Ci}}$$

方案 B 的功能系数：

$$F_B = \frac{\sum P_i S_{Bi}}{\sum P_i S_{Ai} + \sum P_i S_{Bi} + \sum P_i S_{Ci}}$$

方案 C 的功能系数：

$$F_C = \frac{\sum P_i S_{Ci}}{\sum P_i S_{Ai} + \sum P_i S_{Bi} + \sum P_i S_{Ci}}$$

4. 计算各功能的成本系数 C_i

成本系数 C_i 的计算公式如下：

$$成本系数 \ C_i = \frac{第\ i\ 个方案成本}{各方案成本之和} \tag{3-27}$$

5. 计算各功能的价值系数 V_i

价值系数 V_i 的计算公式如下：

$$价值系数 \ V_i = \frac{第\ i\ 个方案功能系数\ F_i}{第\ i\ 个方案成本系数\ C_i} \tag{3-28}$$

6. 通过计算出的价值指数对各对象进行分析

价值工程要求方案满足必要功能，清除不必要功能。在运用价值工程对方案的功能进行分析时，各功能和价值指数有以下三种情况。

（1）$V_i = 1$，表示功能系数等于成本系数，即评价对象的功能比重与实现该功能的成本比重基本相当，可以认为是最理想的状态，此功能无须改进。

（2）$V_i < 1$，表示成本系数大于功能系数，即评价对象的成本比重大于该对象的功能比重，说明目前评价对象的成本偏高，会导致功能过剩。此时应将该评价对象的功能作

为改进对象,在满足该功能的前提下,尽量降低其实现成本。

(3)$V_i>1$,表示功能指数大于成本指数,即评价对象的功能比重大于实现该功能的成本比重。出现这种情况的可能性有以下三种:

① 由于现实成本偏低,不能满足评价对象实现其该有的功能要求,致使对象的功能偏低,应将该评价对象的功能作为改进对象。在满足必要功能的前提下,适当增加成本。

② 评价对象目前已有的功能已经超出应有的水平,导致功能过剩,也应将该评价对象的功能作为改进对象;

③ 评价对象在技术、经济等方面具有某些特征,在客观上存在着功能很重要而需要消耗的成本较少,则不要改进。

四、运用价值工程进行成本控制

(一) 操作程序

运用价值工程进行成本控制的操作程序为:对象选择→功能分析→功能评价→分配目标成本→方案创新。

① 对象选择:这一过程应选择成本比重大,品种数量少的作为重点研究对象。

② 功能分析:分析研究对象的功能与功能之间的关系。

③ 功能评价:确定功能评价系数,并计算各功能的实现成本,然后计算价值系数。价值系数小于 1 时,应该在功能水平不变的条件下降低成本水平;价值系数大于 1 时,对于重要的功能,应适当提高其成本水平,以保证重要功能的实现。

④ 分配目标成本:确定目标成本,并根据功能评价系数将目标成本分摊到各功能,与现实成本相比较,确定重点改进对象。成本改进期望值大的应首先重点改进。

⑤ 方案创新:提出各种优化方案,并根据加权评分法选出最优方案。

(二) 方案评价

通过之前的方法计算出价值系数,采用功能的价值系数进行评价。

(1)$V_i=1$,即评价对象的功能现实成本与实现功能所必需的最低成本大致相当,可以认为是最理想的状态,此功能无须改进。

(2)$V_i<1$,表示成本过高,与功能不协调的可能原因有:存在功能过剩,应对功能进行改进以降低成本,或者功能虽无过剩,但实现功能的方法不佳,导致实现功能的成本大于功能的实际需要,需改进。

(3)$V_i>1$,应注意功能是否很好的实现,可以适当提高成本,以保证功能的顺利实现。

此外,目标成本分配、成本降低额度的计算公式如下:

第 i 个研究对象的目标成本 ＝ 目标成本总额(设计限额)× 第 i 个对象功能系数 F_i

$$(3-29)$$

$$第\ i\ 个对象成本降低额度 ＝ 现实成本 － 目标成本 \qquad (3-30)$$

比较成本降低额度值,其中的最大者为最先选择的对象。

【例 3-4】 某市高新技术开发区有两幢科研楼和一幢综合楼,其设计方案对比项目如下。

A 楼方案:结构方案为大柱网框架轻墙体系,采用预应力大跨度叠合楼板,墙体材料采用多孔砖及移动式可拆装式分室隔墙,窗户采用单框双玻璃钢塑窗,面积利用系数为93%,单方造价为 1438 元/m²;

B 楼方案:结构方案同 A 楼方案,墙体采用内浇外砌,窗户采用单框双玻璃腹钢塑窗,面积利用系数为 87%,单方造价为 1108 元/m²;

C 楼方案:结构方案采用砖混结构体系,采用多孔预应力板,墙体材料采用标准黏土砖,窗户采用单玻璃空腹钢塑窗,面积利用系数为 79%,单方造价为 1082 元/m²。

方案各功能和权重及各方案的功能得分见表 3-9。

表 3-9 **方案功能的权重及得分表**

方案功能	功能权重	方案功能得分/分		
		A	B	C
结构体系	0.25	10	10	8
模板类型	0.05	10	10	9
墙体材料	0.25	8	9	7
面积利用系数	0.35	9	8	7
窗户类型	0.10	9	7	8

问题:

(1) 试应用价值工程方法选择最优设计方案。

(2) 为控制工程造价和进一步降低费用,拟对所选最优设计方案的土建工程部分,以工程材料费为对象开展价值工程分析。将土建工程划分为 4 个功能项目,各功能项目评分值及其目前成本见表 3-10,按限额设计要求,目标成本额应控制为 12170 万元。

试分析各功能项目和目标成本及其可能降低的额度,并确定功能改进顺序。

表 3-10 **功能项目评分及目前成本表**

功能项目	功能评分/分	目前成本/万元
桩基围护工程	10	1520
地下室工程	11	1482
主体结构工程	35	4705
装饰工程	38	5105
合计	94	12812

【分析】 问题(1)考核运用价值工程进行设计方案评价的方法、过程和原理,问题(2)考核运用价值工程进行设计方案优化和工程造价控制的方法。

价值工程要求方案满足必要功能,清除不必要功能。在运用价值工程对方案的功能

进行分析时,各功能和价值指数有以下三种情况:

(1)$V_i=1$,说明该功能的重要性与其成本的比重大体相当,是合理的,无须再进行价值工程分析;

(2)$V_i<1$,说明该功能不太重要,而目前成本比重偏高,可能存在过剩功能,应作为重点分析对象,寻找降低成本的途径;

(3)$V_i>1$,出现这种结果的原因较多,其中较常见的是该功能较重要,而目前成本偏低,可能未充分实现该重要功能,应适当增加成本,以提高该功能的实现程度。

【解】 (1)分别计算各方案的功能指数、成本指数和价值指数,并根据价值指数选择最优方案。

① 计算各方案的功能指数,见表 3-11。

表 3-11 功能指数计算表

方案功能	功能权重	方案功能加权得分/分		
		A	B	C
结构体系	0.25	10×0.25=2.50	10×0.25=2.50	8×0.25=2.00
模板类型	0.05	10×0.05=0.50	10×0.05=0.50	9×0.05=0.45
墙体材料	0.25	8×0.25=2.00	9×0.25=2.25	7×0.25=1.75
面积利用系数	0.35	9×0.35=3.15	8×0.35=2.80	7×0.35=2.45
窗户类型	0.10	9×0.10=0.90	7×0.10=0.70	8×0.10=0.80
合计		9.05	8.75	7.45
功能指数		9.05/25.25=0.358	8.75/25.25=0.347	7.45/25.25=0.295

注:表中各方案功能加权得分之和为:9.05+8.75+7.45=25.25(分)。

② 计算各方案的成本指数,见表 3-12。

表 3-12 成本指数计算表

方案	A	B	C	合计
单方造价/(元/m²)	1438	1108	1082	3628
成本指数	0.396	0.305	0.298	0.999

③ 计算各方案的价值指数,见表 3-13。

表 3-13 价值指数计算表

方案	A	B	C
功能指数	0.358	0.347	0.295
成本指数	0.396	0.305	0.298
价值指数	0.904	1.138	0.990

由表 3-13 的计算结果可知,B 方案的价值指数最高,其为最优方案。

（2）根据表3-10所列的数据，分别计算桩基围护工程、地下室工程、主体结构工程和装饰工程的功能指数、成本指数和价值指数；再根据给定的总目标成本额，计算各工程内容的目标成本额，从而确定其成本降低额度。具体计算结果汇总见表3-14。

表3-14 功能指数、成本指数、价值指数及目标成本降低额计算表

功能项目	功能评分	功能指数	目前成本/万元	成本指数	价值指数	目标成本/万元	成本降低额/万元
桩基围护工程	10	0.1064	1520	0.1186	0.8971	1295	225
地下室工程	11	0.1170	1482	0.1157	1.0112	1424	58
主体结构工程	35	0.3723	4705	0.3672	1.0139	4531	174
装饰工程	38	0.4043	5105	0.3985	1.0146	4920	185
合计	94	1.0000	12812	1.0000		12170	642

注：桩基围护工程目标成本为12170（目标总成本额）×0.1064（功能系数）=1295（万元）。

由表3-14的计算结果可知，桩基围护工程、地下室工程、主体结构工程和装饰工程均应通过适当的方式降低成本。根据成本降低额的大小，功能改进的顺序依次为：桩基围护工程、装饰工程、主体结构工程、地下室工程。

【例3-5】（摘自2013年《建设工程造价案例分析》）某工程有A、B、C 3个设计方案，有关专家决定从4个功能（分别以F_1、F_2、F_3、F_4表示）对不同方案进行评价，并得到以下结论：A、B、C 3个方案中，F_1的优劣顺序依次为B、A、C，F_2的优劣顺序依次为A、C、B，F_3的优劣顺序依次为C、B、A，F_4的优劣顺序依次为A、B、C。经进一步研究，专家确定3个方案各功能的评价计分标准均为：最优者得3分，居中者得2分，最差者得1分。据造价工程师估算，A、B、C 3个方案的造价分别为8500万元、7600万元、6900万元。

问题：

（1）将A、B、C 3个方案各功能的得分填入表3-15中。

（2）若4个功能之间的重要性关系排序为$F_2>F_1>F_4>F_3$，采用0～1评分法确定各功能的权重，并将计算结果填入表3-16中。

（3）已知A、B两方案的价值指数分别为1.127、0.961，在0～1评分法的基础上计算C方案的价值指数，并根据价值指数的大小选择最优设计方案。

（4）若4个功能之间的重要性关系为：F_1与F_2同等重要，F_1相对F_4较重要，F_2相对F_3很重要。采用0～4评分法确定各功能的权重，并将计算结果填入表3-17中（计算结果保留3位小数）。

表3-15 三方案各功能的得分

得分/分　　方案　功能	A	B	C
F_1			
F_2			
F_3			
F_4			

表 3-16   各功能的权重(0~1评分法)

功能	F_1	F_2	F_3	F_4	得分/分	修正得分/分	权重
F_1							
F_2							
F_3							
F_4							
合计							

表 3-17   各功能的权重(0~4评分法)

功能	F_1	F_2	F_3	F_4	得分/分	权重
F_1						
F_2						
F_3						
F_4						
合计						

【解】 (1) A、B、C 3 个方案各功能的得分可依据题目给出的已知条件"A、B、C 3 个方案中,F_1 的优劣顺序依次为 B、A、C,F_2 的优劣顺序依次为 A、C、B,F_3 的优劣顺序依次为 C、B、A,F_4 的优劣顺序依次为 A、B、C。经进一步研究,专家确定 3 个方案各功能的评价计分标准均为:最优者得 3 分,居中者得 2 分,最差者得 1 分"求出。其结果见表 3-18。

表 3-18   三方案各功能的得分

功能 \ 方案 得分/分	A	B	C
F_1	2	3	1
F_2	3	1	2
F_3	1	2	3
F_4	3	2	1

(2) 根据已知条件"4 个功能之间的重要性关系排序为 $F_2 > F_1 > F_4 > F_3$",采用 0~1 评分法确定各功能的权重,见表 3-19。

表 3-19   各功能的权重(0~1评分法)

功能	F_1	F_2	F_3	F_4	得分/分	修正得分/分	权重
F_1	×	0	1	1	2	3	0.3
F_2	1	×	1	1	3	4	0.4
F_3	0	0	×	0	0	1	0.1
F_4	0	0	1	×	1	2	0.2
合计					6	10	1.0

（3）由之前学习的知识可知：

$$价值系数 V_i = \frac{第 i 个方案功能系数 F_i}{第 i 个方案成本系数 C_i}$$

方案 C 的功能系数：

$$F_C = \frac{\sum P_i S_{Ci}}{\sum P_i S_{Ai} + \sum P_i S_{Bi} + \sum P_i S_{Ci}}$$

方案 C 的成本系数：

$$C_C = \frac{C 方案成本}{各方案成本之和}$$

具体计算如下：

① 方案 C 的功能指数计算。

$$P_i S_{Ai} = 0.3 \times 2 + 0.4 \times 3 + 0.1 \times 1 + 0.2 \times 3 = 2.5$$
$$P_i S_{Bi} = 0.3 \times 3 + 0.4 \times 1 + 0.1 \times 2 + 0.2 \times 2 = 1.9$$
$$P_i S_{Ci} = 0.3 \times 1 + 0.4 \times 2 + 0.1 \times 3 + 0.2 \times 1 = 1.6$$

所以方案 C 的功能系数为：

$$F_C = 1.6 \div (2.5 + 1.9 + 1.6) = 0.267$$

② 方案 C 的成本指数计算。

$$C_C = 6900 \div (8500 + 7600 + 6900) = 0.3$$

③ 方案 C 的价值指数计算。

$$V_C = \frac{F_C}{C_C} = \frac{0.267}{0.3} = 0.89$$

因为方案 A 的价值系数最大，所以方案 A 为最优设计方案。

（4）根据已知条件"F_1 与 F_2 同等重要，F_1 相对 F_4 较重要，F_2 相对 F_3 很重要"，采用 0～4 评分法确定各功能的权重，见表 3-20。

表 3-20　　　　　　　　　　各功能的权重（0～4 评分法）

功能	F_1	F_2	F_3	F_4	得分/分	权重
F_1	×	2	4	3	9	0.375
F_2	2	×	4	3	9	0.375
F_3	0	0	×	1	1	0.042
F_4	1	1	3	×	5	0.208
合计					24	1.000

任务四　设计概算的编制与审查

一、设计概算的基本概念

(一) 设计概算的含义

建设项目设计概算是初步设计文件的重要组成部分。它是指在投资估算的控制下由设计单位根据初步设计或扩大初步设计的图纸及说明,利用国家或地区颁发的概算指标、概算定额或综合指标预算定额、设备材料预算价格等资料,按照设计要求,概略地计算建筑物或构筑物造价的文件。其特点是编制工作相对简略,无须达到施工图预算的准确程度。采用两阶段设计的建设项目,初步设计阶段必须编制设计概算;采用三阶段设计的建设项目,扩大初步设计阶段必须编制修正概算。

(二) 设计概算的作用

(1) 设计概算是编制固定资产投资计划,确定和控制建设项目投资的依据。

国家规定,编制年度固定资产投资计划,确定计划投资总额及其构成数额,要以批准的初步设计概算为依据,没有批准的初步设计文件及其概算,建设工程就不能列入年度固定资产投资计划。

(2) 设计概算是签订建设工程承发包合同和贷款合同的依据。

国家颁布的合同法明确规定,建设工程合同价款是以设计概、预算价为依据,且总承包合同不得超过设计总概算的投资额。银行贷款或各单项工程的拨款累计总额不能超过设计概算,如果项目投资计划所列支投资额与贷款突破设计概算,必须查明原因,然后由建设单位报请上级主管部门调整或追加设计概算总投资,未批准之前,银行对其超支部分拒不拨付。

(3) 设计概算是控制施工图设计和施工图预算的依据。

设计单位必须按照批准的初步设计和初步设计总概算进行施工图设计,施工图预算不得突破初步设计概算,如确需突破初步设计概算,应按规定程序报批。

(4) 设计概算是衡量设计方案技术经济合理性和选择最佳设计方案的依据。

设计部门在初步设计阶段要选择最佳设计方案,设计概算是从经济角度衡量设计方案经济合理性的重要依据。因此,设计概算是衡量设计方案技术经济合理性和选择最佳设计方案的依据。

(5) 设计概算是考核建设项目投资效果的依据。

通过对比设计概算与竣工决算,可以分析和考核投资效果的好坏,同时还可以验证设计概算的准确性,有利于加强设计概算管理和建设项目的造价管理工作。

(三) 设计概算的内容

设计概算可分为单位工程概算、单项工程综合概算和建设项目总概算三级。各级概算之间的关系如图 3-1 所示。

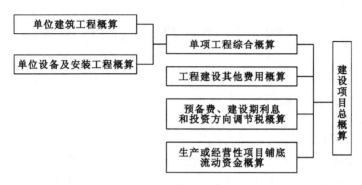

图 3-1　各级概算之间的关系

1.单位工程概算

单位工程是指具有单独设计文件,能够独立组织施工的工程,是单项工程的组成部分。单位工程概算是确定各单位工程建设费用的文件,也是编制单项工程综合概算的依据,还是单项工程综合概算的组成部分。单位工程概算按其工程性质分为单位建筑工程概算和单位设备及安装工程概算两大类。单位建筑工程概算包括土建工程概算,给排水、采暖工程概算,通风、空调工程概算,电气、照明工程概算,弱电工程概算,特殊构筑物工程概算等;单位设备及安装工程概算包括机械设备及安装工程概算、电气设备及安装工程概算、热力设备及安装工程概算、工器具及生产家具购置费概算等。

2.单项工程综合概算

单项工程是指在一个建设项目中,具有独立的设计文件,建成后可以独立发挥生产能力或工程效益的项目。它是建设项目的组成部分,如生产车间、办公楼、食堂、图书馆、学生宿舍、住宅楼、一个配水厂等。单项工程是一个复杂的综合体,是一个具有独立存在意义的完整工程,如输水工程、净水厂工程、配水工程等。单项工程综合概算是确定一个单项工程所需建设费用的文件,由单项工程中各单位工程概算汇总编制而成,是建设项目总概算的组成部分。

单项工程综合概算的组成内容如图 3-2 所示。

3.建设项目总概算

建设项目总概算是确定整个建设项目从筹建到竣工验收所需全部费用的文件,由各单项工程综合概算,工程建设其他费用概算,预备费、建设期利息和投资方向调节税概算,以及生产或经营性项目铺底流动资金概算汇总编制而成的,如图 3-3 所示。

若干单位工程概算汇总后成为单项工程综合概算,若干单项工程综合概算和工程建设其他费用、预备费、建设期利息、投资方向调节税等概算文件汇总后成为建设项目总概算。单项工程综合概算和建设项目总概算仅是一种归纳、汇总性文件,因此,最基本的计算文件是单位工程概算书。建设项目若为一个独立单项工程,则建设项目总概算书与单项工程综合概算书可合并编制。

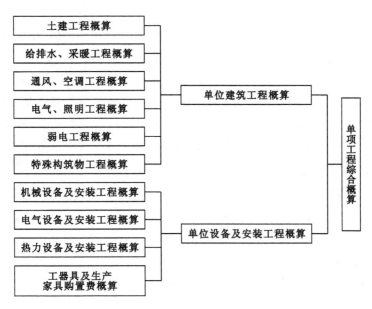

图 3-2　单项工程综合概算组成内容

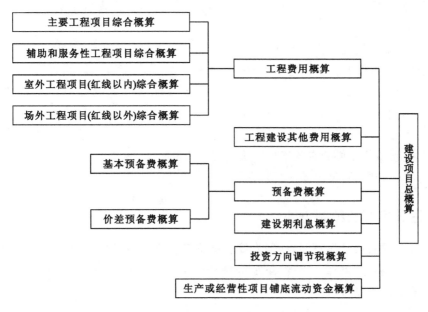

图 3-3　建设项目总概算组成内容

二、设计概算的编制原则和依据

(一) 设计概算的编制原则

(1) 严格执行国家的建设方针和经济政策的原则。设计概算是一项重要的技术经济工作,要严格按照党和国家的方针、政策办事,坚决执行勤俭节约的方针,严格执行规定的设计标准。

（2）要完整、准确地反映设计内容的原则。编制设计概算时，要认真了解设计意图，根据设计文件、图纸准确计算工程量，避免重算和漏算。设计修改后，要及时修正概算。

（3）要坚持结合拟建工程的实际，反映工程所在地当时价格水平的原则。为提高设计概算的准确性，要实事求是地对工程所在地的建设条件、可能影响造价的各种因素进行认真的调查研究，在此基础上正确使用定额、指标、费率和价格等各项编制依据，按照现行工程造价的构成，根据有关部门发布的价格信息及价格调整指数，考虑建设期的价格变化因素，使设计概算尽可能地反映设计内容、施工条件和实际价格。

（二）设计概算的编制依据

（1）国家、行业和地方政府有关建设和造价管理的法律、法规、规定。

（2）批准的建设项目的设计任务书（或批准的可行性研究文件）和主管部门的有关规定。

（3）初步设计项目一览表。

（4）能满足编制设计概算的各专业设计图纸、文字说明和主要设备表。

（5）正常的施工组织设计。

（6）当地和主管部门的现行建筑工程和专业安装工程的概算定额（或预算定额、综合预算定额，本节下同）、单位估价表、材料及构配件预算价格、工程费用定额和有关费用规定的文件等资料。

（7）现行的有关设备原价及运杂费率。

（8）现行的有关其他费用定额、指标和价格。

（9）资金筹措方式。

（10）建设场地的自然条件和施工条件。

（11）类似工程的概、预算及技术经济指标。

（12）建设单位提供的有关工程造价的其他资料。

（13）有关合同、协议等其他资料。

三、设计概算的编制方法

编制建设项目设计概算时，一般先编制单位工程概算，再逐级汇总，形成单项工程综合概算及建设项目总概算。因此，下面分别介绍单位工程概算、单项工程综合概算和建设项目总概算的编制方法。

（一）单位工程概算的编制方法

1. 单位工程概算的内容

单位工程概算书是计算一个独立建筑物或构筑物（单项工程）中每个专业工程所需工程费用的文件，分为以下两类：单位建筑工程概算书和单位设备及安装工程概算书。

单位建筑工程概算的编制方法有：概算定额法、概算指标法、类似工程预算法；单位设备及安装工程概算的编制方法有：预算单价法、扩大单价法、设备价值百分比法和综合吨位指标法等。

2.单位建筑工程概算的编制方法与实例

(1) 概算定额法。

概算定额法又称扩大单价法或扩大结构定额法。它是采用概算定额编制单位建筑工程概算的方法。首先根据初步设计图纸资料和概算定额的项目划分计算出工程量,然后套用概算定额单价(基价)计算汇总,最后计取有关费用,便可得到单位建筑工程概算造价。

概算定额法要求初步设计达到一定深度,建筑结构比较明确,能按照初步设计的平面、立面、剖面图纸计算出楼地面、墙身、门窗和屋面等分部工程(或扩大结构件)项目的工程量时,才可采用。

利用概算定额法编制设计概算的具体步骤如下。

① 搜集基础资料,熟悉设计图纸,了解有关施工条件和施工方法。

② 按照概算定额分部分项的顺序,列出单位工程中各分项工程或扩大分部分项工程的名称,并计算其工程量。工程量计算应该按照概算定额中规定的工程量计算规则进行,计算时采用的原始数据必须以初步设计图纸所标识的尺寸或初步设计图纸能读出的尺寸为准,并将计算所得的各分项工程量按概算定额编号顺序填入工程概算表内。

③ 确定各分部分项工程项目的概算定额单价。工程量计算完毕后,逐项套用相应的概算定额单价和人工、材料消耗指标,分别将其填入工程概算表和工料分析表中。如设计图中的分项工程项目名称、内容与采用的概算定额手册中相应的项目有不相符,则应按规定对定额进行换算后方可套用。概算定额单价的计算公式为:

概算定额单价= 概算定额人工费 + 概算定额材料费 + 概算定额机械台班使用费

$$= \sum (概算定额中人工消耗量 \times 人工单价) +$$

$$\sum (概算定额中材料消耗量 \times 材料预算单价) +$$

$$\sum (概算定额中机械台班消耗量 \times 机械台班单价) \qquad (3\text{-}31)$$

④ 计算单位工程人工、材料、机械使用费。

将已算出的各分部分项工程项目的工程量分别乘以概算定额单价、单位人工、主要材料消耗指标,即可得出各分项工程的人工、材料、机械使用费和人工、材料消耗量。如规定有地区的人工、材料价差调整指标,计算人工、材料、机械使用费时,应按规定的调整系数或调整方法进行调整计算。

⑤ 计算企业管理费、利润、规费和税金。

$$企业管理费 = 定额人工费 \times 企业管理费费率 \qquad (3\text{-}32)$$

$$利润 = 定额人工费 \times 利润费率 \qquad (3\text{-}33)$$

$$规费 = 定额人工费 \times 社会保险费和住房公积金费率 + 工程排污费 \qquad (3\text{-}34)$$

$$税金 = (人工、材料、机械使用费 + 企业管理费 + 利润 + 规费) \times 综合税税率$$

$$(3\text{-}35)$$

⑥ 计算单位工程概算造价。

$$单位工程概算造价 = 人工、材料、机械使用费 + 企业管理费 + 利润 + 规费 + 税金 \qquad (3\text{-}36)$$

⑦ 编写概算编制说明。单位工程概算按照规定的表格形式进行编制,具体格式见表3-21。

表 3-21   **单位建筑工程概算表**

单位工程概算编号：   工程名称（单位工程）：   共 页 第 页

序号	定额编号	工程项目或费用名称	单位	数量	单价/元				合价/元			
					定额基价	人工费	材料费	机械使用费	金额	人工费	材料费	机械使用费
一		土石方工程										
1	××	×××										
2	××	×××										
二		砌筑工程										
1	××	×××										
三		楼地面工程										
1	××	×××										
		小计										
		工程综合取费										
		单位工程概算费用合计										

编制人：   审核人：

【例 3-6】 某市拟建一座 $7560\ m^2$ 的教学楼，请按给出的扩大单价和土建工程量（表 3-22）编制该教学楼土建工程设计概算造价和平方米造价。各项费率分别为：以定额人工费为基数的企业管理费费率为 50%，利润率为 30%，社会保险费和住房公积金费率为 25%，按标准缴纳的工程排污费为 50 万元，综合税税率为 3.48%。

表 3-22   **某教学楼土建工程量和扩大单价**

分部工程名称	单位	工程量	扩大单价/元	其中：人工费/元
基础工程	$10\ m^3$	160	3200	320
混凝土及钢筋混凝土	$10\ m^3$	150	13280	660
砌筑工程	$10\ m^3$	280	4878	960
地面工程	$100\ m^3$	25	13000	1500
楼面工程	$100\ m^2$	40	19000	2000
卷材屋面	$100\ m^2$	40	14000	1500
门窗工程	$100\ m^2$	35	55000	10000
脚手架	$100\ m^2$	180	1000	200

【解】　根据已知条件和表 3-22 的数据,求得该教学楼土建工程概算造价,见表 3-23。

表 3-23　　　　　　　　　　　某教学楼土建工程概算造价计算表

序号	分部工程或费用名称	单位	工程量	单价/元	合价/元
1	基础工程	10 m³	160	3200	512000
2	混凝土及钢筋混凝土	10 m³	150	13280	1992000
3	砌筑工程	10 m³	280	4878	1365840
4	地面工程	100 m³	25	13000	325000
5	楼面工程	100 m²	40	19000	760000
6	卷材屋面	100 m²	40	14000	560000
7	门窗工程	100 m²	35	55000	1925000
8	脚手架	100 m²	180	1000	180000
A	人工、材料、机械使用费小计	以上 8 项之和			7619840
B	其中:人工费合计	—			982500
C	企业管理费	50%B			491250
D	利润	30%B			294750
E	规费	25%B+500000			745625
F	税金	3.48%(A+C+D+E)			318471
	概算造价	A+C+D+E+F			9469936
	平方米造价	9469936/7560			1253

(2)概算指标法。

概算指标法将拟建厂房、住宅的建筑面积或体积乘以技术条件相同或基本相同的概算指标而得出人工、材料、机械使用费,然后按规定计算出企业管理费、利润、规费和税金等。其计算精度较低,但由于编制速度快,因此对于一般附属、辅助和服务工程等项目,以及住宅和文化福利工程项目或投资比较小、比较简单的工程项目投资概算有一定实用价值。

概算指标法适用的情况包括:

① 在方案设计中,设计无详图而只有概念性设计,或初步设计深度不够,不能准确地计算出工程量,但工程设计采用的技术比较成熟时,可以选定与该工程类型相似的概算指标编制概算;

② 设计方案急需造价估算而又有类似工程概算指标可以利用的情况;

③ 图样设计间隔很久后再实施,概算造价不适用于当前情况而又急需确定造价的情形下,可按当前概算指标来修正原有概算造价;

④ 通用设计图设计可组织编制通用图设计概算指标来确定造价。

情况一:拟建工程结构特征与概算指标相同时的计算。

在直接套用概算指标时,拟建工程应符合以下条件:

① 拟建工程的建设地点与概算指标中的建设地点相同;

② 拟建工程的工程特征和结构特征与概算指标中的工程特征和结构特征相同;

③ 拟建工程的建筑面积与概算指标中的建筑面积相差不大。

根据选用的概算指标的内容,可选用两种套算方法。

一种方法是以指标中所规定的工程每 1 m² 或每 1 m³ 的造价指标,乘以拟建单位工程的建筑面积或体积,得出单位工程的直接工程费人工、材料、机械使用费,再计算其他费用,即可求出单位工程的概算造价。直接工程费计算公式为:

$$人工、材料、机械使用费 = 概算指标每 1 m²(1 m³)工程造价 \times$$
$$拟建单位工程建筑面积(体积) \qquad (3-37)$$

另一种方法是以概算指标中规定的每 100 m² 建筑物面积(或 1000 m³ 体积)所耗人工工日数、主要材料数量为依据,先计算拟建工程人工、主要材料消耗量,再计算人工、材料、机械使用费,并取费。在概算指标中一般规定了每 100 m² 建筑物面积(或 1000 m³ 体积)所耗人工工日数、主要材料数量,通过套用拟建地区当时的人工单价和主材预算单价,即可得到每 100 m² 建筑物面积(或 1000 m³ 体积)所耗人工费、主要材料费,而无须再作价差调整。

其计算公式为:

$$100 m² 建筑物面积的人工费 = 指标规定的工日数 \times 本地区人工工日单价 \qquad (3-38)$$

$$100 m² 建筑物面积的主要材料费 = \sum(指标规定的主要材料数量 \times$$
$$地区材料预算单价) \qquad (3-39)$$

$$100 m² 建筑物面积的其他材料费 = 主要材料费 \times 其他材料费占主要$$
$$材料费的百分比 \qquad (3-40)$$

$$100 m² 建筑物面积的机械使用费 = (人工费 + 主要材料费 + 其他材料费) \times$$
$$机械使用费所占百分比 \qquad (3-41)$$

$$每 1 m² 建筑面积的人工、材料、机械使用费 = (人工费 + 主要材料费 + 其他$$
$$材料费 + 机械使用费) \div 100 \qquad (3-42)$$

根据人工、材料、机械使用费,结合其他各项取费方法,分别计算企业管理费、利润、规费和税金,得到每 1 m² 建筑面积的概算单价,再乘以拟建单位工程的建筑面积,即可得到单位工程概算造价。

情况二:拟建工程结构特征与概算指标有局部差异时的调整。

① 调整概算指标中的每 1 m²(1 m³)造价。

这种调整方法是对原概算指标中的单位造价进行调整(仍使用人工、材料、机械使用费指标),扣除每 1 m²(1 m³)原概算指标中与拟建工程结构不同部分的造价,并增加每 1 m²(1 m³)拟建工程与概算指标结构不同部分的造价,使其成为与拟建工程结构相同的工程工料单价。其计算公式为:

$$结构变化修正概算指标(元/m²) = J + Q_1 P_1 - Q_2 P_2$$

式中　J——原概算指标;

Q_1——换入新结构的数量;

Q_2——换出旧结构的数量;

P_1——换入新结构的单价;

P_2——换出旧结构的单价。

拟建工程的造价为:

人工、材料、机械使用费＝修正后的概算指标×拟建工程建筑面积（或体积）

求出人工、材料、机械使用费之后，再按照规定的取费方法计算其他费用，最终得到单位工程概算造价。这种方法是将原概算指标中每 100 m² 建筑物面积（或 1000 m³ 体积）所耗人工、材料、机械数量进行调整，扣除原概算指标中与拟建工程结构不同部分的人工、材料、机械数量，并增加原概算指标中与拟建工程结构不同部分的人工、材料、机械数量，使其成为与拟建工程相同的每 100 m² 建筑物面积（或 1000 m³ 体积）所耗人工、材料、机械数量。

② 调整概算指标中的人工、材料、机械数量，计算公式为：

$$\begin{aligned}\text{结构变化修正概算指标的}\\\text{人工、材料、机械数量}\end{aligned}=\text{原概算指标的人工、材料、机械数量}＋\text{换入结构件工程量}\times$$

$$\begin{aligned}&\text{相应定额人工、材料、机械消耗量}－\text{换出结构件工程量}\times\\&\text{相应定额人工、材料、机械消耗量}\end{aligned} \tag{3-43}$$

以上两种方法，前者是直接修正概算指标单价，后者是修正概算指标的人工、材料、机械消耗量。修正之后方可按上述方法分别套用。

【例 3-7】 某新建单身宿舍，其建筑面积为 3500 m²，按概算指标和地区材料预算价格等算出单位造价为 738 元/m²。其中，一般土建工程为 640 元/m²，采暖工程为 32 元/m²，给排水工程为 36 元/m²，照明工程为 30 元/m²。但新建单身宿舍设计资料与概算指标相比，其结构构件有部分变更。设计资料表明，外墙为 1.5 砖外墙，而概算指标中外墙为 1 砖外墙。根据当地土建工程预算定额，外墙带形毛石基础的预算单价为 147.87 元/m³，1 砖外墙的预算单价为 177.10 元/m³，1.5 砖外墙的预算单价为 178.08 元/m³；概算指标中每 100 m² 中含外墙带形毛石基础为 18 m³，1 砖外墙为 46.5 m³。新建工程设计资料表明，每 100 m² 中含外墙带形毛石基础为 19.6 m³，1.5 砖外墙为 61.2 m³。试计算调整后的概算单价和新建宿舍的概算造价。

【解】 土建工程中对结构构件的变更和单价调整，如表 3-24 所示。

表 3-24 结构变化引起的单价调整

序号	结构名称	单位	数量（每 100 m² 含量）	单价/元	合价/元
	土建工程单位面积造价				640
	换出部分				
1	外墙带形毛石基础	m³	18	147.87	2661.66
2	1 砖外墙	m³	46.5	177.10	8235.15
	合计	元			10896.81
	换入部分				
3	外墙带形毛石基础	m³	19.6	147.87	2898.25
4	1.5 砖外墙	m³	61.2	178.08	10898.50
	合计	元			13796.75

结构变化修正概算指标：640－10896.81/100＋13796.75/100≈669（元）

（3）类似工程预算法。

类似工程预算法是利用技术条件与设计对象类似的已完工程或在建工程的工程造价资料来编制拟建工程设计概算的方法。

类似工程预算法的编制步骤如下。

① 根据设计对象的各种特征参数，选择最合适的类似工程预算。

② 根据本地区现行的各种价格和费用标准，计算类似工程预算的人工费、材料费、施工机具费、企业管理费修正系数。

③ 根据类似工程预算修正系数和上述四项费用占预算成本的比重，计算预算成本总修正系数，并计算出修正后的类似工程平方米预算成本。

④ 根据类似工程修正后的平方米预算成本和编制概算地区的利税率，计算修正后的类似工程平方米造价。

⑤ 根据拟建工程的建筑面积和修正后的类似工程平方米造价，计算拟建工程概算造价。

⑥ 编制概算编写说明。

类似工程预算法在拟建工程初步设计与已完工程或在建工程的设计类似而又没有可用的概算指标时采用，但必须对建筑结构差异和价差进行调整。建筑结构差异的调整方法与概算指标法的调整方法相同。

类似工程造价的价差调整常用的两种方法如下。

① 类似工程造价资料有具体的人工、材料、机械台班的用量时，可按类似工程预算造价资料中的主要材料用量、工日数量、机械台班用量分别乘以拟建工程所在地的主要材料预算价格、人工单价、机械台班单价，计算出直接工程费，再乘以当地的综合费率，即可得出所需的造价指标。

② 类似工程造价资料只有人工、材料、机械台班费用和措施费、企业管理费和规费等费用时，可按下面公式调整：

$$D = AK \tag{3-44}$$

$$K = a\%K_1 + b\%K_2 + c\%K_3 + d\%K_4 + e\%K_5 \tag{3-45}$$

式中　D——拟建工程单方概算造价；

　　　A——类似工程单方预算造价；

　　　K——综合调整系数；

　　　$a\%,b\%,c\%,d\%,e\%$——类似工程预算的人工费、材料费、机械台班费、措施费、企业管理费和规费占预算造价的比重，如 $a\%$＝类似工程人工费（或工资标准）/类似工程预算造价×100%，$b\%$、$c\%$、$d\%$、$e\%$的计算方法类同；

　　　K_1,K_2,K_3,K_4,K_5——拟建工程地区与类似工程预算造价在人工费、材料费、机械台班费、措施费、企业管理费和规费方面的差异系数，如 K_1＝拟建工程概算的人工费（或工资标准）/类似工程预算人工费（或地区工资标准），K_2、K_3、K_4、K_5的计算方法类同。

以上综合调整系数是以类似工程中各成本构成占项目总成本的百分比为权重，按照加权的方法计算的成本单价的调整系数。根据类似工程预算提供的资料,也可按照同样的计算思路计算出人工、材料、机械台班费综合调整系数,通过系数调整类似工程的工料单价,再计算其他剩余费用构成内容,也可得出所需的造价指标。总之,以上方法可灵活应用。

【例 3-8】　某新建教学大楼,建筑面积为 3000 m^2,已知下列类似工程施工图预算的有关数据:

(1) 类似工程的建筑面积为 2800 m^2,预算成本为 3200000 元。

(2) 类似工程各种费用占预算成本的权重是:人工费为 6%,材料费为 55%,机械台班费为 6%,措施费为 3%,其他费为 30%。

(3) 拟建工程地区与类似工程地区造价之间的差异系数为 $K_1=1.02$、$K_2=1.05$、$K_3=0.99$、$K_4=1.04$、$K_5=0.95$。

试用类似工程预算法编制概算。

【解】　(1) 综合调整系数为:

$K=6\%×1.02+55\%×1.05+6\%×0.99+3\%×1.04+30\%×0.95=1.014$

(2) 价差修正后的类似工程预算造价为:

$$3200000×1.014≈3244800(元)$$

(3) 类似工程预算单方成本为:

$$\frac{3244800}{2800}=1158.86(元/m^2)$$

则拟建教学楼工程的概算造价为:

$$1158.86×3000=3476580(元)$$

3. 单位设备及安装工程概算的编制方法

单位设备及安装工程概算包括设备购置费概算和设备安装工程费概算两大部分。

(1) 设备购置费概算。设备购置费是先根据初步设计的设备清单计算出设备原价,并汇总求出设备总原价,再按有关规定的设备运杂费费率乘以设备总原价,两项相加再考虑工器具及生产家具购置费即为设备购置费概算。

有关设备原价、运杂费和设备购置费的概算可参见前面项目的计算方法。

(2) 设备安装工程费概算的编制方法。设备安装工程费概算的编制方法应根据初步设计深度和要求所明确的程度而采用。其主要编制方法如下。

① 预算单价法。当初步设计较深,有详细的设备清单时,可直接按安装工程预算定额单价编制设备安装工程费概算,概算编制程序基本与安装工程施工图预算相同。该法具有计算比较具体、精确性较高的优点。

② 扩大单价法。当初步设计深度不够,设备清单不完备,只有主体设备或仅有成套设备重量时,可采用主体设备、成套设备的综合扩大安装单价来编制概算。

上述两种方法的具体操作与单位建筑工程概算类似。

③ 设备价值百分比法。设备价值百分比法又称安装设备百分比法。当初步设计深度不够,只有设备出厂价而无详细规格、重量时,安装费可按占设备费的百分比计算。其

百分比值(安装费费率)由相关管理部门制定或由设计单位根据已完类似工程确定。该法常用于价格波动不大的定型产品和通用设备产品。数学表达式为:

$$设备安装费＝设备原价×安装费费率 \qquad (3-46)$$

④ 综合吨位指标法。当初步设计提供的设备清单有规格和设备重量时,可采用综合吨位指标法编制概算,综合吨位指标由相关主管部门或设计院根据已完类似工程资料确定。该法常用于设备价格波动较大的非标准设备和引进设备的安装工程概算。数学表达式为:

$$设备安装费＝设备吨重×每吨设备安装费指标 \qquad (3-47)$$

单位设备及安装工程概算要按照规定的表格进行编制,表格格式见表 3-25。

表 3-25　　　　　　　　　　　　　　单位设备及安装工程概算表

单位工程概算编号:　　　　　　工程名称(单位工程):　　　　　　共　页　第　页

序号	定额编号	工程项目或费用名称	单位	数量	单价/元					合价/元				
---	---	---	---	---	设备费	主材费	定额基价	其中		设备费	主材费	定额费	其中	
								人工费	机械费				人工费	机械费
一		设备安装												
1	××	×××												
二		管道安装												
1	××	×××												
三		防腐保温												
1	××	×××												
		小计												
		工程综合取费												
		合计												

编制人:　　　　　　　　　　　　　　　　　审核人:

(二) 单项工程综合概算的编制方法

1.单项工程综合概算的含义

单项工程综合概算是确定单项工程建设费用的综合性文件,由该单项工程各专业单位工程概算汇总而成,是建设项目总概算的组成部分。

2.单项工程综合概算的内容

单项工程综合概算文件一般包括编制说明(不编制总概算时列入)、综合概算表(含其所附的单位工程概算表和建筑材料表)两大部分。当建设项目只有一个单项工程时,此时单项工程综合概算文件(实为总概算)除包括上述两大部分外,还应包括工程建设其他费用、建设期利息、预备费和投资方向调节税及生产或经营性项目铺底流动资金的概算。

单项工程综合概算书是建筑项目总概算书的组成部分,是编制总概算书的基础文件,一般由编制说明和综合概算表两部分组成。

(1)编制说明。编制说明应列在综合概算表的前面,编制说明的内容如下:

① 编制依据。编制依据包括国家和有关部门的规定、设计文件、现行概算定额或概算指标、设备材料的预算价格和费用指标等。

② 编制方法。编制方法说明设计概算是采用何种方法编制的。

③ 主要设备、材料(钢材、木材、水泥)的数量。

④ 其他需要说明的有关问题。

(2)综合概算表。综合概算表是根据单项工程所辖范围内的各单位工程概算等基础资料,按照国家或部委所规定的统一表格进行编制的。

① 综合概算表项目的组成。工业建设项目综合概算表由建筑工程和设备及安装工程两大部分组成;民用建设工程项目综合概算表仅有建筑工程一项。

② 综合概算表费用的组成。一般由建筑工程费用、安装工程费用、设备购置及工器具和生产家具购置费用所组成。当不编制总概算表时,还应包括工程建设其他费用、建设期利息、预备费和固定资产投资方向调节税等费用项目。

单项工程综合概算要按照规定的表格进行编制,表格格式见表 3-26。

表 3-26 单项工程综合概算表

建设项目名称: 单项工程名称: 第 页 共 页

序号	概算编号	工程项目和费用名称	概算价值							美元	折合人民币
			设计规模和主要工程量	建筑工程	安装工程	设备工程	工器具及生产家具购置	其他	总价		
一		主要工程									
1	××	×××									
2	××	×××									
3	××	×××									
二		辅助工程									
1	××	×××									
2	××	×××									
三		配套工程									
1	××	×××									
2	××	×××									
		单项工程综合概算费用合计									

(三)建设项目总概算的编制方法

1.建设项目总概算的含义

建设项目总概算是设计文件的重要组成部分,是确定整个建设项目从筹建到竣工交付使用所预计花费的全部费用的文件。它由各单项工程综合概算、工程建设其他费用、建设期利息、预备费、投资方向调节税和生产或经营性项目铺底流动资金概算所组成,按照主管部门规定的统一表格进行编制而成。

2.建设项目总概算的内容

建设项目总概算文件一般应包括:编制说明、总概算表、各单项工程综合概算书、工程建设其他费用概算表、主要建筑安装材料汇总表。独立装订成册的总概算文件宜加封面、签署页(扉页)和目录。

① 封面、签署页(扉页)和目录。

② 编制说明。编制说明的内容与单项工程综合概算文件相同。

③ 总概算表。总概算表格式如表 3-27 所示。

④ 工程建设其他费用概算表。

⑤ 单项工程综合概算表和建筑安装单位工程概算表。

⑥ 主要建筑安装材料汇总表。

表 3-27　　　　　　　　　　　　　　**建设项目总概算表**

建设项目:　　　　　　单项工程名称:　　　　　　　　　共　页　第　页

序号	概算表编号	工程和费用名称	概算价值/元						技术经济指标				占投资额/%
			建筑工程费	设备购置费	安装工程费	其他费用	合计	其中:外汇/美元	计量指标	单位	数量	单位造价/元	

四、设计概算的审查

(一)设计概算审查的意义

① 设计概算审查有利于合理分配投资资金,加强投资计划管理,有助于合理确定和有效控制工程造价。设计概算编制得偏高或偏低,不仅影响工程造价的控制,还会影响

投资计划的真实性,以及投资资金的合理分配。

② 设计概算审查有利于促进概算编制单位严格执行国家有关概算的编制规定和费用标准,从而提高概算的编制质量。

③ 设计概算审查有利于促进设计的技术先进性与经济合理性。概算中的技术经济指标是概算的综合反映,与同类工程对比,便可检查其先进性与合理程度。

④ 设计概算审查有利于核定建设项目的投资规模,可以使建设项目总投资力求做到准确、完整,防止任意扩大投资规模或出现漏项,从而减少投资缺口,缩小概算与预算之间的差距,避免故意压低概算投资,搞"钓鱼项目",而导致实际造价大幅度地突破概算。

⑤ 经审查的概算有利于为建设项目投资的落实提供可靠的依据。打足投资,不留缺口,有助于提高建设项目的投资效益。

(二) 设计概算审查的内容

1. 审查设计概算的编制依据

① 审查编制依据的合法性。

② 审查编制依据的时效性。

③ 审查编制依据的适用范围。各种编制依据都有规定的适用范围,如各主管部门规定的各种专业定额及其取费标准只适用于该部门的专业工程;各地区规定的各种定额及其取费标准只适用于该地区范围内,特别是地区的材料预算价格区域性更强。

2. 审查概算编制深度

① 审查编制说明。审查编制说明可以检查概算的编制方法、深度和编制依据等重大原则问题,若编制说明有差错,则具体概算必有差错。

② 审查概算编制的完整性。一般大中型项目的设计概算应有完整的编制说明和"三级概算"(总概算表、单项工程综合概算表、单位工程概算表),并按有关规定的深度进行编制。审查是否有符合规定的"三级概算",各级概算的编制、核对、审核是否按规定签署,有无随意简化,有无将"三级概算"简化为"二级概算",甚至"一级概算"。

③ 审查概算的编制范围。审查概算编制范围及具体内容是否与主管部门批准的建设项目范围及具体工程内容一致;审查分期建设项目的建筑范围及具体工程内容有无重复交叉,是否重复计算或漏算;审查其他费用应列的项目是否符合规定,静态投资、动态投资和生产或经营性项目铺底流动资金是否分别列出等。

3. 审查工程概算的内容

① 审查概算的编制是否符合党的方针、政策,是否根据工程所在地的自然条件进行编制。

② 审查建设规模(投资规模、生产能力等)、建设标准(用地指标、建筑标准等)、配套工程、设计定员等是否符合原批准的可行性研究报告或立项批文的标准。对总概算投资超过批准投资估算10%以上的,应查明原因,重新上报审批。

③ 审查编制方法、计价依据和程序是否符合现行规定,包括定额或指标的适用范围和调整方法是否正确。进行定额或指标的补充时,要求补充定额或指标的项目划分、内容组成、编制原则等要与现行的规定相一致等。

④ 审查工程量是否正确。审查工程量的计算是否根据初步设计图纸、概算定额、工程量计算规则和施工组织设计的要求进行,有无多算、重算和漏算,尤其对工程量大、造价高的项目要重点审查。

⑤ 审查材料用量和价格。审查主要材料(钢材、木材、水泥、砖)的用量数据是否正确,材料预算价格是否符合工程所在地的价格水平,材料价差调整是否符合现行规定及其计算是否正确等。

⑥ 审查设备规格、数量和配置是否符合设计要求,是否与设备清单相一致,设备预算价格是否真实,设备原价和运杂费的计算是否正确,非标准设备原价的计价方法是否符合规定,进口设备各项费用的组成及其计算程序、方法是否符合国家主管部门的规定。

⑦ 审查建筑安装工程各项费用的计取是否符合国家或地方有关部门的现行规定,计算程序和取费标准是否正确。

⑧ 审查综合概算、总概算的编制内容、方法是否符合现行规定和设计文件的要求。

⑨ 审查总概算文件的组成内容是否完整地包括了建设项目从筹建到竣工投产为止的全部费用组成。

⑩ 审查工程建设其他各项费用。

⑪ 审查项目的"三废"治理。

⑫ 审查技术经济指标。

⑬ 审查投资经济效果。

(三)审查设计概算的方法

采用适当的方法审查设计概算是确保审查质量、提高审查效率的关键。较常用的方法有:对比分析法、查询核实法、联合会审法。

联合会审前,可先采取多种形式分头审查,包括设计单位自审,主管、建设、承包单位初审,工程造价咨询公司评审,邀请同行专家预审,审批部门复审等;经层层审查把关后,由有关单位和专家进行联合会审。在联合会审会上,由设计单位介绍概算编制情况及有关问题,各有关单位、专家汇报初审和预审意见,然后进行认真分析、讨论,结合对各专业技术方案的审查意见所产生的投资增减,逐一核实原概算出现的问题。经过充分协商,认真听取设计单位意见后,实事求是地处理、调整。

任务五　施工图预算的编制与审查

一、施工图预算的基本概念

(一)施工图预算的含义

施工图预算是指由设计单位在施工图设计完成后,根据施工图设计图纸、现行预算定额、费用定额及地区设备、材料、人工、施工机械台班等预算价格编制和确定的建筑安装工程造价的文件。它是施工图设计阶段对工程建设所需资金做出较精确计算的设计文件。

根据上述施工图预算的概念,只要是按照工程施工图及计价所需的各种依据,在工程实施前所计算的工程价格,均可以称为施工图预算价格。其既可以是按照政府统一规定的预算单价、取费标准、计价程序计算而得到的属于计划或预期性质的施工图预算价格,又可以是通过招标投标法定程序后施工企业根据自身的实力,即企业定额、资源市场单价及市场供求和竞争状况计算得到的反映市场性质的施工图预算价格。

(二) 施工图预算编制的两种模式

1. 传统定额计价模式

我国传统定额计价模式是采用国家、部门或地区统一规定的预算定额、单位估价表、取费标准、计价程序进行工程造价计价的模式,通常也称为定额计价模式。由于清单计价模式中也要用到消耗量定额,为避免产生歧义,此处称为传统定额计价模式。它是我国长期使用的一种编制施工图预算的方法。

在传统定额计价模式下,国家或地方主管部门颁布工程预算定额,并且规定了相关取费标准,发布有关资源价格信息。建设单位与施工单位均先根据预算定额中规定的工程量计算规则、定额单价计算直接工程费,再按照规定的费率和取费程序计取利润和税金,汇总后得到工程造价。

即使在预算定额从指令性走向指导性的过程中,预算定额中的一些因素可以按市场变化作一些调整,但其调整(包括人工、材料和机械台班价格的调整)也都是按造价管理部门发布的造价信息进行的,而造价管理部门不可能把握市场价格的随时变化,其公布的造价信息与市场实际价格信息相比总有一定的滞后与偏离,这就决定了传统定额计价模式的局限性。

2. 工程量清单计价模式

工程量清单计价模式是指招标人按照国家统一的工程量清单计价规范中的工程量计算规则提供工程量清单和技术说明,由投标人依据企业自身的条件和市场价格对工程量清单自主报价的工程造价计价模式。

工程量清单计价模式是国际通行的计价方法,为了使我国工程造价管理与国际接轨并逐步向市场化过渡,我国于 2003 年 7 月 1 日开始实施国家标准《建设工程工程量清单计价规范》(GB 50500—2003),并于 2008 年 12 月 1 日进行了修订,目前最新修订的规范是 2013 年 7 月 1 日颁布实施的《建设工程工程量清单计价规范》(GB 50500—2013)。

(三) 施工图预算的作用

施工图预算作为建设工程建设程序中一个重要的技术经济文件,在工程建设实施过程中具有十分重要的作用,可以归纳为以下几个方面。

1. 施工图预算对投资方的作用

(1) 施工图预算是造价控制及资金合理使用的依据。施工图预算确定的预算造价是工程的计划成本,投资方按施工图预算造价筹集建设资金,并控制资金的合理使用。

(2) 施工图预算是确定工程招标控制价的依据。在设置招标控制价的情况下,建筑安装工程的招标控制价可按照施工图预算来确定。招标控制价通常是在施工图预算的基础上,考虑工程的特殊施工措施、工程质量要求、目标工期、招标工程范围及自然条件等因素进行编制的。

(3) 施工图预算是确定合同价、拨付工程款及办理工程结算的依据。

(4) 施工图预算是设计阶段控制工程造价的重要环节。

2. 施工图预算对施工企业的作用

(1) 施工图预算是建筑施工企业投标时报价的参考依据。在激烈的建筑市场竞争中,建筑施工企业需要根据施工图预算造价,结合企业的投标策略,确定投标报价。

(2) 施工图预算是建筑工程预算包干的依据和签订施工合同的主要内容。在采用总价合同的情况下,施工单位通过与建设单位协商,可在施工图预算的基础上,考虑设计或施工变更后可能发生的费用与其他风险因素,增加一定系数作为工程造价一次性包干。同样,在施工单位与建设单位签订施工合同时,其中工程价款的相关条款也必须以施工图预算为依据。

(3) 施工图预算是施工企业安排调配施工力量、组织材料供应的依据。施工单位各职能部门可根据施工图预算编制劳动力供应计划和材料供应计划,并据此做好施工前的准备工作。

(4) 施工图预算是施工企业控制工程成本的依据。根据施工图预算确定的中标价格是施工企业收取工程款的依据,企业只有合理利用各项资源,采取先进技术和管理方法,将成本控制在施工图预算价格以内,才会获得良好的经济效益。

(5) 施工图预算是进行"两算"对比的依据。施工企业可以通过对施工图预算和施工预算的对比分析,找出差距,采取必要的措施。

3. 施工图预算对其他方的作用

(1) 对于工程咨询单位来说,可以客观、准确地为委托方做出施工图预算,以强化投资方对工程造价的控制,有利于节省投资,提高建设项目的投资效益。

(2) 对于工程造价管理、监督等中介服务企业来说,客观、准确的施工图预算是为业主提供投资控制的依据。

(四) 施工图预算文件的组成

施工图预算有单位工程预算、单项工程综合预算和建设项目总预算。单位工程预算是根据施工图设计文件、现行预算定额、单位估价表、费用定额,以及人工、材料、设备、机械台班等预算价格资料,以一定方法编制的单位工程施工图预算;汇总所有单位工程施工图预算,即成为单项工程施工图预算;再汇总所有单项工程施工图预算,即形成最终的建设项目建筑安装工程的总预算。

施工图预算根据建设项目实际情况可采用三级预算编制形式,即建设项目总预算、单项工程综合预算、单位工程预算。当建设项目只有一个单项工程时,应采用二级预算编制形式,二级预算编制形式由建设项目总预算、单位工程预算组成。

采用三级预算编制形式的工程预算文件包括:封面、签署页、目录、编制说明、总预算表、综合预算表、单位工程预算表、附件等内容。采用二级预算编制形式的工程预算文件包括:封面、签署页、目录、编制说明、总预算表、单位工程预算表、附件等内容。

（五）施工图预算的内容

按照预算文件的不同，施工图预算的内容有所不同。建设项目总预算是反映施工图设计阶段建设项目投资总额的造价文件，是施工图预算文件的主要组成部分。其由组成该建设项目的各单项工程综合预算和相关费用组成，具体包括：建筑安装工程费、设备及工器具购置费、工程建设其他费用、预备费、建设期利息、投资方向调节税及铺底流动资金。施工图总预算应控制在已批准的设计总概算投资范围内。

（六）施工图预算的编制依据

（1）国家、行业和地方政府有关工程建设和造价管理的法律、法规和规定。

（2）经过批准和会审的施工图设计文件和有关标准图集。包括设计说明书、标准图、图纸会审纪要、设计变更通知单及经建设主管部门审批通过的设计概算文件。

（3）工程地质勘察资料。

（4）预算定额（或单位估价表）、地区材料市场与预算价格等相关信息，以及颁布的材料预算价格、工程造价信息、材料调价通知、取费调整通知等。

（5）当采用新结构、新材料、新工艺、新设备而定额缺项时，按照规定编制的补充预算定额也是编制施工图预算的依据。

（6）合理的施工组织设计或施工方案。

（7）工程量清单、招标文件、工程合同或协议书。其明确了施工单位承包的工程范围，应承担的责任、权利和义务。

（8）项目有关的设备、材料供应合同、价格及相关说明书。

（9）项目的技术复杂程度，以及新技术、专利使用情况等。

（10）建设场地有关的气候、水文、地貌等自然条件和经济、人文等社会条件。

（11）预算工作手册，常用的各种数据、计算公式、材料换算表，常用标准图集及各种必备的工具书。

二、施工图预算的审查

（一）施工图预算审查的意义

施工图预算编制完成之后，需要认真进行审查。加强施工图预算的审查，对提高预算的准确性，正确贯彻党和国家的有关方针政策，降低工程造价具有重要的现实意义。

（二）施工图预算审查的内容

施工图预算的审查重点应该放在工程量计算、预算单价套用、设备材料预算价格取定是否正确，各项费用标准是否符合现行规定等方面。

（1）审查工程量。

① 土方工程；

② 打桩工程；

③ 砖石工程；

④ 混凝土及钢筋混凝土工程；

⑤ 木结构工程；

⑥ 楼地面工程；

⑦ 屋面工程；

⑧ 构筑物工程：当烟囱和水塔定额是以"座"编制时，地下部分已包括在定额内，按规定不能再另行计算，应审查是否符合要求，有无重算；

⑨ 装饰工程：审查内墙抹灰的工程量是否按墙面的净高和净宽计算，有无重算或漏算；

⑩ 金属构件制作工程：金属构件制作工程量多数以 t 为单位；

⑪ 水暖工程；

⑫ 电气照明工程；

⑬ 设备及其安装工程。

（2）审查设备、材料的预算价格。

设备、材料的预算价格是施工图预算造价中所占比重最大、变化最大的内容，应当重点审查。

① 审查设备、材料的预算价格是否符合工程所在地的真实价格及价格水平。若采用市场价，要核实其真实性、可靠性；若采用有关部门公布的信息价，要注意信息价的时间、地点是否符合要求，是否需要按规定调整。

② 审查设备、材料的原价确定方法是否正确，非标准设备原价的计价依据、方法是否正确、合理。

③ 审查设备的运杂费费率及运杂费的计算是否正确，材料预算价格的各项费用的计算是否符合规定、有无差错。

（3）审查预算单价的套用。

审查预算单价的套用是否正确是审查预算工作的主要内容之一。审查时应注意以下几个方面：

① 审查预算中所列各分项工程预算单价是否与现行预算定额的预算单价相符，其名称、规格、计量单位及所包括的工程内容是否与单位估价表一致；

② 审查换算的单价时，先要审查换算的分项工程是否为定额中允许换算的，再审查换算是否正确；

③ 审查补充定额和单位估价表的编制是否符合编制原则，单位估价表计算是否正确。

（4）审查有关费用项目及其计取。

有关费用项目计取的审查要注意以下几个方面：

① 审查措施费的计算是否符合有关的规定标准，企业管理费、利润和规费的计取基础是否符合现行工程造价计价与控制规定，有无不能作为计费基础的费用列入其中。

② 审查预算外调增的材料差价是否计取了企业管理费、利润和规费，直接工程费或人工费增减后，有关费用是否作了相应调整。

③ 审查有无巧立名目乱计费、乱摊费用现象。

（三）施工图预算审查的方法

施工图预算审查的方法较多，主要有全面审查法、标准预算审查法、分组计算审查法、对比审查法、筛选审查法、重点抽查法、利用手册审查法和分解对比审查法8种。

1. 全面审查法

全面审查又称逐项审查法，即按照预算定额顺序或施工的先后顺序，逐一全部进行审查的方法。其具体计算方法和审查过程与施工图预算编制基本相同。此方法的优点是全面、细致，经审查的工程预算差错比较少，质量比较高；缺点是工作量大。因此，对一些工程量比较小、工艺比较简单的工程，编制工程预算的技术力量又比较薄弱时，采用全面审查法相对较多。

2. 标准预算审查法

标准预算审查法指对利用标准图纸或通用图纸施工的工程，集中力量编制标准预算，以此为标准审查预算的方法。按标准图纸设计或通用图纸施工的工程，一般其上部结构和做法相同，可集中力量细审一份预算或编制一份预算，作为这种标准图纸的标准预算，或以这种标准图纸的工程量为标准对照审查，而对局部不同部分作单独审查即可。这种方法的优点是时间短、效果好、易定案；缺点是只适用于按标准图纸设计的工程，适用范围小。

3. 分组计算审查法

分组计算审查法是一种加快审查工程量速度的方法，把预算中的项目划分为若干组，并将相邻且有一定内在联系的项目编为一组，审查或计算同一组中某分项工程量，利用工程量间具有相同或相似计算基础的关系，判断同组中其他几个分项工程量计算的准确程度的方法。一般土建工程可以分为以下几个组：

① 地槽挖土、基础砌体、基础垫层、槽坑回填土、运土。

② 底层建筑面积、地面面层、地面垫层、楼面面层、楼面找平层、楼板体积、天棚抹灰、天棚刷浆、屋面层。

③ 内墙外抹灰、外墙内抹灰、外墙内面刷浆、外墙上的门窗和圈过梁、外墙砌体。

例如，在①中，先将挖地槽土方、基础砌体体积（室外地坪以下部分）、基础垫层计算出来，而槽坑回填土、运土的体积按下式确定：

$$回填土量 = 挖土量 -（基础砌体体积 + 垫层体积） \tag{3-48}$$

$$余土外运量 = 基础砌体体积 + 垫层体积 \tag{3-49}$$

4. 对比审查法

对比审查法是指用已建成工程的预算或虽未建成但已审查修正的工程预算对比审查拟建的类似工程预算的一种方法。对比审查法的适用一般有以下几种情况，应根据工程的不同条件区别对待。

① 两个工程采用同一施工图，但基础部分和现场条件不同。新建工程基础以上部分可采用对比审查法，不同部分可分别采用相应的审查方法进行审查。

② 两个工程设计相同，但建筑面积不同。根据两个工程建筑面积之比与两个工程分

部分项工程量之比基本一致的特点,可审查新建工程各分部分项工程的工程量,或者用两个工程每平方米建筑面积造价及每平方米建筑面积的各分部分项工程量进行对比审查。如果基本相同,则说明新建工程预算是正确的;反之,说明新建工程预算有问题,应找出差错原因,加以更正。

③ 两个工程的面积相同,但设计图纸不完全相同时,可把相同的部分,如厂房中的柱子、房架、屋面、砖墙等,进行工程量的对比审查,不能对比的分部分项工程按图纸计算。

5.筛选审查法

筛选审查法是统筹法的一种,也是一种对比方法。建筑工程虽然有建筑面积和高度的不同,但是它们的各分部分项工程的工程量、造价、用工量在每个单位面积上的数值变化不大。把这些数据加以汇集、优选,归纳为工程量、造价(价值)、用工三个单方基本值表,并注明其适用的建筑标准。这些基本值犹如"筛子孔",用以筛选各分部分项工程,筛下去的就不审查了,没有筛下去的就意味着此分部分项工程的单位建筑面积数值不在基本值范围之内,应对该分部分项工程详细审查。当所审查的预算的建筑面积标准与基本值所适用的标准不同时,就要对其进行调整。

筛选审查法的优点是简单易懂,便于掌握,审查速度和发现问题快;但要解决差错、分析其原因时需继续审查。因此,此法适用于住宅工程或不具备全面审查条件的工程。

6.重点抽查法

重点抽查法是指抓住工程预算中的重点进行审查的方法。审查的重点一般是工程量较大或造价较高、工程结构较复杂的工程,补充单位估价表,计取的各项费用(计费基础、取费标准等)。

重点抽查法的优点是重点突出,审查时间短,效果好。

7.利用手册审查法

利用手册审查法是指把工程中常用的构件、配件事先整理成预算手册,按手册对照审查的方法。如工程常用的预制构配件:洗脸池、坐便器、检查井、化粪池、碗柜等,将这些按标准图集计算工程量,套上单价,编制成预算手册使用,可大大简化预结算的编审工作。

8.分解对比审查法

一个单位工程,先按人工、材料、机械使用费进行分解,再把人工、材料、机械使用费按工种和分部工程进行分解,分别与审定的标准预算进行对比分析的方法,称为分解对比审查法。

(四) 审查施工图预算的步骤

1.做好审查前的准备工作

(1)熟悉施工图纸。施工图纸是编审预算分项数量的重要依据,必须全面熟悉了解,核对所有图纸,清点无误后,依次识读。

(2)了解预算包括的范围。根据预算编制说明,了解预算包括的工程内容,如配套设施、室外管线、道路及会审图纸后的设计变更等。

(3)弄清预算采用的单位估价表。任何单位估价表或预算定额都有一定的适用范围,应根据工程性质,搜集熟悉相应的单价、定额资料。

2.选择合适的审查方法

由于工程规模、繁简程度不同,施工方法和施工企业情况不一样,所编制的工程预算和质量也不同,因此需选择适当的审查方法进行审查。

3.调整预算

综合整理审查资料,并与编制单位交换意见,定案后编制调整预算。审查后需要进行增加或核减的,经与编制单位协商统一意见后进行相应的修正。

思考与练习

一、单选题

1.随着建筑物层数的增加,下列变动趋势正确的是(　　)。

A.单位建筑面积分摊的土地费用及外部流通空间费用将有所降低

B.单位建筑面积分摊的土地费用增加

C.单位建筑面积分摊外部流通空间费用将有所增加

D.单位建筑面积造价减小

2.厂区内建筑物、构筑物、露天仓库、堆场、操作场地、铁路、道路、广场、排水设施及地上地下管线等所占面积与整个厂区建设用地面积之比的评价指标是(　　)。

　　A.建筑系数　　　　　　　　　　　　B.建筑密度

　　C.土地利用系数　　　　　　　　　　D.工程量指标

3.在建筑设计评价指标中,工程造价和厂房面积的利用效率比主要用于(　　)。

A.评价平面形状是否合理

B.评价柱网布置是否合理

C.评价厂房经济层数与展开面积的比例是否合理

D.评价建筑物功能水平是否合理

4.当初步设计深度不够,不能准确计算出工程量,但工程设计技术比较成熟而又有类似工程概算指标可以利用时,可采用的方法是(　　)。

　　A.概算定额法　　　　　　　　　　　B.概算指标法

　　C.类似工程预算法　　　　　　　　　D.类似工程概算法

5.已知某引进设备质量为 50 t,设备原价为 3000 万元人民币,每吨设备安装费指标为 80000 元,同类国产设备的安装费费率为 15%,则该设备的安装费为(　　)万元。

　　A.400　　　　　　　　　　　　　　B.425

　　C.450　　　　　　　　　　　　　　D.500

6.编制施工图预算时,措施费应在(　　)时计算。

　　A.套单价　　　　　　　　　　　　　B.计算主材费

　　C.按费用定额取费　　　　　　　　　D.工料分析

7.控制施工图设计和施工图预算的依据是(　　)。

A. 工程概算　　　　　　　　　　　　　B. 设计概算

C. 建设项目总概算　　　　　　　　　　D. 单位工程概算

8.类似工程预算法是利用(　　)来编制拟建工程设计概算的方法。

A.拟建的厂房、住宅的建筑面积乘以技术条件相同或基本相同工程的概算指标,得出人工、材料、机械使用费

B.技术条件与设计对象相类似的已完工程或在建工程的工程造价资料

C.概算定额编制建筑工程概算的方法

D.单位工程中分项工程或扩大分项工程的项目名称,并计算其工程量

9.总平面设计是指总图运输设计和总平面配置,在总平面设计中影响工程造价的主要因素包括(　　)。

A.占地面积、功能分区、运输方式　　　B.占地面积、功能分区、工艺流程

C.占地面积、运输方式、工艺流程　　　D.运输方式、功能分区、工艺流程

10.下列工业项目设计程序正确的是(　　)。

A.设计准备→初步设计→技术设计→设计交底→总体设计→施工图设计和配合施工

B.设计准备→初步设计→技术设计→施工图设计→总体设计→设计交底和配合施工

C.设计准备→总体设计→初步设计→技术设计→施工图设计→设计交底和配合施工

D.方案设计→初步设计→施工图设计

11.下列各项中,属于工业项目设计核心的是(　　)。

A.总平面设计　　　　　　　　　　　　B.建筑设计

C.工艺设计　　　　　　　　　　　　　D.土地规划设计

12.下列有关居住建筑净密度和居住面积密度的阐述,正确的是(　　)。

A.居住面积密度是衡量用地经济性和保证居住区必要卫生条件的主要技术经济指标

B.居住建筑净密度数值的大小与建筑层数、房屋间距、层高、房屋排列方式等因素有关

C.居住建筑净密度是反映建筑布置、平面设计与用地之间关系的重要指标

D.影响居住建筑净密度的主要因素是房屋的层数,层数增加,其数值就增大

13.对于多层厂房,在其结构形式一定的条件下,若厂房宽度和长度越大,则经济层数和单方造价的变化趋势是(　　)。

A.经济层数降低,单方造价随之相应增加

B.经济层数增加,单方造价随之相应降低

C.经济层数降低,单方造价随之相应降低

D.经济层数增加,单方造价随之相应增加

14.初步设计达到一定深度,建筑结构比较明确,能按照初步设计的平面、立面、剖面图纸计算出楼地面、墙身、门窗和屋面等分部工程(或扩大结构件)项目的工程量时,比较

适用的编制概算的方法是( )。

    A. 概算定额法   B. 概算指标法

    C. 类似工程预算法   D. 综合吨位指标法

15. 某市一栋普通办公楼为框架结构,建筑面积为 3000 m²,建筑工程人工、材料、机械使用费为 400 元/m²,其中,毛石基础为 40 元/m²。现拟建一栋办公楼,建筑面积为 4000 m²,采用钢筋混凝土结构,带形基础造价为 55 元/m²,其他结构与前述办公楼相同。则该拟建新办公楼建筑工程人工、材料、机械使用费为( )元。

    A. 220000   B. 1660000   C. 380000   D. 1600000

16. 某政府投资项目已批准的投资估算为 8000 万元,总概算投资为 9000 万元,则概算审查处理办法应是( )。

    A. 查明原因,调减至 8000 万元以内

    B. 对超出投资估算的部分,重新上报审批

    C. 查明原因,重新上报审批

    D. 如确实需要,即可直接作为预算控制依据

17. 实物法和预算单价法相比,其工作内容的不同主要体现在( )阶段。

    A. 熟悉图纸和预算定额

    B. 划分工程项目和计算工程量

    C. 套用定额消耗量,计算人工、材料、机械台班消耗量

    D. 了解施工组织设计和施工现场情况

18. 若拟建工程与已完工程采用同一个施工图,但两者基础部分和现场施工条件不同,则对相同部分的施工图预算,宜采用的审查方法是( )。

    A. 分组计算审查法   B. 筛选审查法

    C. 对比审查法   D. 标准预算审查法

二、多选题

1. 下列有关工业项目总平面设计的评价指标,说法正确的是( )。

    A. 建筑系数又称建筑密度,若建筑系数增大,则工程造价降低

    B. 土地利用系数和建筑系数概念不同,但所计算的结果相同

    C. 土地利用系数反映总平面布置的经济合理性和土地利用效率

    D. 绿化面积应该属于工程量指标的范畴

    E. 经济指标是指工业项目的总运输费用、经营费用等

2. 厂房建筑设计方案评价的技术经济指标有( )。

    A. 建筑物周长与建筑面积比   B. 厂房空地面积与建筑面积比

    C. 工程全寿命成本   D. 厂房展开面积

    E. 柱网布置面积

3. 设计概算编制方法中,照明工程概算的编制方法包括( )。

    A. 概算定额法   B. 设备价值百分比法

    C. 概算招标法   D. 综合吨位指标法

    E. 类似工程预算法

4.施工图预算的审查重点应为(　　　)。

A.预算的编制深度是否适当　　　　B.预算单价套用是否正确

C.设备材料预算价格取定是否合理　　D.费用标准是否符合现行规定

E.技术经济指标是否合理

5.不属于施工图预算审查方法的有(　　　)。

A.全面审查法　　　　　　　　　　B.重点抽查法

C.对比审查法　　　　　　　　　　D.系数估计审查法

E.联合会审法

6.在住宅小区规划设计中,节约用地的主要措施有(　　　)。

A.压缩建筑的间距　　　　　　　　B.建筑群体的布置形式

C.适当增加房屋长度　　　　　　　D.合理布置道路

三、计算题

1.某工业企业拟兴建一幢 5 层框架结构综合车间。第 1 层外墙围成的面积为 286 m²;主入口处有一有柱雨篷,柱外围水平面积为 12.8 m²;主入口处平台及踏步台阶水平投影面积为 21.6 m²;第 2～5 层每层外墙围成的面积为 272 m²,且每层有 1 个悬挑式半封闭阳台,每个阳台的水平投影面积为 6.4 m²;屋顶有一出屋面楼梯间,水平投影面积为 24.8 m²。

问题:

(1)该建筑物的建筑面积是多少?

(2)试编制土建工程的单位工程预算费用计算书(表 3-28)。假定该工程的土建工程分部分项工程费为 935800 元(定额人工费为 92000 元),单价措施项目费为 200000 元(定额人工费为 20000 元),各项费率分别为:以定额人工费为基数的安全文明施工费费率为 30%,工程排污费费率为 15%,其他规费为 15 万元,暂列金额 20 万元,综合税税率为 3.477%(结果以元为单位,取整数计算)。

(3)根据问题(2)的计算结果和表 3-29 所示的土建、水暖电和工器具等单位工程造价占单项工程综合造价的比例确定各单项工程综合造价。

表 3-28　　　　　　　　**某土建工程施工图预算费用计算表**

序号	费用名称	费用计算表达式	金额/元	备注
1	分部分项工程费			
2	措施项目费			
3	其他项目费			
4	规费			
5	税金			
6	预算造价			

表 3-29　　　**土建、水暖电和工器具等单位工程造价占单项工程综合造价的比例**

专业名称	土建	水暖电	工器具	设备购置	设备安装
所占比例/%	41.25	17.86	0.5	35.39	5

2.某市对其沿江流域进行全面规划,划分出会展区、商务区和风景区等区段进行分段设计招标。其中,会展区用地 100000 m²,专家组综合各界意见确定了会展区的主要评价指标为:总体规划的适用性(F_1)、各功能区的合理布局(F_2)、与流域景观的协调一致性(F_3)、充分利用空间增加会展面积(F_4)、建筑物美观性(F_5)。对各功能的重要性分析如下:F_3 相对于 F_4 很重要,F_3 相对于 F_1 较重要,F_2 和 F_5 同样重要,F_4 和 F_5 同样重要。现经层层筛选后,有 3 个设计方案进入最终评审。专家组对这 3 个设计方案满足程度的评分结果见表 3-30。

表 3-30　　　　　各设计方案的评价指标的评分表

得分/分　　方案 功能	A	B	C
总体规划的适用性 F_1	9	8	9
各功能区的合理布局 F_2	8	7	8
与流域景观的协调一致性 F_3	8	10	10
充分利用空间增加会展面积 F_4	7	6	8
建筑物美观性 F_5	10	9	8

问题:

(1)用 0～4 评分法计算各功能的权重。

(2)已知三个设计方案的成本指数分别为 $C_A=0.3360$、$C_B=0.3465$、$C_C=0.3176$,试运用价值工程方法选出最优方案。

(3)根据选定的设计方案,设计单位对会展区内的会展中心进行功能改进,按照限额设计要求,确定该工程目标成本额为 10000 万元,然后以主要分部工程为对象进一步开展价值工程分析,各分部工程评分值和目前成本见表 3-31。试计算各功能项目成本降低期望值,并确定功能改进顺序。

表 3-31　　　　　各分部工程评分值和目前成本表

功能项目	功能得分/分	目前成本/万元
基础工程	21	2201
主体结构工程	35	3669
装饰工程	28	3224
水电安装工程	32	2835
合计	116	11929

[思考与练习参考答案]

一、单选题

1～5　ACBBA;6～10　CBBAC;11～15　CBBAB;16～18　CCC

二、多选题

1～6　ACD　　ACD　　ACE　　BCD　　DE　　ACD

三、计算题

1.【解】 (1)该综合车间建筑物建筑面积=286+12.8+4×6.4/2+24.8+272×4=1424.4(m²)。

(2)某土建工程施工图预算费用计算见表3-32。

表3-32　　　　　　　　　　某土建工程施工图预算费用计算表

序号	费用名称	费用计算表达式	金额/元	备注
1	分部分项工程费		935800	
2	措施项目费	总价措施费+单价措施费	233600	
3	其他项目费		200000	
4	规费		166800	
5	税金	(1+2+3+4)×3.477%	53414	
6	预算造价	1+2+3+4+5	1589614	

(3)按土建工程预算造价1589614元计算。

$$单项工程综合预算=土建工程预算造价÷41.25\%$$
$$=1589614÷41.25\%$$
$$=3853610(元)$$
$$水暖电工程预算造价=3853610×17.86\%=688255(元)$$
$$工器具费用=3853610×0.5\%=19268(元)$$
$$设备购置费用=3853610×35.39\%=1363793(元)$$
$$设备购置安装费用=3853610×5\%=192680(元)$$

2.【解】 (1)功能权重计算见表3-33。

表3-33　　　　　　　　　　　功能权重计算表

功能	F_1	F_2	F_3	F_4	F_5	得分/分	权重
F_1	×	3	1	3	3	10	0.250
F_2	1	×	0	2	2	5	0.125
F_3	3	4	×	4	4	15	0.375
F_4	1	2	0	×	2	5	0.125
F_5	1	2	0	2	×	5	0.125
合计						40	1.000

(2)各方案功能指数计算,见表3-34。

表3-34　　　　　　　　　　　各方案功能指数计算表

方案功能	功能权重	方案功能加权得分/分		
		A	B	C
F_1	0.250	9×0.250=2.25	8×0.250=2.00	9×0.250=2.25

续表

方案功能	功能权重	方案功能加权得分/分		
		A	B	C
F_2	0.125	8×0.125=1.00	7×0.125=0.875	8×0.125=1.00
F_3	0.375	8×0.375=3.00	10×0.375=3.75	10×0.375=3.75
F_4	0.125	7×0.125=0.875	6×0.125=0.75	8×0.125=1.00
F_5	0.125	10×0.125=1.25	9×0.125=1.125	8×0.125=1.00
合计		8.375	8.500	9.000
功能指数		8.375/25.875=0.324	8.500/25.875=0.329	9.000/25.875=0.348

各方案价值指数计算见表 3-35。

表 3-35   **各方案价值指数计算表**

方案	功能指数	成本指数	价值指数	单方造价/(元/m²)
A	0.324	0.3360	0.9643	2560
B	0.329	0.3465	0.9495	2640
C	0.348	0.3176	1.0960	2420
合计	1.000	1.000		7620

根据上述计算结果,方案 C 价值指数最大,则方案 C 为最佳设计方案。

(3) 各功能项目改进计算见表 3-36。其中,各功能项目的目标成本为该工程目标成本额 10000 万元与各功能项目功能指数(此时的功能指数与成本指数相等,因为在理想状态下,价值指数为 1)的乘积。

表 3-36   **各功能项目改进计算表**

功能项目	功能得分/分	功能指数	目前成本/万元	目标成本/万元	成本降低额/万元
基础工程	21	0.181	2201	1810	391
主体结构工程	35	0.302	3669	3020	649
装饰工程	28	0.241	3224	2410	814
水电安装工程	32	0.276	2835	2760	75
合计	116	1.000	11929	10000	1929

根据表 3-36 的计算结果,功能的改进顺序为:装饰工程、主体结构工程、基础工程、水电安装工程。

项目四　建设项目招投标阶段造价控制

任务一　建设工程招标投标

一、招标投标的概念

招标投标是商品经济的一种竞争方式,通常适用于大宗交易。它的特点为由唯一的买主(或卖主)设定标的,招请若干卖主(或买主)通过报价进行竞争,从中选择优胜者与其达成交易协议,随后按协议实现标的。

工程建设项目招标投标是国际上广泛采用的业主择优选择承包商或材料设备供应商的主要交易方式。招标的目的是为计划兴建的工程项目选择适当的承包商或材料设备供应商,将全部工程或其中的某一部分工作委托这个(些)承包商或材料设备供应商负责完成。承包商或材料设备供应商则通过投标竞争,决定自己的生产任务和销售对象,使产品得到社会的认可,从而完成生产计划并实现盈利计划。因此,承包商或材料设备供应商必须具备一定的条件,才有可能在投标竞争中获胜,为业主所选中。这些条件主要是具备一定的技术、经济实力和管理经验,能够胜任承包的任务,效率高,价格合理,以及信誉良好。

工程建设项目招标投标制是在市场经济条件下产生的,因此必然受竞争机制、供求机制、价格机制的制约。招标投标制意在鼓励竞争,防止垄断。

二、建设工程招标的范围

(一)《中华人民共和国招投标法》

《中华人民共和国招投标法》规定,在中华人民共和国境内进行下列工程建设项目包括项目勘察、设计、施工、监理以及与工程建设有关的重要设备、材料等的采购,必须进行招标:

(1) 大型基础设施、公用事业等关系社会公共利益、公共安全的项目;

(2) 全部或者部分使用国有资金投资或者国家融资的项目;

(3) 使用国际组织或者国外政府贷款、援助资金的项目。

(二)《工程建设项目招标范围和规模标准规定》

《工程建设项目招标范围和规模标准规定》对必须进行招标的工程进行了规定。

(1) 关系社会公共利益、公众安全的基础设施项目的范围包括:

① 煤炭、石油、天然气、电力、新能源等能源项目;

② 铁路、公路、管道、水运、航空以及其他交通运输业等交通运输项目;

③ 邮政、电信枢纽、通信、信息网络等邮电通信项目;

④ 防洪、灌溉、排涝、引(供)水、滩涂治理、水土保持、水利枢纽等水利项目;

⑤ 道路、桥梁、地铁和轻轨交通、污水排放及处理、垃圾处理、地下管道、公共停车场等城市设施项目;

⑥ 生态环境保护项目;

⑦ 其他基础设施项目。

(2) 关系社会公共利益、公众安全的公用事业项目的范围包括:

① 供水、供电、供气、供热等市政工程项目;

② 科技、教育、文化等项目;

③ 体育、旅游等项目;

④ 卫生、社会福利等项目;

⑤ 商品住宅,包括经济适用住房;

⑥ 其他公用事业项目。

(3) 使用国有资金投资项目的范围包括:

① 使用各级财政预算资金的项目;

② 使用纳入财政管理的各种政府性专项建设基金的项目;

③ 使用国有企业事业单位自有资金,并且国有资产投资者实际拥有控制权的项目。

(4) 国家融资项目的范围包括:

① 使用国家发行债券所筹资金的项目;

② 使用国家对外借款或者担保所筹资金的项目;

③ 使用国家政策性贷款的项目;

④ 国家授权投资主体融资的项目；

⑤ 国家特许的融资项目。

（5）使用国际组织或者外国政府资金的项目的范围包括：

① 使用世界银行、亚洲开发银行等国际组织贷款资金的项目；

② 使用外国政府及其机构贷款资金的项目；

③ 使用国际组织或者外国政府援助资金的项目。

（6）以上规定范围内的各类工程建设项目，包括项目的勘察、设计、施工、监理以及与工程建设有关的重要设备、材料等的采购，达到下列标准之一的，必须进行招标：

① 施工单项合同估算价在 200 万元人民币以上的；

② 重要设备、材料等货物的采购，单项合同估算价在 100 万元人民币以上的；

③ 勘察、设计、监理等服务的采购，单项合同估算价在 50 万元人民币以上的；

④ 单项合同估算价低于①、②、③项规定的标准，但项目总投资额在 3000 万元人民币以上的。

建设项目的勘察、设计，采用特定专利或者专有技术的，或者其建筑艺术造型有特殊要求的，经项目主管部门批准，可以不进行招标。

任何单位和个人不得将依法必须进行招标的项目化整为零或者以其他任何方式规避招标。依法必须进行招标的项目，其招标投标活动不受地区或者部门的限制。任何单位和个人不得违法限制或者排斥本地区、本系统以外的法人或者其他组织参加投标，不得以任何方式非法干涉招标投标活动。国家或者地方政府有关部门依法对工程建设项目招标投标活动实施监督，依法查处招标投标活动中的违法行为。

三、建设工程招标的分类

1.按工程建设程序分类

按照工程建设程序，建设工程招标可分为建设项目前期咨询招标，工程勘察设计招标，材料设备采购招标，施工招标，造价咨询或审计、监理、项目管理等招标。

（1）建设项目前期咨询招标是指对建设项目的可行性研究任务进行的招标。投标方一般为工程咨询企业。中标的承包方要根据招标文件的要求，向发包方提供拟建工程的可行性研究报告，并对其结论的准确性负责。承包方提供的可行性研究报告应获得发包方的认可，认可的方式通常为专家组评估鉴定。

项目投资者有的缺乏建设管理经验，可以通过招标选择项目咨询者及建设管理者，即工程投资方在缺乏工程实施管理经验时，通过招标方式选择具有专业管理经验的工程咨询单位，为其制定科学、合理的投资开发建设方案，并组织控制方案的实施。这种集项目咨询与管理于一体的招标类型的投标人一般也为工程咨询单位。

（2）工程勘察设计招标是指根据批准的可行性研究报告，择优选择勘察、设计单位的招标。勘察和设计是两种不同性质的工作，可由勘察单位和设计单位分别完成。勘察单位最终提出施工现场的地理位置、地形、地貌、地质、水文等在内的勘察报告；设计单位最终提供设计图纸和成本预算结果。设计招标还可进一步分为建筑方案设计招标、施工图设计招标。当施工图设计不是由专业的设计单位承担,而是由施工单位承担时,一般不进行单独招标。

(3)材料设备采购招标是指在工程项目初步设计完成后,对建设项目所需的建筑材料和设备(如电梯、供配电系统、空调系统等)采购任务进行的招标。投标方通常为材料供应商、成套设备供应商。

(4)施工招标是指在工程项目的初步设计或施工图设计完成后,用招标的方式选择施工单位的招标。施工单位最终向业主交付按招标设计文件规定的建筑产品。

国内外招投标现行做法中,经常将工程建设程序中各个阶段合为一体进行全过程招标,通常又称为总包。

(5)造价咨询或审计、监理、项目管理等招标。

2.按工程项目承包的范围分类

按工程项目承包的范围,建设工程招标可分为项目总承包招标、项目阶段性招标、设计施工招标、工程分承包招标及专项工程承包招标。

(1)项目总承包招标是指选择项目全过程总承包人的招标。这种招标又可分为两种类型,一是工程项目实施阶段全过程的招标,二是工程项目建设全过程的招标。前者是指施工图设计后,工程建设主体的设备和材料采购、土建施工、设备安装及调试、生产准备和试运行、交付使用均由一个承包商负责承包,即目前建筑市场常见的工程主体建设总承包现象。后者则是指从项目的可行性研究到施工交付使用进行一次性招标,业主只需提供项目投资和使用功能要求及竣工、交付使用期限,其可行性研究、勘察设计、设备和材料采购、土建施工、设备安装及调试、生产准备和试运行、交付使用均由一个总承包单位负责承包,即"交钥匙工程"。承揽"交钥匙工程"的承包商被称为总承包商。绝大多数情况下,总承包商要将工程部分阶段的实施任务分包出去。

(2)工程分承包招标是指中标的工程总承包人作为其中标范围内的工程任务的招标人,将其中标范围内的工程任务通过招标投标的方式,分包给具有相应资质的分承包人,中标的分承包人只对招标的总承包人负责。

(3)专项工程承包招标是指在工程承包招标中,对其中某项比较复杂或专业性比较强、施工和制作要求比较特殊的单项工程进行的单独招标。

3.按行业或专业类别分类

按行业或专业类别划分,建设工程招标可分为土木工程招标、勘察设计招标、材料设备采购招标、安装工程招标、建筑装饰装修招标、生产工艺技术转让招标、咨询服务(含工程咨询、造价咨询或审计、项目管理等)和建设监理招标等。

(1)土木工程招标是指对建设工程中的土木工程施工任务进行的招标。

(2)勘察设计招标是指对建设项目的勘察设计任务进行的招标。

(3)材料设备采购招标是指对建设项目所需的建筑材料和设备采购任务进行的招标。

(4)安装工程招标是指对建设项目的设备安装任务进行的招标。

(5)建筑装饰装修招标是指对建设项目的建筑装饰装修的施工任务进行的招标。

(6)生产工艺技术转让招标是指对建设工程生产工艺技术转让进行的招标。

（7）咨询服务和建设监理招标是指对咨询服务和建设监理任务进行的招标。

4. 按工程承发包模式分类

随着建筑市场运作模式与国际接轨进程的深入，我国承发包模式也逐渐表现出多样化，主要包括工程咨询承包模式、交钥匙工程承包模式、设计施工承包模式、设计管理承包模式、BOT 工程模式。

按工程承发包模式分类，建设工程招标可分为工程咨询招标、交钥匙工程招标、设计施工招标、设计管理招标、BOT 工程招标。

（1）工程咨询招标。工程咨询招标是指以工程咨询服务为对象的招标行为。工程咨询服务的内容主要包括工程立项决策阶段的规划研究、项目选定与决策，建设准备阶段的工程设计、工程招标，施工阶段的监理、竣工验收等工作。

（2）交钥匙工程招标。交钥匙模式，即承包商向业主提供包括融资咨询、设计、施工、设备采购、安装和调试直至竣工移交的全套服务。交钥匙工程招标是指发包商将上述全部工作作为一个标的招标，承包商通常将部分阶段的工程分包，亦即全过程招标。

（3）设计施工招标。设计施工招标是指将设计及施工作为一个整体标的以招标的方式进行发包，投标人必须为同时具有设计能力和施工能力的承包商。我国由于长期采取设计与施工分开的管理体制，目前具备设计、施工双重能力的企业为数较少。

设计-建造模式是一种项目组管理方式。业主和设计-建造承包商密切合作，完成项目的规划、设计、成本控制、进度安排等工作，甚至负责项目融资；采用一个承包商对整个项目负责，避免了设计和施工的矛盾，可显著减少项目的成本和工期。同时，在选定承包商时，以设计方案的优劣作为主要的评标因素，可保证业主得到高质量的工程项目。

（4）设计管理招标。设计管理模式是指由同一实体向业主提供设计和施工管理服务的工程管理模式。采用这种模式时，业主只签订一份既包括设计又包括施工管理服务的合同，在这种情况下，设计机构与管理机构是同一实体。这一实体常常是设计机构与施工管理企业的联合体。设计管理招标，即以设计管理为标的进行的工程招标。

（5）BOT 工程招标。BOT（Build-Operate-Transfer），即建造-运营-移交模式。具体是指政府部门就某个基础设施项目与企业或专业项目公司签订特许权协议，授予签约方来承担该基础设施项目的融资、投资、建设、经营与维护，在协议规定的特许期限内，该企业或专业项目公司向设施使用者收取适当的费用，以此来回收项目的投融资，建造、经营和维护成本，并获取合理回报；政府部门则拥有对这一基础设施的监督权、控制权；特许期届满，签约方的企业或专业项目公司将该基础设施无偿或有偿地移交给政府部门。

任务二　工程量清单的编制

工程量清单是载明建设工程分部分项工程项目、措施项目、其他项目名称和相应数量及规费、税金项目等内容的明细清单。其中，由招标人根据国家标准、招标文件、设计文件及施工现场实际情况编制，随招标文件发布，供投标人投标报价的工程量清单称为招标工程量清单；而作为合同文件组成部分的投标文件中已表明价格并经承包人确认的工程量清单称为已标价工程量清单。

工程量清单、招标控制价、投标报价等工程造价文件的编制与核对应由具有专业资质的工程人员承担，并对工程造价文件的质量负责。

一、工程量清单计价与计量规范概述

《建设工程工程量清单计价规范》(GB 50500—2013)及《房屋建筑与装饰工程工程量计算规范》(GB 50854—2013)等 9 册专业计算规范已于 2013 年 7 月 1 日正式实施。

2013 版工程量清单计价与计算规范包括《建设工程工程量清单计价规范》(GB 50500—2013)、《房屋建筑与装饰工程工程量计算规范》(GB 50854—2013)、《仿古建筑工程工程量计算规范》(GB 50855—2013)、《通用安装工程工程量计算规范》(GB 50856—2013)、《市政工程工程量计算规范》(GB 50857—2013)、《园林绿化工程工程量计算规范》(GB 50858—2013)、《矿山工程工程量计算规范》(GB 50859—2013)、《构筑物工程工程量计算规范》(GB 50860—2013)、《城市轨道交通工程工程量计算规范》(GB 50861—2013)、《爆破工程工程量计算规范》(GB 50862—2013)。

《建设工程工程量清单计价规范》(GB 50500—2013)包括总则、术语、一般规定、工程量清单编制、招标控制价、投标报价、合同价款约定、工程计量、合同价款调整、合同价款期中支付、竣工结算与支付、合同解除的价款结算与支付、合同价款争议的解决、工程造价鉴定、工程计价资料与档案、工程计价表格及附录。

各专业工程工程量计算规范包括总则、术语、工程计量、工程量清单编制、规范用词说明、条文说明及附录。

(一)工程量清单计价的适用范围

工程量清单计价规范适用于建设工程发包及其实施阶段的计价活动。使用国有资金投资的建设工程发承包，必须采用工程量清单计价；非国有资金投资的建设工程，宜采用工程量清单计价；不采用工程量清单计价的建设工程，应执行计价规范中除工程量清单等专门规定外的其他规定。

国有资金投资的项目包括使用国有资金投资的工程建设项目和使用国家融资投资的工程建设项目。

(1)使用国有资金投资的工程建设项目包括：

① 使用各级财政预算资金的项目；

② 使用纳入财政管理的各种政府性专项建设基金的项目；

③ 使用国有企事业单位自有资金，并且国有资产投资者实际拥有控制权的项目。

(2)使用国家融资投资的工程建设项目包括：

① 使用国家发行债券所筹资金的项目；

② 使用国家对外借款或者担保所筹资金的项目；

③ 使用国家政策性贷款的项目；

④ 国家授权投资主体融资的项目；

⑤ 国家特许的融资项目。

(二) 工程量清单计价的作用

1. 提供一个平等的竞争条件

采用施工图预算投标报价,由于设计图纸的缺陷,不同施工企业的人员理解不一样,计算出的工程量也不同,报价就相去甚远,容易产生纠纷。而工程量清单计价可以为投标者提供一个平等竞争的条件,在工程量相同的条件下,由企业结合自身的施工技术、装备和管理水平自主编制综合单价。投标人的这种自主报价,使企业的优势体现到投标报价中,可在一定程度上规范建筑市场秩序,确保工程质量。

2. 满足市场经济条件下竞争的需要

招标投标过程就是竞争的过程,招标人提供工程量清单,投标人根据自身情况确定综合单价,利用单价与工程量逐项计算每个项目的合价,再分别填入工程量清单表内,计算出投标总价。单价成了决定性的因素,定高了不能中标,定低了则要承担亏损的风险。单价的高低直接取决于企业管理水平和技术水平的高低,这种局面促成了企业整体实力的相互竞争,有利于我国建设市场有序和健康的发展。

3. 有利于提高工程计价效率,真正实现快速报价

采用工程量清单计价方式,避免了传统计价方式中招标人与投标人在工程量计算上的重复工作,促使投标人尽快编制和完善自己的企业定额,加强对工程造价数据及信息的积累,满足现代工程建设中快速报价的要求。

4. 有利于工程款的拨付和工程造价的最终结算

中标后,业主要与中标单位签订施工合同,中标价就是确定合同价的基础,按照计价规范要求一般应采用固定单价合同。投标报价中的综合单价是拨付工程款的基础依据,业主根据施工企业完成的工程量,可以很容易地确定进度款的拨付额。工程竣工后,根据设计变更、工程量增减等,业主很容易确定工程的最终造价,可在某种程度上减少业主与施工单位之间的纠纷。

5. 有利于业主对投资的控制

采用工程量清单计价方式,其特点是量价分离、风险共担,业主在变更做法或增加功能等情况时要承担工程量变化所带来的增加投资的风险,有利于对投资的控制。

二、分部分项工程项目清单

分部分项工程是分部工程和分项工程的总称。分部工程是单位工程的组成部分,即按结构部位、路段长度及施工特点或施工任务将单位工程划分为若干分部的工程,例如,砌筑工程分为砖砌体、砌块砌体、石砌体、垫层分部工程。分项工程是分部工程的组成部分,即按不同的施工方法、材料、工序及路段长度等将分部工程划分为若干分项工程或项目工程,例如,砖砌体分为砖基础、砖砌挖孔桩护壁、实心砖墙、多孔砖墙、空心砖墙、空斗墙、空花墙、实心砖柱、多孔砖柱、砖检查井、零星砌砖、砖散水、砖地沟明沟等分项工程。

分部分项工程项目清单必须载明项目编码、项目名称、项目特征、计量单位和工程量。分部分项工程项目清单必须根据各专业工程计算规范的项目编码、项目名称、项

特征、计量单位和工程量计算规则进行编制,其格式如表 4-1 所示。在分部分项工程量清单的编制过程中,由招标人负责前 6 项内容填列,金额部分在编制招标控制价或投标报价时分别由招标人或投标人填列。

表 4-1　　　　　　　　　　　分部分项工程项目清单与计价表

工程名称:××工程　　　　　　　标段:　　　　　　　　　　　第　页　共　页

序号	项目编码	项目名称	项目特征	计量单位	工程量	金额/元		
						综合单价	合价	其中:暂估价
			0101 土石方工程					
1	010101003001	挖沟槽土方	三类土,垫层底宽 2 m,挖土深度小于 4 m,弃土运距小于 10 km	m³	1520			
			0104 砌筑工程					
2	010401001001	条形砖基础	M10 水泥砂浆,MU15 页岩砖(240 mm×115 mm×53 mm)	m³	240			
…	…	…	…					
			分部小计					

注:为计取规费等的适用,可在表中增设"其中:定额人工费"。

(一)项目编码

项目编码是分部分项工程项目和措施项目清单名称的阿拉伯数字标识。分部分项工程量清单的项目编码以五级编码设置,用 12 位阿拉伯数字表示。第一、二、三、四级编码为全国统一,即 1~9 位按《建设工程工程量清单计价规范》(GB 50500—2013)的规定设置;第五级,即 10~12 位应根据拟建工程的工程量清单项目名称设置,由招标人针对招标工程项目具体编制,并应自 001 起按顺序编制。统一招标工程的清单项目编码不得有重码。

各级编码代表的含义如下:

① 第一级表示专业工程代码(分 2 位)。

② 第二级表示附录分类顺序码(分 2 位)。

③ 第三级表示分部工程顺序码(分 2 位)。

④ 第四级表示分项工程项目名称顺序码(分 3 位)。

⑤ 第五级表示工程量清单项目名称顺序码(分 3 位)。

项目编码结构如图 4-1 所示,以房屋建筑与装饰工程为例。

当同一标段(或合同段)的一份工程量清单中含有很多单位工程,且工程量清单是以单位工程为编制对象时,在编制工程量清单时应特别注意对项目编码 10~12 位的设置不得有重码的规定。如一个标段(或合同段)的工程量清单中含有 3 个单位工程,每个单位工程都有项目特征相同的实心砖墙砌体,在工程量清单中又需反映 3 个不同的单位工

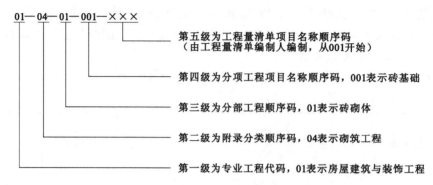

01—04—01—001—×××

第五级为工程量清单项目名称顺序码
（由工程量清单编制人编制，从001开始）

第四级为分项工程项目名称顺序码，001表示砖基础

第三级为分部工程顺序码，01表示砖砌体

第二级为附录分类顺序码，04表示砌筑工程

第一级为专业工程代码，01表示房屋建筑与装饰工程

图 4-1　项目编码结构

程的实心砖墙砌体工程量时，则第 1 个单位工程的实心砖墙砌体的项目编码应为 010401003001，第 2 个单位工程的实心砖墙砌体的项目编码应为 010401003002，第 3 个单位工程的实心砖墙砌体的项目编码应为 010401003003，并分别列出各单位工程实心砖墙砌体工程量。

（二）项目名称

分部分项工程量清单的项目名称应按各专业工程计算规范附录的项目名称结合拟建工程的实际情况确定。附录表中的"项目名称"为分项工程项目名称，是形成分部分项工程量清单项目名称的基础，考虑该项目的规格、型号、材质等特征要求，结合拟建工程的实际情况，使其工程量清单项目名称具体化、细化，以反映影响工程造价的主要因素，例如，"门窗工程"中"特殊门"应区分"冷藏门""冷冻闸门""保温门""变电室门""隔音门""人防门""金库门"等。清单项目名称应表达详细、准确。

随着工程建设中新材料、新技术、新工艺等的不断涌现，计算规范附录所列的工程量清单项目不可能包含所有项目。编制工程量清单出现附录中未包括的项目时，编制人应作补充。在编制补充项目时应注意以下三个方面：

① 补充项目的编码由专业工程计算规范的代码前两位（第一级）与 B 和三位阿拉伯数字组成，并且从 B001 起按顺序开始编制。例如，房屋建筑与装饰工程如需补充项目，则补充项目编码应从 01B001 开始。

② 在工程量清单中应附补充项目名称、项目特征、计量单位、工程量计算规则和工作内容。

③ 应将编制的补充项目报省级或行业工程造价管理机构备案。

（三）项目特征

项目特征是构成分部分项工程项目、措施项目自身价值的本质特征。项目特征是对项目的准确描述，是确定一个清单项目综合单价不可缺少的重要依据，也是区分清单项目的依据，还是履行合同义务的基础。分部分项工程量清单项目特征的描述应按照各专业工程计算规范附录中规定的项目特征内容，结合技术规范、标准图集、施工图纸，按照工程结构、使用材质及规格或安装位置等予以准确和全面的表述和说明。若有些项目特征用文字难以准确、全面地描述清楚，则可采用标准图集号或施工图纸图号的方式进行描述，如详见××图集或×××图号。

若计算规范清单项目中的项目特征有未描述的其他独有特征,应由清单编制人视项目具体情况确定,以准确描述清单项目为准。

各专业工程计算规范附录还给出了各清单项目的工作内容。工作内容是指完成清单项目可能发生的具体工作和操作程序。各项目仅列出了主要工作内容,除另有规定和说明外,视为已经包括完成该项目的全部工作内容。清单项目中的工作内容不作为组价的依据。

(四) 计量单位

计量单位应采用基本单位,除各专业另有特殊规定外,均按以下单位计量:

① 以质量计算的项目——吨(t)或千克(kg)。

② 以体积计算的项目——立方米(m³)。

③ 以面积计算的项目——平方米(m²)。

④ 以长度计算的项目——米(m)。

⑤ 以自然计量单位计算的项目——个、套、块、樘、组、台⋯⋯

⑥ 以特殊计量单位计算的项目——系统、天、昼夜⋯⋯如系统调试、措施项目等。

当有两个或两个以上计量单位时,应根据所编制工程量清单项目的特征要求,选择最适宜表现该项目特征并方便计量的单位。在一个建设项目(或标段、合同段)有多个单位工程的相同项目时,其计量单位必须保持一致。

计量单位的有效数字应遵守下列规定:

① 以"吨"为单位的,应保留小数点后 3 位数字,第 4 位小数四舍五入。

② 以"立方米""平方米""米""千克"为单位的,应保留小数点后 2 位数字,第 3 位小数四舍五入。

③以"个""件""组""系统"为单位的,应取整数。

(五) 工程量计算

工程量计算指建设工程项目以工程设计图纸、施工组织设计或施工方案及有关技术经济文件为依据,按照工程量计算规范的计算规则、计量单位等规定,进行工程数量的计算活动。

以房屋建筑与装饰工程为例,其计算规范中规定的实体项目包括土石方工程,金属结构工程,木结构工程,门窗工程,屋面及防水工程,保温、隔热、防腐工程,楼地面装饰工程,拆除工程等,分别制定了其项目设置和工程量计算规则。

有些项目在计算工程量时要考虑预留,如《通用安装工程工程量计算规范》(GB 50856—2013)中,电缆、电线工程中要包括预留或附加长度。投标人投标报价时,应在编制综合单价时考虑施工中的各种损耗。

三、措施项目清单

(一) 措施项目列项

措施项目指为了完成工程项目施工,发生于该工程施工前和施工过程中的技术、生活、安全环境保护等方面的项目。

措施项目清单应根据相关工程现行国家计算规范的规定编制,并应根据拟建工程的实际情况列项。例如,《房屋建筑与装饰工程工程量计算规范》(GB 50854—2013)中规定的措施项目包括脚手架工程、混凝土模板及支架(撑)、垂直运输、超高施工增加、大型机械设备进出场及安拆、施工排水、降水、安全文明施工及其他措施项目。

(二)措施项目清单的标准格式

1.措施项目清单的类别

措施项目费用的发生与使用时间、施工方式或者两个以上的工序相关。有些措施项目是可以计算工程量的,如脚手架工程、混凝土模板及支架(撑)、垂直运输、超高施工增加、大型机械设备进出场及安拆、施工排水、降水等,这类措施项目费用的计算方法同分部分项工程,采用综合单价法,更有利于措施费的确定和调整。能计量的措施项目(单价措施项目)编制工程量清单时,必须列出项目编码、项目名称、项目特征描述、计量单位和工程量计算规则,如表4-2所示。

表4-2 措施项目清单与计价表

工程名称:××工程

序号	项目编码	项目名称	项目特征描述	计量单位	工程量计算规则	金额/元	
						综合单价	合价
1	011701001001	综合脚手架	(1)建筑结构形式:框架; (2)檐口高度 60 m	m²			
…	…	…	…	…			

有些措施项目是不可以计算工程量的,如安全文明施工费、夜间施工、非夜间施工照明、二次搬运、冬雨季施工、地上地下设施及建筑物的临时保护设施、已完成工程及设备保护等项目。其应根据工程实际情况计算措施项目费用,需分摊的应合理计算摊销费用。针对这些不能计量且应以清单形式列出的项目,不必描述项目特征和确定计量单位,如表4-3所示。

表4-3 总价措施项目清单与计价表

工程名称:××工程

序号	项目编码	项目名称	计算基础	费率/%	金额/元	调整费率/%	调整后金额/元	备注
1	011707001001	安全文明施工费	定额基价					
2	011707002001	夜间施工	定额人工费					
…	…	…	…					

注:1."计算基础"中安全文明施工费可为"定额基价""定额人工费"或"定额人工费+定额机械费",其他项目可为"定额人工费"或"定额人工费+定额机械费"。

2.按施工方案计算的措施费,若无"计算基础"和"费率"的数值,也可只填"金额"数值,但应在"备注"栏说明施工方案出处或计算方法。

2.措施项目清单的编制

措施项目清单的编制应考虑多种因素,除工程本身的因素外,还应涉及水文、气象、环境、安全等因素。鉴于工程建设施工特点和承包人组织施工生产的施工装备水平、施工方案及管理水平的差异,对于同一工程,不同的承包人组织施工采用的施工措施有时是不一致的,所以措施项目清单应根据拟建工程的实际情况列项。若出现清单计算规范中未列的项目,可根据工程实际情况补充。

措施项目清单的编制依据主要有:

① 施工现场情况、地质勘察水文资料、规则特点;

② 常规施工方案;

③ 与建设工程有关的标准、规范、技术资料;

④ 拟订的招标文件;

⑤ 建设工程设计文件及相关资料。

四、其他项目清单

其他项目清单是指除分部分项工程量清单、措施项目清单所包含的内容以外,因招标人的特殊要求而发生的与拟建工程有关的其他费用项目和相应数量的清单。工程建设标准的高低、工程的复杂程度、施工工期的长短、工程的组成内容、发包人对工程管理的要求等都直接影响其他项目清单的具体内容。其他项目清单内容包括暂列金额、暂估价(包括材料暂估单价、工程设备暂估单价、专业工程暂估价)、计日工、总承包服务费。

其他项目清单计价汇总表有 4 种格式,包括招标工程量清单、招标控制价、投标报价、竣工结算。

表 4-4 所示为投标报价的编制格式。

表 4-4　　　　　　　　　　　　　其他项目清单与计价汇总表

工程名称:××工程

序号	项目名称	金额/元	结算金额/元	备注
1	暂列金额	350000		必须按照招标工程量清单额填写
2	暂估价	200000		必须按照招标工程量清单额填写
2.1	材料(工程设备)暂估单价/结算价	—		
2.2	专业工程暂估价/结算价	200000		必须按照招标工程量清单额填写
3	计日工	26528		投标人自主报价
4	总承包服务费	20760		投标人自主报价
	合计	597288		

注:材料(工程设备)暂估单价计入清单项目综合单价,此处不汇总。

(一)暂列金额

暂列金额是指招标人在工程量清单中暂定并包括在合同价款中的一笔款项。其用于工程施工合同签订时尚未确定或者不可预见的所需材料、工程设备、服务的采购,施工中可能发生的工程变更、合同约定调整因素出现时的工程价款调整及发生的索赔、现场签证确认等的费用。

不管采用何种合同形式,其理想的标准是:一份合同的价格就是其最终的竣工结算价格,或者至少两者应尽可能接近。我国规定对国有资金投资工程实行设计概算控制管理,经项目审批部门批复的设计概算是工程投资控制的刚性指标,即使商业性开发项目也有成本的预先控制问题,否则无法相对准确地预测投资的收益和科学合理地进行投资控制。但工程建设自身的特性决定了工程的设计需要根据工程进展不断地进行优化和调整,业主需求可能会随着工程建设的进展出现变化,工程建设过程还会存在一些不能预见、不能确定的因素,消化这些因素必然会影响合同价格的调整,暂列金额正是为这类不可避免的价格调整而设立的,以便达到合理确定和有效控制过程造价的目标。设立暂列金额并不能保证合同结算价格就不会出现超出合同价格的情况,是否超出合同价格完全取决于工程量清单编制人对暂列金额预测的准确性,以及工程建设过程是否出现了其他事先未预测到的事件。

暂列金额的性质为:包括在签约合同之内,但并不直接属于承包人所有,而是由发包人暂定并掌握使用的一笔款项。

暂列金额的用途为:① 由发包人用于在施工合同签订时尚未确定或者不可预见的相关费用;② 由发包人用于在施工过程中合同价款调整、索赔、现场签证等费用;③ 其他用于该过程且发承包双方认可的费用。

暂列金额应根据工程特点,要求招标人能将暂列金额与拟用项目列出明细,如确实不能详列,也可以只列暂列金额总额,投标人应将上述金额计入投标总价中。

表 4-5 所示为招标人填写的暂列金额明细表。

表 4-5 **暂列金额明细表**

工程名称:××工程

序号	项目名称	计量单位	暂定金额/元	备注
1	自行车棚工程	项	100000	正在设计图纸
2	工程量偏差和设计变更	项	100000	
3	政策性调整和材料价格波动	项	100000	
4	其他	项	50000	
合计			350000	

注:该表由招标人填写,如不能详列,也可只列暂定金额,投资人应将上述暂列金额计入投标总价中。

(二) 暂估价

暂估价是指招标人在招标文件中提供的用于支付必然发生但暂时不能确定价格的材料、工程设备的单价及专业工程的金额,包括材料暂估单价、工程设备暂估单价和专业工程暂估价。暂估价类似于 FIDIC 合同条件中的 prime cost items,在招标阶段预见肯定会发生,只是因为标准不明确或者需要由专业承包人完成,暂时无法确定价格。材料、工程设备暂估单价要求招标人针对每一类暂估价给出相应的拟用项目,即按照材料、工程设备的名称分部给出,以方便投标人组价,将其纳入分部分项工程量清单项目的综合单价中。

专业工程暂估价一般应是综合暂估价,是指分包人实施专业工程的含税后的完整价(即包含了该专业工程所有供应、安装、完工、调试、修复缺陷等工作)。除了合同约定的发包人应承担的总包管理、协调、配合和服务责任所对应的总承包费用外,承包人为履行其总包管理、协调、配合和服务等所需发生的费用应该包括在投标报价中。

材料、工程设备暂估单价应根据工程造价信息或者参照市场价格估算,列出明细表;专业工程暂估价应按专业划分,给出工程范围及包含的内容,按有关计价规定估算,列出明细表。暂估价可按照表 4-6 和表 4-7 的格式列示。

表 4-6　　　　　　　　　材料(工程设备)暂估单价及调整表(一)

工程名称:××保障房一期住宅工程　　　　　　标段:　　　　　　　第　页　共　页

| 序号 | 材料(工程设备)名称、规格、型号 | 计量单位 | 数量 | | 暂估/元 | | 确认/元 | | 差额±/元 | | 备注 |
			暂估	确认	单价	合价	单价	合价	单价	合价	
1	钢筋(规格见施工图)	t	200		4000	800000					用于现浇混凝土项目
2	低压开关柜	台	1		45000	45000					用于低压开关柜安装项目
	合计					845000					

注:该表由招标人填写"暂估单价",并且备注栏说明暂估价的材料(工程设备)拟用在哪些清单项目上,投标人应将上述材料(工程设备)暂估单价计入工程量清单综合单价报价中。

表 4-7　　　　　　　　　材料(工程设备)暂估单价及调整表(二)

工程名称:××保障房一期住宅工程　　　　　　标段:　　　　　　　第　页　共　页

序号	工程名称	工程内容	暂估金额/元	结算金额/元	差额±/元	备注
1	消防工程	合同图纸中标明的及消防工程规范和技术说明中规定的各系统中的设备、管道、阀门、线缆等的供应、安装和调试工作	200000			
	合计		200000			

注:该表"暂估金额"由招标人填写,投标人应将"暂估金额"计入投标总价中。结算时按合同约定的结算金额填写。

(三) 计日工

计日工是指在施工过程中,承包人完成发包人提出的工程合同范围以外的零星项目或工作,按合同约定的单价计价的一种方式。计日工是为了解决现场发生的零星工作的计价而设立的。国际上常见的标准合同条款中,大多数都设立了计日工(daywork)计价机制,计日工对完成零星工作所损耗的人工工时、材料数量、施工机械台班进行计量,并按照计日工表中填报的适用项目的单价进行计价支付。计日工适用的所谓零星项目或工作一般是指合同约定之外的或者因变更而产生的、工程量清单中没有相应项目的额外工作,尤其是那些难以事先商定价格的额外工作。

计日工应列出项目名称、计量单位和暂估数量。招标工程量清单中的计日工可按照表 4-8 的格式列示。

表 4-8

计日工表

工程名称：××保障房一期住宅工程　　　　标段：　　　　　　　　第　页　共　页

编号	项目名称	计量单位	暂定数量	实际数量	综合单价/元	合价/元	
						暂定	实际
一	人工						
1	普工	工日	100				
2	技工	工日	60				
…							
	人工小计						
二	材料						
1	钢筋（规格见施工图）	t	1				
2	水泥 42.5 级	t	2				
3	中砂	m³	10				
4	碎石（5～40 mm）	m³	5				
5	页岩砖（240 mm×115 mm×53 mm）	千块	1				
…							
	材料小计						
三	施工机械						
1	自升式塔吊起重机	台班	5				
2	灰浆搅拌机 400 L	台班	2				
…							
	施工机械小计						
四	企业管理费和利润						
	总计						

注：该表项目名称、暂定数量由招标人填写，编制招标控制价时，单价由招标人按有关计价定额确定；投标时，单价由投标人自主报价，按暂定数量计算合价计入投标总价中。结算时按发承包双发确认的实际数量计算合价。

（四）总承包服务费

总承包服务费是指总承包人为配合协调发包人而进行的专业工程发包，对发包人自行采购的材料、工程设备等进行保管及施工现场管理、竣工资料汇总整理等服务所需的费用。

总承包服务费的用途包括三部分,一是当招标人在法律、法规允许的范围内对专业工程进行发包时,要求总承包人协调服务;二是发包人自行采购供应部分材料、工程设备时,要求总承包人提供保管等相关服务;三是总承包人对施工现场进行协调和统一管理,对竣工资料进行统一汇总整理等所需的费用。

编制招标控制价时,总承包服务费应按照省级或行业建设主管部门的规定计算。编制投标报价时,总承包服务费应根据招标工程量清单中列出的内容和提出的要求,由投标人自主确定。

招标工程量清单中的总承包服务费计价表按照表4-9的格式列示。

表 4-9

总承包服务费计价表

工程名称:××保障房一期住宅工程　　　　　　　标段:　　　　　　　第 页 共 页

序号	项目名称	项目价值/元	服务内容	计算基础	费率/%	金额/元
1	发包人发包专业工程	200000	(1)按专业工程承包人的要求提供施工作业面,并对施工现场进行统一管理,对竣工资料进行统一整理汇总; (2)为专业工程承包人提供垂直运输机械和焊接电源接入点,并承担垂直运输费和电费			
2	发包人提供材料	845000	对发包人供应的材料进行验收、保管和使用发放			
	合计	—	—		—	

注:该表项目名称、服务内容由招标人填写,编制招标控制价时,费率及金额由招标人按有关计价规定确定;投标时,费率及金额由投标人自主报价,计入投标总价中。

五、规费、税金项目清单

规费项目清单应按照下列内容列项:社会保险费(包括养老保险费、失业保险费、医疗保险费、工伤保险费、生育保险费)、住房公积金、工程排污费,出现计价规范中未列的项目,应根据省级政府或省级有关权力部门的规定列项。

税金项目清单应包括下列内容:营业税、城市维护建设税、教育费附加、地方教育费附加。出现计价规范中未列的项目,应根据税务部门的规定列项。

招标工程量清单中的规费、税金项目清单与计价表见表4-10。

表 4-10

规费、税金项目清单与计价表

工程名称：××保障房一期住宅工程　　　　标段：　　　　　　　第　页　共　页

序号	项目名称	计算基础	费率/%	金额/元
1	规费	定额人工费		
1.1	社会保险费	定额人工费		
1.1.1	养老保险费	定额人工费		
1.1.2	失业保险费	定额人工费		
1.1.3	医疗保险费	定额人工费		
1.1.4	工伤保险费	定额人工费		
1.1.5	生育保险费	定额人工费		
1.2	住房公积金	定额人工费		
1.3	工程排污费	按工程所在地环境保护部门收费标准，按实计入		
2	税金	分部分项工程费＋措施项目费＋其他项目费＋规费－按规定不计税的工程设备金额		
合计				

任务三　招标控制价

《中华人民共和国招标投标法实施条例》规定：招标人设有最高投标限价的，应当在招标文件中明确最高投标限价或者最高投标限价的计算方法。招标人不得规定最低投标限价。

一、招标控制价的编制规定与依据

招标控制价是招标人根据国家或省级、行业建设主管部门颁发的有关计价依据和办法，依据拟订的招标文件和招标工程量清单，结合工程具体情况编制的招标工程的最高投标限价。根据中华人民共和国住房与城乡建设部颁布的《建筑工程施工发包与承包计价管理办法》（住建部令第 16 号）的规定，国有资金投资的建筑工程招标的，应当设有最高投标限价；非国有资金投资的建筑工程招标的，可以设有最高投标限价或者招标标底。

《建设工程工程量清单计价规范》（GB 50500—2013）将工程量清单计价表与招标工程量清单表合一，编制招标控制价时，其项目编码、项目名称、项目特征、计量单位、工程量栏与招标工程量清单一致，"综合单价""合价"及"其中：暂估价"栏按计价规范填写。招标控制价编制表见表 4-11。

表 4-11　　　　　　　　　　　**分部分项工程量清单计价表**

工程名称:××保障房一期住宅工程　　　　标段:　　　　　　　第　页　共　页

序号	项目编码	项目名称	项目特征	计量单位	工程量	金额/元		
						综合单价	合价	其中:暂估价
			...					
			0105 混凝土及钢筋混凝土工程					
6	01050300 1001	基础梁	C30 预拌混凝土梁底标高—1.55 m	m³	208	367.05	76346	
7	01051500 1001	现浇构件钢筋	螺纹钢,Q234,φ14	t	200	4821.35	964270	800000
			...					
		分部小计					2496270	800000

1. 招标控制价与标底的关系

招标控制价是推行工程量清单计价过程中对传统标底概念的性质进行界定后所设置的专业术语,它使招标时评标定价的管理方式发生了很大的变化。设标底招标、无标底招标及招标控制价招标的利弊分析如下。

(1)设标底招标。

① 设标底招标时,易发生泄漏标底及暗箱操作的现象,失去招标的公平公正性,容易诱发违法违规行为。

② 编制的标底价是预期价格,因较难考虑施工方案、技术措施对造价的影响,容易与市场造价水平脱节,不利于引导投标人理性竞争。

③ 标底在评标过程中的特殊地位使标底价成为左右工程造价的杠杆,不合理的标底会使合理的投标报价在评标中显得不合理,有可能成为地方或行业保护的手段。

④ 将标底作为衡量投标人报价的基准,导致投标人尽力地去迎合标底,往往招标投标过程反映的不是投标人实力的竞争,而是投标人预算文件能力的竞争,或者各种合法或非法的"投标策略"的竞争。

(2)无标底招标。

① 容易出现围标、串标现象,各投标人哄抬价格,给招标人带来投资失控的风险。

② 容易出现低价中标后偷工减料,以牺牲工程质量来降低工程成本,或产生先低价中标,后高额索赔等不良后果。

③ 评标时,招标人对投标人的报价没有参考依据和评判标准。

④ 如果发生投标人串标、围标,容易导致中标价远远高于建设工程的真实价格。

(3)招标控制价招标。

① 采用招标控制价招标的优点为:

a.可有效控制投资,防止恶性哄抬报价带来的风险。

b.提高透明度,避免了暗箱操作等违法活动的产生。

c.可使各投标人自主报价、公平竞争,符合市场规律。投标人自主报价,不受标底的限制。

d.既设置了控制上限,又尽量减小了业主依赖评标基准价的影响。

② 采用招标控制价招标也可能出现如下问题:

a.若最高限价远远高于市场平均价,就预示中标后利润很丰厚,只要投标不超过公布的限额就都是有效投标,从而可能诱导投标人串标、围标。

b.若公布的最高限价远远低于市场平均价,就会影响招标效率,即可能出现只有1~2人投标或无人投标的情况,因为按此限额投标将无利可图,而超出此限额投标又将成为无效投标,结果使招标人不得不修改招标控制价进行二次招标。

2.编制招标控制价的规定

(1) 国有资金投资的工程建设项目应实行工程量清单招标,招标人应编制招标控制价,并应当拒绝高于招标控制价的投标报价,即投标人的投标报价若超过公布的招标控制价,则其投标报价作为废标处理。

(2) 招标控制价应由具有编制能力的招标人或受其委托、具有相应资质的工程造价咨询人编制。工程造价咨询人不得同时接受招标人和投标人对同一工程的招标控制价和投标报价的编制。

(3) 招标控制价应在招标时公布,对所编制的招标控制价不得进行上浮或下调。在公布招标控制价时,除公布招标控制价的总额外,还应公布各单位工程的分部分项工程费、措施项目费、其他项目费、规费和税金。

(4) 招标控制价超出批准的概算时,招标人应将其报原概算审批部门审核。这是因为我国对国有资金项目的投资控制实行的是设计概算审批制度,国有资金投资的工程原则上不能超过批准的设计概算。

(5) 投标人经复核认为招标人公布的招标控制价未按照《建设工程工程量清单计价规范》(GB 50500—2013)的规定进行编制的,应在招标控制价公布后5日内向招标投标监督机构和工程造价管理机构投诉。工程造价管理机构受理投诉后,应立即对招标控制价进行复查,组织投诉人、被投诉人或其委托的招标控制价编制人等单位人员对投诉问题逐一核对。当招标控制价复查结论与原公布的招标控制价误差大于±3%时,应责令招标人改正。当重新公布招标控制价时,若重新公布之日起至原投标截止时间不足15天应延长投标截止期。

(6) 招标人应将招标控制价及相关资料报送工程所在地工程造价管理机构备查。

3.招标控制价的编制依据

招标控制价的编制依据是指在编制招标控制价时,进行工程量计量、价格确认、工程计价的有关参数、率值的确定等工作时所需的基础性资料,主要包括:

① 现行国家标准《建设工程工程量清单计价规范》(GB 50500—2013)与专业工程计算规范。

② 国家或省级、行业建设主管部门颁发的计价定额和计价办法。

③ 建设工程设计文件及相关资料。

④ 拟订的招标文件及招标工程量清单。

⑤ 与建设项目相关的标准、规范、技术资料。

⑥ 施工现场情况、工程特点及常规施工方案。

⑦ 工程造价管理机构颁发的工程造价信息；工程造价信息没有发布的，参照市场价。

⑧ 其他相关资料。

二、招标控制价的编制内容

招标控制价的编制内容包括分部分项工程费、措施项目费、其他项目费、规费和税金，各部分有不同的计价要求。

1. 分部分项工程费的编制要求

（1）分部分项工程费应根据招标文件中的分部分项工程量清单及有关要求，按《建设工程工程量清单计价规范》（GB 50500—2013）的有关规定确定综合单价计价。

（2）工程量依据招标文件中提供的分部分项工程量清单确认。

（3）招标文件提供了暂估单价的材料，应按暂估单价计入综合单价。

（4）为了使招标控制价与投标报价所包含的内容一致，综合单价应包括招标文件中要求投标人所承担的风险内容及其范围（幅度）产生的风险费用。

2. 措施项目费的编制要求

（1）措施项目费中的安全文明施工费应当按照国家或省级、行业建设主管部门的规定标准计价，该部分不得作为竞争性费用。

（2）措施项目费应按照招标文件中提供的措施项目清单确定，措施项目分为以"量"计算和以"项"计算两种。对于可精确计量的措施项目，以"量"计算，即按其工程量与分部分项工程量清单单价相同的方式确定综合单价；对于不可精确计量的措施项目，则以"项"为单位，采用费率法按有关规定综合确定。采用费率法时，需确定某项费用的计费基础及其费率，结果应是包括除规费、税金以外的全部费用。

3. 其他项目费的编制要求

（1）暂列金额。暂列金额可根据工程的复杂程度、设计深度、工程环境条件（包括地质、水文、气候条件等）进行估算。

（2）暂估价。暂估价中的材料单价应按照工程造价管理机构发布的工程造价信息中的材料单价计算，工程造价信息未发布的材料单价，其单价参考市场价格估算；暂估价中的专业工程暂估价应分不同专业，按有关计价规定估算。

（3）计日工。在编制招标控制价时，对计日工中的人工单价和施工机械台班单价应按照省级、行业建设主管部门或其授权的工程造价管理机构公布的单价计算；材料应按照工程造价管理机构发布的工程造价信息中的材料单价计算，工程造价信息未发布的材料单价，其单价参考市场调查确定的单价计算。

（4）总承包服务费。总承包服务费应按照省级、行业建设主管部门的规定计算，在计算时可参考以下标准：

① 招标人仅要求对分包的专业工程进行总承包管理和协调时，按分包的专业工程估算造价的 1.5％ 计算。

② 招标人要求对分包的专业工程进行总承包管理和协调，并同时要求提供配合服务时，根据招标文件中列出的配合服务内容提出的要求，按分包的专业工程估算造价的 3％～5％ 计算。

③ 招标人自行供应材料、工程设备的，按招标人供应材料、工程设备价值的 1％ 计算。

4. 规费和税金的编制要求

规费和税金必须按国家或省级、行业建设主管部门的规定计算。税金计算式为：

税金＝（分部分项工程量清单费＋措施项目清单费＋其他项目清单费＋规费）×综合费率

三、招标控制价的计价程序与综合单价的确定

1. 招标控制价的计价程序

建设工程的招标控制价反映的是单位工程费用，各单位工程费用是由分部分项工程费、措施项目费、其他项目费、规费和税金组成。单位工程招标控制价计价程序见表 4-12。

表 4-12　　建设单位工程招标控制价计价程序（施工企业投标报价计价程序）表

工程名称：　　　　　　　标段：　　　　　　　　　　　　　　第　页　共　页

序号	汇总内容	计算方法	金额/元
1	分部分项工程	按计价规定计算（自主报价）	
1.1			
1.2			
2	措施项目	按计价规定计算（自主报价）	
2.1	其中:安全文明施工费	按规定标准估算（按规定标准计算）	
3	其他项目		
3.1	其中:暂列金额	按计价规定估算（按招标文件提供金额计列）	
3.2	其中:专业工程暂估价	按计价规定估算（按招标文件提供金额计列）	
3.3	其中:计日工	按计价规定计算（自主报价）	
3.4	其中:总承包服务费	按计价规定计算（自主报价）	
4	规费	按规定标准计算	
5	税金(扣除不列入计税范围的工程设备金额)	（1＋2＋3＋4）×规定税率	
	招标控制价/（投标报价） 合计＝1＋2＋3＋4＋5		

注：该表适用于单位工程招标控制价计算或投标报价计算，如无单位工程划分，单项工程也适用该表。

由于投标人(施工企业)投标报价计价程序(见项目四中的任务四)与招标人(建设单位)招标控制价计价程序具有相同的表格,为了便于对比分析,此处将两种表格合并列出。其中,表格栏目中斜线后带括号的内容用于投标报价,其余为通用栏目。

2.综合单价的确定

招标控制价的分部分项工程费由各单位工程的招标工程量清单乘以相应的综合单价汇总而成。综合单价的确定应按照招标文件中分部分项工程量清单的项目名称、工程量、项目特征描述,依据工程所在地区颁发的计价定额和人工、材料、机械台班价格信息等进行编制,并应编制工程量清单综合单价分析表。

编制招标控制价,在确定其综合单价时,应考虑一定范围内的风险因素。在招标文件中应预留一定的风险费用,或明确说明风险所包括的范围及超出该范围的价格调整方法。对于招标文件中未做要求的可按以下原则确定:

(1)对于技术难度较大和管理较复杂的项目,可考虑一定的风险费用,并纳入综合单价中。

(2)对于工程设备、材料价格的市场风险,应依据招标文件的规定、工程所在地或行业工程造价管理机构的有关规定,以及市场价格趋势考虑一定率值的风险费用,纳入综合单价中。

(3)税金、规费等法律、法规和政策变化的风险和人工单价等风险费用不应纳入综合单价中。

四、编制招标控制价时应注意的问题

(1)采用的材料价格应是工程造价管理机构通过工程造价信息发布材料价格,工程造价信息未发布的材料单价的材料,其材料价格应通过市场调查确定。采用的市场价格则应通过调查、分析确定,有可靠的信息来源。

(2)施工机械设备的选型直接关系到综合单价水平,应根据工程项目特点和施工条件,本着经济实用、先进高效的原则确定。

(3)应该正确、全面地使用行业和地方的计价定额与相关文件。

(4)不可竞争的措施项目和规费、税金等费用的计算均属于强制性条款,编制招标控制价时应按照有关规定计算。

(5)不同工程项目、不同施工单位会有不同的施工组织方法,所发生的措施费也会有所不同,因此对于竞争性措施费用的确定,招标人应首先编制常规的施工组织设计或施工方案,然后经专家论证确认后进行合理的措施项目与费用的确定。

任务四 投标文件及投标报价的编制

投标是一种要约,需要严格遵守关于招标投标的法律规定及程序,还需对招标文件作出实质性响应,并符合招标文件的各项要求,科学、规范地编制投标文件与合理地提出报价。其直接关系到承揽工程项目的中标率。

一、工程建设项目施工投标与投标文件的编制

(一)施工投标前期工作

1.施工投标报价流程

任何一个施工项目的投标报价都是一项复杂的系统工程,需要周密思考、统筹安排。在取得招标信息后,投标人首先要决定是否参加投标,如果参加投标,即进行前期工作:准备资料,申请参加资格预审,获取招标文件,组建投标报价班子;然后进入询价与编制阶段,整个投标过程需按一定的程序(图 4-2)进行。

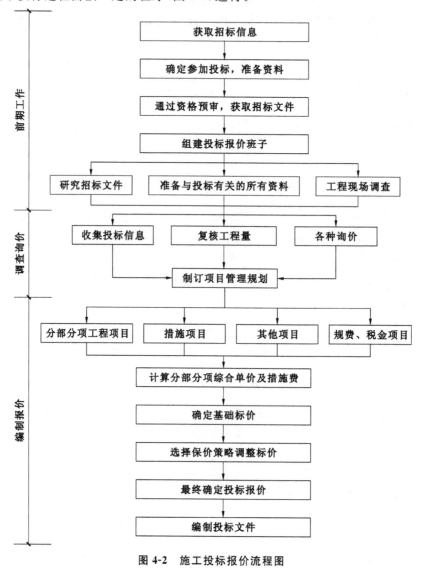

图 4-2 施工投标报价流程图

2. 研究招标文件

投标人取得招标文件后,为了保证工程量清单报价的合理性,应对投标人须知、合同条件、技术规范、图纸和工程量清单等重点内容进行分析,深刻而正确地理解招标文件和业主的意图。

(1) 投标人须知。投标人须知反映了招标人对投标的要求,要特别注意项目资金来源、投标书的编制和递交、投标保证金、更改或备选方案、评标方法等,重点在于避免废标。

(2) 合同分析。

① 合同背景分析。投标人有必要了解与自己承包工程内容有关的合同背景、监理方式与合同的法律依据,为报价和合同实施及索赔提供依据。

② 合同形式分析。合同形式分析主要分析承包方式(如分项承包、施工承包、设计与施工总承包和管理承包等)、计价方式(如固定合同价格、可调合同价格和成本加酬金确定的合同价格等)。

③ 合同条款分析。合同条款分析主要包括:

a. 承包商的任务、工作范围和责任。

b. 工程变更及相应的合同价款调整。

c. 付款方式、时间。应注意合同条款中关于工程预付款、材料预付款的规定。根据这些规定和预计的施工进度计划,计算出占用资金的数额和时间,从而计算出需要支付的利息数额,并计入投标报价中。

d. 施工工期。合同条款中关于合同工期、竣工日期、部分工程分期交付工期等的规定是投标人制订施工进度计划的依据,也是报价的重要依据。要注意合同条款中有无工期奖罚的规定,尽可能做到在工期符合要求的前提下使报价有竞争力,或在报价合理的前提下使工期有竞争力。

e. 业主责任。投标人所制订的施工进度计划和作出的报价都是以业主履行责任为前提的,所以,应注意合同条款中关于业主责任措辞的严密性,以及关于索赔的有关规定。

④ 工程技术标准和要求分析。工程技术标准是按照工程类型来描述工程技术和工艺内容特点,对设备、材料、施工和安装方法等所规定的技术要求,有的是对工程质量进行检验、试验和验收所规定的方法和要求。它们与工程量清单中各子项工作密不可分,报价人应在准确理解招标人要求的基础上对有关工程内容进行报价。任何忽略技术标准的报价都是不完整、不可靠的,有可能导致工程承包的重大失误和亏损。

⑤ 图纸分析。图纸是确定工程范围、内容和技术要求的重要文件,也是投标者确定施工方法等施工计划的主要依据。

图纸的详细程度取决于招标人提供的施工图纸所达到的深度和所采用的合同形式。详细的设计图纸可使投标人能比较准确地估价,而不够详细的设计图纸则需要估价人采用综合估价方法进行估价。

3. 调查施工现场

招标人在招标文件中一般会明确进行工程现场踏勘的时间和地点。投标人对一般区域的调查重点注意以下几个方面:

（1）自然条件调查,如气象资料,水文资料,地震、洪水及其他自然灾害情况,地质情况等。

（2）施工条件调查,主要包括工程现场的用地范围、地形、地貌、地物、高程,地上或地下障碍物,现场的三通一平情况;工程现场周围的道路、进出场条件、有无特殊交通限制;工程施工现场临时设施、大型施工机具、材料堆放场地安排的可能性,是否需要二次搬运;工程现场邻近建筑物与招标工程的间距、结构形式、基础深埋、新旧程度、高度;市政给水及污水、雨水排放管线位置、高程、管径、压力,废水、污水处理方式,市政、消防供水管道管径、压力、位置等;当地供电方式、方位、距离、电压等;当地天然气供应能力,管线位置、高程等;施工、工程现场通信线路的连接和铺设;当地政府有关部门对施工现场管理的一般要求、特殊要求及规定,是否允许节假日和夜间施工等。

（3）其他条件调查,主要包括各种构件、半成品及商品混凝土的供应能力和价格,以及现场附近的生活设施、治安情况等。

（二）询价与核量

1. 询价

投标报价之前,投标人必须通过各种渠道,采用多种方式对工程所需的各种材料、设备等的价格、质量、供应时间、供应数量等进行系统全面的调查,同时还要了解分包项目的分包形式、分包范围、分包人报价、分包人履约能力及信誉等。询价是投标报价的基础,为投标报价提供可靠的依据。询价时要特别注意两个问题,一是产品质量必须可靠,并满足招标文件的有关规定;二是供货方式、时间、地点,有无附加条件和费用。

（1）询价的渠道。

① 直接与生产厂商联系。

② 了解生产厂商的代理人或从事该项业务的经纪人。

③ 了解经营该项目产品的销售商。

④ 向咨询公司进行询价。通过咨询公司所得到的询价资料比较可靠,但需要支付一定的咨询费用,也可向同行了解。

⑤ 通过互联网查询。

⑥ 自己进行市场调查或信函询价。

（2）生产要素询价。

① 材料询价。材料询价的内容包括调查对比材料价格、供应数量、运输方式、保险和有效期、不同买卖条件下的支付方式等。询价人员在施工方案初步确定后,立即发出材料询价单,并催促材料供应商及时报价。收到询价单后,询价人员应将从各种渠道所询得的材料报价及其他有关资料汇总整理。对同种材料从不同经销部门得到的所有资料进行比较分析,选择合适、可靠的材料供应商的报价,提供给工程报价人员使用。

② 施工机械设备询价。在外地施工需用的机械设备,有时在当地租赁或采购可能更为有利,因此事前有必要进行施工机械设备的询价。对于必须采购的机械设备,可向供应商询价;对于租赁的机械设备,可向专门从事租赁业务的机构询价,并应详细了解其计价方法。

③ 劳务询价。劳务询价主要有两种情况：一是成建制的劳务公司，相当于劳务分包，一般费用较高，但质量比较可靠，工效较高，承包商的管理工作轻松；另一种是从劳务市场招募零散劳动力，根据需要进行选择，这种方式虽然劳务价格低廉，但有时质量达不到要求或工效降低，且承包商的管理工作比较繁重。投标人应在对劳务市场有了充分了解的基础上决定采用哪种方式，并以此为依据进行投标报价。

（3）分包询价。

总承包商在确定分包工作内容后，应将分包专业的工程施工图纸和技术说明送交预先选定的分包单位，让他们在约定时间内报价，以便进行比较选择，最终选择合适的分包人。对分包人询价应注意以下几点：

① 分包标函是否完整；

② 分包工程单价所包含的内容；

③ 分包人的工程质量、信誉及可信赖度；

④ 质量保证措施；

⑤ 分包报价。

2. 复核工程量

实行工程量清单招标，招标人在招标文件中提供的招标清单应当是准确和完整的，目的是使投标人在投标报价中具有共同的竞争平台。因此，要求投标人在投标报价中填写的工程数量必须与招标工程量清单一致。

工程量的大小对投标报价时编制综合单价有一定影响。在投标时间允许的情况下，可对主要项目的工程量进行复核，对比与招标文件提供工程量的差距，从而考虑相应的投标策略，决定报价尺度；也可根据工程量的大小，采取合适的施工方法，选择适用、经济的施工机具设备，投入使用相应的劳动力数量；还能确定大宗物资的预订及采购的数量，防止由于超量或少购等带来的浪费、积压或停工待料。

3. 制订项目管理规划

项目管理规划是工程投标报价的重要依据，其分为项目管理规划大纲和项目管理实施规划。根据《建设工程项目管理规范》（GB/T 50326—2006），当承包商以编制施工组织设计代替项目管理规划时，施工组织设计应满足项目管理规划的要求。

（1）项目管理规划大纲。

项目管理规划大纲是投标人管理层在投标之前编制的，旨在作为投标依据、满足招标文件要求及签订合同要求的文件。可包括下列内容（根据需要选定）：项目情况、项目范围管理规划、项目管理目标规划、项目管理组织规划、项目成本管理规划、项目进度管理规划、项目质量管理规划、项目职业健康安全与环境管理规划、项目采购与资源管理规划、项目信息管理规划、项目沟通管理规划、项目风险管理规划、项目收尾管理规划。

（2）项目管理实施规划。

项目管理实施规划是指在开工之前由项目经理主持编制的，旨在指导施工项目实施阶段管理的文件。项目管理实施规划必须由项目经理组织经理部在工程开工之前编制完成。应包括下列内容：项目概况、总体工作计划、组织方案、技术方案、进度计划、质量计划、职业健康安全与环境管理计划、成本计划、资源需求计划、风险管理计划、信息管理计划、项目沟通管理计划、项目收尾管理计划、项目现场平面布置图、项目目标控制措施、技术经济指标。

（三）编制投标文件

1.投标文件编制的内容

投标人应当按照招标文件的要求编制投标文件。投标文件应当包括下列内容：

（1）投标函及投标函附录；

（2）法定代表人身份证明或附有法定代表人身份证明的授权委托书；

（3）联合体协议书（如工程允许，采用联合体投标）；

（4）投标保证金；

（5）已标价工程量清单；

（6）施工组织设计；

（7）项目管理机构；

（8）拟分包项目情况表；

（9）资格审查资料；

（10）规定的其他材料；

2.投标文件编制时应遵循的规定

（1）投标文件应按"投标文件格式"编写，如有必要，可以增加附页，作为投标文件的组成部分。其中，投标函附录在满足招标文件实质性要求的基础上，可以提出比招标文件要求更吸引招标人的承诺。

（2）投标文件应当对招标文件有关工期、投标有效期、质量要求、技术标准和要求、招标范围等实质性内容作出响应。

（3）投标文件应当由投标人的法定代表人或其委托代理人签字和单位盖章。委托代理人签字的，投标文件应附法定代表人签署的授权委托书。投标文件应尽量避免涂改、行间插字或删除。如果出现上述情况，改动之前应加盖单位印章或由投标人的法定代表人或其授权的代理人签字确认。

（4）投标文件正本一份，副本份数按招标文件有关规定确定。正本和副本的封面上应清楚地标记"正本"或"副本"字样。投标文件的正本与副本应分别装订成册，并编制目录。当副本和正本不一致时，以正本为准。

（5）除招标文件另有规定外，投标人不得递交备选投标方案。允许投标人递交备选投标方案的，只有中标人所递交的备选投标方案方可予以考虑。评标委员会认为中标人的备选投标方案优于其按照招标文件要求编制的投标方案的，招标人可以接受该备选投标方案。

3.投标文件的递交

投标人应当在招标文件规定的时间内提交投标文件，将投标文件密封送达投标地点。招标人收到招标文件后，应当向投标人出具标明签收人和签收时间的凭证。在开标前，任何单位和个人不得开启投标文件。在招标文件要求提交投标文件的截止时间后送

达或未送达指定地点的投标文件,视为无效的投标文件,招标人不予受理。有关投标文件的递交还应注意以下问题:

(1)投标人在递交投标文件的同时,应按规定的金额、担保形式和投标保证金格式递交投标保证金,并作为其投标文件的组成部分。联合体投标的,其投标保证金由牵头人或联合体各方提交,并应符合规定。投标保证金除可以是现金外,还可以是银行出具的银行保函、保兑支票、银行汇票或现金支票。有下列情形之一的,投标保证金将不予返还:

① 投标人在规定的投标有效期内撤销或修改其投标文件;

② 投标人在收到中标通知书后,无正当理由拒签合同协议书或未按招标文件规定提交履约担保。

(2)投标有效期。投标有效期从提交投标文件的截止之日起算,主要用作组织评标委员会评标、招标人定标、发出中标通知书,以及签订合同等工作,一般考虑以下因素:

① 组织评标委员会完成评标需要的时间;

② 确定中标人需要的时间;

③ 签订合同需要的时间;

出现特殊情况需要延长投标有效期的,招标人应以书面形式通知所有投标人延长投标有效期。投标人同意延长的,应相应延长其投标保证金的有效期,但不得要求或被允许修改或撤销其投标文件;投标人拒绝延长的,其投标失败,但投标人有权收回其投标保证金。

(3)投标文件的密封和标识。投标文件的正本与副本应分开包装,加贴封条,并在封套上清楚标记"正本"或"副本"字样,于封口处加盖投标人单位印章。

(4)投标文件的修改与撤回。在招标文件规定的提交投标文件截止时间前,投标人可以修改或撤回已递交的投标文件,但应以书面形式通知招标人,在招标文件要求提交投标文件的截止时间后送达的补充或修改的内容无效。

(5)费用承担与保密责任。投标人准备和参加投标活动发生的费用自理。参与招标投标活动的各方应对招标文件和投标文件中的商业和技术等秘密保密,违者应对由此造成的后果承担法律责任。

4. 联合体投标

两个以上的法人或者其他组织可以组成一个联合体,以一个投标人的身份共同投标。

联合体投标需遵循以下规定:

(1)联合体各方应按照招标文件提供的格式签订联合体协议书,并应指定牵头人,授权其代表所有联合体成员负责投标和合同实施阶段的主办、协调工作,并应向招标人提交由所有联合体成员法定代表人签署的授权书。

(2)联合体各方签订共同协议后,不得再以自己名义单独投标,也不得组成新的联合体或参加其他联合体在同一项目投标。联合体各方在同一招标项目中以自己名义单独投标或参加其他联合体投标的,相关投标均无效。

(3)招标人接受联合体投标并进行资格预审的,联合体应当在提交资格预审申请文件前组成。资格预审后联合体增减、更换成员的,其投标无效。

（4）由同一专业的单位组成的联合体，按照资质等级较低的单位确定资质等级。

（5）联合体投标的，应当以联合体各方或者联合体中牵头人的名义提交投标保证金。以联合体中牵头人名义提交的投标保证金，对联合体成员具有约束力。

二、投标报价编制的原则与依据

投标报价是在工程招标发包过程中，由投标人按照招标文件的要求，根据工程特点，并结合自身的施工技术、装备和管理水平，参照相关计价依据自主确定的工程造价。投标报价是投标人希望达成工程承包交易的期望价格，其不能高于招标人设定的招标控制价，也不能低于工程成本价。

（一）投标报价的编制原则

报价是投标的关键性工作，其是否合理不仅直接关系到投标的成败，还关系到中标后企业的盈亏。投标报价编制原则如下：

（1）投标报价由投标人自主确定，但必须执行《建设工程工程量清单计价规范》（GB 50500—2013）和各专业工程量清单计算规范的强制性规定。投标报价应由投标人或受其委托且具有相应资质的工程造价咨询人编制。

（2）《建设工程工程量清单计价规范》（GB 50500—2013）第6.1.3条规定：投标报价不得低于工程成本。《评标委员会和评标方法暂行规定》（七部委第12号令）第二十一条规定："在评标过程中，评标委员会发现投标人的报价明显低于其他投标报价或者在设有标底时明显低于标底，使得其投标报价可能低于其个别成本的，应当要求该投标人作出书面说明并提供相关证明材料。投标人不能合理说明或者不能提供相关证明材料的，由评标委员会认定该投标人以低于成本报价竞标，其投标应作为废标处理"。根据上述规范、规章的规定，特别要求投标人的投标报价不得低于工程成本。

（3）招标文件中设定的发承包双方责任划分是投标报价费用计算必须考虑的因素。投标人根据其所承担的责任，考虑要分摊的风险范围和相应的费用而选择不同的报价；根据工程发承包模式，考虑投标报价的费用内容和计算深度。

（4）以施工方案、技术措施等作为投标报价计算的基本条件；以反映企业技术和管理水平的企业定额作为人工、材料和机械台班消耗量计算的基本依据；充分利用现场考察、调研成果，市场价格信息和行情资料，编制基础报价。

（二）投标报价的编制依据

《建设工程工程量清单计价规范》（GB 50500—2013）规定，投标报价应根据下列依据编制：

（1）工程量清单计价规范；

（2）国家或省级行业建设主管部门颁发的计价办法；

（3）企业定额，国家或省级行业建设主管部门颁发的计价定额；

（4）招标文件、工程量清单及其补充通知、答疑纪要；

（5）建设工程设计文件及相关资料；

（6）施工现场情况、工程特点及拟订的投标施工组织设计或施工方案；

（7）与建设项目相关的标准、规范等技术资料；

（8）市场价格信息或工程造价管理机构发布的工程造价信息；

（9）其他的相关资料。

三、投标报价的编制方法和内容

投标报价的编制过程应首先根据招标人提供的工程量清单编制分部分项工程项目计价表，措施项目计价表，其他项目计价表，规费、税金项目计价表，计算完毕后逐层汇总，分别得到单位工程投标报价汇总表、单项工程投标报价汇总表和工程项目投标总价汇总表，投标总价的组成如图 4-3 所示。在编制过程中，投标人应按招标人提供的工程量清单填报价格。填写的项目编码、项目名称、项目特征、计量单位及工程量必须与招标人提供的一致。

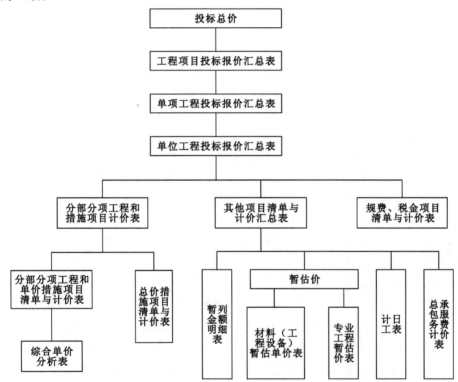

图 4-3　建设项目施工投标总价组成

（一）分部分项工程和单价措施项目清单与计价表的编制

投标报价编制工作中最主要的内容是确定综合单价。

1. 确定综合单价

综合单价包括完成一个规定工程量清单项目所需的人工费、材料和工程设备费、施工机具使用费、企业管理费和利润，以及一定范围内的风险费用的分摊。其计算公式为：

$$综合单价＝人工费＋材料和工程设备费＋施工机具使用费＋企业管理费＋$$
$$利润（含风险费用）$$

（1）确定综合单价时的注意事项。

① 以项目特征描述为依据。项目特征是确定综合单价的重要依据之一，投标人投标报价时应依据招标文件中清单项目特征描述确定综合单价。在招标投标过程中，当出现招标工程量清单特征描述和图纸不符时，投标人应以招标投标工程量清单的项目特征描述为准，确定投标报价的综合单价。在工程施工阶段施工图纸或设计变更与招标工程量清单项目特征描述不一致时，发承包双方应按实际施工的项目特征，依据合同约定重新确定综合单价。

② 材料（工程设备）暂估价的处理。招标文件的其他项目清单中提供了材料（工程设备）的暂估价，应按其暂估单价计入清单项目的综合单价中。

③ 考虑合理风险。招标文件中要求投标人承担的风险费用，投标人应考虑进综合单价中。在施工过程中，当出现的风险内容及其范围（幅度）在招标文件规定的范围（幅度）内时，综合单价不得变动，合同价款不作调整。发承包双方对合同履行阶段的风险分摊可参照以下原则：

a. 对于主要市场价格波动导致的价格风险，如工程造价中的建筑材料、燃料等价格风险，发承包双方应当在招标文件或合同中对此类风险的范围和幅度予以明确约定，进行合理分摊。根据工程特点和工期要求，一般采取的方式是承包人承担5%以内的材料、工程设备价格风险，10%以内的施工机具使用费风险。

b. 对于法律、法规、规章或有关政策出台导致工程税金、规费、人工费发生变化，并由省级、行业建设行政管理部门或其授权的工程造价管理机构根据上述变化发布了政策性调整，以及对政府定价或政府指导价管理原材料等价格进行了调整，承包人不应承担此类风险，应按照有关调整规定执行。

c. 对于承包人根据自身技术水平、管理、经营状况能够自主控制的风险，如承包人的管理费、利润的风险，承包人应结合市场情况，根据企业自身的实际合理确定、自主报价，该部分风险由承包人全部承担。

（2）综合单价确定的步骤和方法。

① 确定计算基础。计算基础主要包括消耗量指标和生产要素单价，应根据本企业的企业消耗量定额，并结合拟订的施工方案确定完成清单项目需要消耗的各种人工、材料、机械台班的数量。若没有企业定额或企业定额缺项，可参照与本企业实际水平相近的国家、地区行业定额，并通过调整来确定清单项目的人工、材料、机械台班用量。各种人工、材料、机械台班的单价则根据询价的结果和市场行情综合确定。

② 分析每一清单项目的工程内容。在招标工程量清单中，招标人已对项目特征进行了准确、详细的描述，投标人根据这一描述，再结合施工现场情况和拟订的施工方案确定完成各清单项目实际应发生的工程内容。必要时，可参照各专业工程工程量清单计算规范中提供的工程内容，有些特殊的工程也可能出现规范之外的工程内容。

③ 计算工程内容的工程数量与清单单位的含量。每一项工程内容都应根据所选定额的工程量计算规则计算其工程数量，当定额的工程量计算规则与清单的工程量计算规则相一致时，可直接以工程量清单中的工程量作为工程内容的工程数量。

当采用清单单位含量计算人工费、材料费、施工机具使用费时，还需要计算每一计量单位的清单项目所分摊的工程内容的工程数量，即清单单位含量。

$$清单单位含量 = \frac{某工程内容的定额工程量}{清单工程量}$$

④ 分部分项工程人工、材料、机械台班费用的计算。以完成每一计量单位的清单项目所需的人工、材料、机械台班用量为基础计算，即：

每一计量单位清单项目某种资源的使用量＝该种资源的定额单位用量×
相应定额条目的清单单位含量

再根据预先确定的各种生产要素的单位价格计算出每一计量单位清单项目的分部分项工程费的人工费、材料费与施工机械使用费。

人工费＝完成单位清单项目所需的人工的工日数量×人工工日单价

材料费 $= \sum$ 完成单位清单项目所需各种材料、半成品的数量×各种材料、半成品的单价

机械使用费 $= \sum$ 完成单位清单项目所需各种机械的台班数量×
各种机械的台班单价

当招标人提供的其他项目清单中列示了材料暂估价时，应根据招标人提供的价格计算材料费，并在分部分项工程量清单与计价表中表现出来。

⑤ 计算综合单价。企业管理费和利润的计算可按照人工费、材料费、机械费之和按照一定的费率取费计算。

企业管理费＝(人工费＋材料费＋施工机械使用费)×企业管理费费率

利润＝(人工费＋材料费＋施工机械使用费＋企业管理费)×利润率

将上述五项费用汇总并考虑合理的风险费用后，即可得到清单综合单价。

2. 编制分部分项工程量清单与计价表

根据计算出的综合单价可编制分部分项工程量清单与计价表，如表 4-13 所示，表中暂估价为招标人在招标工程量清单中给定的。

表 4-13　　　　　　　　　　**分部分项工程量清单与计价表(投标报价)**

工程名称：××保障房一期住宅工程　　　　　　标段：　　　　　　　第　页　共　页

序号	项目编码	项目名称	项目特征	计量单位	工程量	金额/元		
						综合单价	合价	其中:暂估价
			…					
		0105 混凝土及钢筋混凝土工程						
6	01050300 1001	基础梁	C30 预拌混凝土梁底标高 −1.55 m	m³	208	356.14	74077	
7	01051500 1001	现浇构件钢筋	螺 纹 钢，Q234,φ14	t	200	4787.16	957432	800000
			…					
		分部小计					2432419	800000

3.编制工程量清单综合单价分析表

为了表明综合单价的合理性,投标人应对其进行单价分析,以作为评标时的判断依据。综合单价分析表的编制应反映上述综合单价的编制过程,并按照规定的格式进行,如表 4-14 所示。

表 4-14　　　　　　　**工程量清单综合单价分析表**

工程名称:××保障房一期住宅工程　　　　标段:　　　　　　　　第　页　共　页

项目编码	010515001001	项目名称	现浇构件钢筋	计量单位	t	工程量	200

<table>
<tr><td colspan="12" align="center">清单综合单价组成明细</td></tr>
<tr><td rowspan="2">定额编号</td><td rowspan="2">定额名称</td><td rowspan="2">定额单位</td><td rowspan="2">数量</td><td colspan="4">单价</td><td colspan="4">合价</td></tr>
<tr><td>人工费</td><td>材料费</td><td>机械费</td><td>管理费和利润</td><td>人工费</td><td>材料费</td><td>机械费</td><td>管理费和利润</td></tr>
<tr><td>AD0899</td><td>现浇构件钢筋制安</td><td>t</td><td>1.00</td><td>294.75</td><td>4327.7</td><td>62.42</td><td>102.29</td><td>294.75</td><td>4327.7</td><td>62.42</td><td>102.29</td></tr>
<tr><td colspan="2" align="center">人工单价</td><td colspan="2" align="center">小计</td><td colspan="4"></td><td>294.75</td><td>4327.7</td><td>62.42</td><td>102.29</td></tr>
<tr><td colspan="2" align="center">80 元/工日</td><td colspan="2" align="center">未计价材料费</td><td colspan="8"></td></tr>
<tr><td colspan="4" align="center">清单项目综合单价</td><td colspan="8" align="center">4787.16</td></tr>
</table>

材料费明细	主要材料名称、规格、型号	单位	数量	单价/元	合价/元	暂估单价/元	暂估合价/元
	螺纹钢,Q235,φ14	t	1.07	4000	4280	4000	4280
	焊条	kg	8.64	4	34.56		
	其他材料费			—	13.14	—	
	材料费小计			—	4327.7	—	4280

(二)总价措施项目清单与计价表的编制

对于不能精确计量的措施项目,应编制总价措施项目清单与计价表。投标人对措施项目中的总价项目投标应遵循以下原则:

(1)措施项目的内容应依据招标人提供的措施项目清单和投标人投标时拟订的施工组织设计或施工方案确定。

(2)措施项目费由投标人自主确定,但其中的安全文明施工费必须按照国家或省级行业建设主管部门的规定计价,不得作为竞争性费用。招标人不得要求投标人对该项费用进行优惠,投标人也不得将该项费用参与市场竞争。

投标报价时,总价措施项目清单与计价表的编制如表 4-15 所示。

表 4-15　　　　　　　　　　　　**总价措施项目清单与计价表**

工程名称：××保障房一期住宅工程　　　　　标段：　　　　　　　　　　第　页　共　页

序号	项目编码	项目名称	计算基础	费率/%	金额/元	调整费率/%	调整后金额/元	备注
1	011707001001	安全文明施工费	定额人工费	2.5	209650			
2	011707002001	夜间施工增加费	定额人工费	1.5	12479			
3	011707004001	二次搬运费	定额人工费	1	8386			
4	011707005001	冬雨季施工增加费	定额人工费	0.6	5032			
5	011707007001	已完工程及设备保护费	估算		6000			
		...						
合计					241547			

（三）其他项目清单与计价表的编制

其他项目费主要由暂列金额、暂估价、计日工及总承包服务费组成。

投标人对其他项目投标报价时应遵循以下原则：

（1）暂列金额应按照招标人提供的其他项目清单中列出的金额填写，不得变动。

（2）暂估价不得变动和更改。招标文件暂估单价表中列出的材料、工程设备必须按照招标人提供的暂估单价计入清单项目的综合单价，专业工程暂估价必须按照招标人提供的其他项目清单中列出的金额填写。

（3）计日工应按照其他项目清单列出的项目和估算的数量，自主确定各项综合单价并计算费用（表 4-16）。

表 4-16　　　　　　　　　　　　**计日工表**

工程名称：××保障房一期住宅工程　　　　　标段：　　　　　　　　　　第　页　共　页

编号	项目名称	单位	暂定数量	实际数量	综合单价/元	合价/元 暂定	合价/元 实际
一	人工						
1	普工	工日	100		80	8000	
2	技工	工日	60		110	6600	
人工小计						14600	
二	材料						
1	钢筋（规格见施工图）	t	1		4000	4000	
2	水泥 42.5 级	t	2		600	1200	
3	中砂	m³	10		80	800	
4	碎石（5～40 mm）	m³	5		42	210	

续表

编号	项目名称	单位	暂定数量	实际数量	综合单价/元	合价/元	
						暂定	实际
5	页岩砖(240 mm× 115 mm×53 mm)	千块	1		300	300	
材料小计						6510	
三	施工机械						
1	自升式塔吊起重机	台班	5		550	2750	
2	灰浆搅拌机 400 L	台班	2		20	40	
施工机械小计						2790	
四	企业管理费和利润(按人工费的18%计)					2628	
总计						26528	

（4）总承包服务费应根据招标人在招标文件中列出的分包专业工程内容和供应材料、设备情况，按照招标人提出的协调、配合与服务要求和施工现场管理需要自主确定（表 4-17）。

表 4-17 总承包服务费计价表

工程名称：××保障房一期住宅工程　　　　　　标段：　　　　　　第　页　共　页

序号	项目名称	项目价值/元	服务内容	计算基础	费率/%	金额/元
1	发包人发包专业工程	200000	（1）按专业工程承包人的要求提供施工作业面，并对施工现场进行统一管理，对竣工资料进行统一整理汇总； （2）为专业工程承包人提供垂直运输机械和焊接电源接入点，并承担垂直运输费和电费	项目价值	7	14000
2	发包人提供材料	845000	对发包人供应的材料进行验收及保管和使用发放	项目价值	0.8	6760
	合计	—	—	—	—	20760

（四）规费、税金项目清单与计价表的编制

规费和税金应按国家或省级行业建设主管部门的规定计算，不得作为竞争性费用。这是由于规费和税金的计取标准是依据有关法律、法规和政策规定制定的，具有强制性。因此，投标人在投标报价时必须按照上述有关规定计算规费和税金。规费、税金项目清单与计价表的编制如表 4-18 所示。

表 4-18　　　　　　　　　　　　　　规费、税金项目清单与计价表

工程名称：××保障房一期住宅工程　　　　　　标段：　　　　　　　第　页　共　页

序号	项目名称	计算基础	计算基数	费率/%	金额/元
1	规费	定额人工费			239001
1.1	社会保险费	人工费			188685
1.1.1	养老保险费	人工费		14	117404
1.1.2	失业保险费	人工费		2	16772
1.1.3	医疗保险费	人工费		6	50316
1.1.4	工伤保险费	人工费		0.25	2096.5
1.1.5	生育保险费	人工费		0.25	2096.5
1.2	住房公积金	人工费		6	50316
1.3	工程排污费	按工程所在地环境保护部门收费标准，按实计入			
2	税金	分部分项工程费＋措施项目费＋其他项目费＋规费－按规定不计税的工程设备金额		3.48	268284
	合计				507285

（五）投标报价的汇总

投标人的投标总价应当与组成工程量清单的分部分项工程费、措施项目费、其他项目费和规费、税金的合计金额一致，即投标人在进行工程量清单招标的投标报价时，不能进行投标总价的优惠（或降价、让利），投标人对投标报价的任何优惠（或降价、让利）均应反映在相应清单项目的综合单价中。

某施工企业工程投标报价汇总表如表 4-19 所示。

表 4-19　　　　　　　　　　　　　　　投标报价汇总表

工程名称：××保障房一期住宅工程　　　　　　标段：　　　　　　　第　页　共　页

序号	汇总内容	金额/元	其中：暂估价
1	分部分项工程	6318410	845000
1.1			
1.2	混凝土及钢筋混凝土工程	2432419	845000
…			
2	措施项目	738257	
2.1	其中：安全文明施工费	209650	
3	其他项目	597288	
3.1	其中：暂列金额	350000	

序号	汇总内容	金额/元	其中:暂估价
3.2	其中:专业工程暂估价	200000	
3.3	其中:计日工	26528	
3.4	其中:总承包服务费	20760	
4	规费	239001	
5	税金	268284	
投标报价合计＝1＋2＋3＋4＋5		8161240	845000

任务五　中标价及合同价款的约定

在发承包建设工程交易过程中,一是通过招标、投标、评标程序选择承包人;二是通过优选确定承包人后,再通过一种法律行为,即签订合同来明确双方当事人的权利、义务。其中,合同价款的约定是合同中的重要内容。

一、评标程序及评审标准

(一)评标的准备与初步评审

评标活动应遵循公平、公正、科学、择优的原则,招标人应当采取必要的措施,保证评标在严格保密的情况下进行。评标是招标投标活动中一个十分重要的环节,如果对评标过程不进行保密,则影响公正评标的不正当行为有可能发生。

评标委员会成员名单一般应于开标前确定,且该名单在中标结果确定前应当保密。评标委员会在评标过程中是独立的,任何单位和个人都不得非法干预、影响评标过程和结果。

1. 评标工作的准备

评标委员会成员应当编制供评标使用的相应表格,认真研究招标文件,至少应了解和熟悉以下内容:

(1)招标的目标;

(2)招标项目的范围和性质;

(3)招标文件规定的主要技术要求、标准和商务条款;

(4)招标文件规定的评标标准、评标方法和评标过程中应考虑的相关因素。

招标人或其委托的招标代理机构应当向评标委员会提供评标所需的重要信息和数据。

评标委员会应当根据招标文件规定的评标标准和方法,对投标文件进行系统的评审和比较。

2.初步评审及标准

《评标委员会和评标方法暂行规定》和《中华人民共和国简明标准施工招标文件》规定,我国目前评标主要采用的方法包括经评审的最低投标价法和综合评估法,这两种评标方法在初步评审阶段的内容和标准基本是一致的。

（1）初步评审标准。初步评审的标准包括以下四方面。

① 形式评审的标准:包括投标人名称与营业执照、资质证书、安全生产许可证一致;投标函上有法定代表人或其委托代理人签字或加盖单位印章;投标文件格式符合要求;联合体投标人已提交联合体协议书,并明确联合体牵头人(如有);报价唯一,即只能有一个有效报价等。

② 资格评审标准:如果是未进行资格评审的,应具备有效的营业执照,以及有效的安全生产许可证,并且资质等级、财务状况、类似项目业绩、信誉、项目经理、其他要求、联合体投标人等均符合规定;如果是已进行资格预审的,则按资格审查办法中详细审查标准来进行。

③ 响应性评审标准:主要的投标内容包括投标报价校核,审查全部报价数据计算的正确性,分析报价构成的合理性,并与招标控制价进行对比分析,还有工期、工程质量、投标有效期、投标保证金、权利义务、已标价工程量清单、技术标准要求、分包计划等均应符合招标文件的有关要求,即投标文件应实质上响应招标文件的所有条款、条件,无显著差异或保留。所谓显著的差异或保留包括以下情况:对工程的范围、质量及使用性能产生实质性影响;偏离了招标文件的要求,而对合同中规定的招标人的权利或其投标人的义务造成实质性的限制;纠正这种差异或保留将会对提交实质性响应要求的投标书的其他投标人的竞争地位产生不公正影响。

④ 施工组织设计和项目管理机构评审标准:主要包括施工方案与技术措施,质量管理体系与措施,安全管理体系与措施,环境保护管理体系与措施,工程进度计划与措施,资源配备计划,技术负责人,其他主要人员,施工设备,试验、检测仪器设备等符合有关标准。

（2）投标文件的澄清和说明。对招标文件的相关内容作出澄清、说明或补正,其目的是有利于评标委员会对投标文件的审查、评审和比较。澄清、说明或补正包括投标文件中含义不明确、对同类问题表述不一致或者有明显文字和计算错误的内容。

投标文件不响应招标文件的实质性要求和条件的,招标人应当拒绝,并不允许投标人通过修正或撤销其不符合要求的差异或保留,使之成为具有响应性的投标。

评标委员会对投标人提交的澄清、说明或补正有疑问的,可以要求投标人进一步澄清、说明或补正,直至满足评标委员会的要求。

（3）投标报价有算术错误的修正。投标报价有算术错误的,评标委员会可按以下原则对投标报价进行修正,修正的价格经投标人书面确认后具有约束力。投标人不接受修正价格的,其投标作废标处理。

① 投标文件中的大写金额与小写金额不一致的,以大写金额为准。

② 总价金额与依据单价计算出的结果不一致的,以单价金额为准修正总价,单价金额小数点有明显错误的除外。

（4）经初步评审后否决投标的情况。评标委员会应当审查每一投标文件是否对招标文件提出的所有实质性要求和条件作出响应。未能在实质上作出响应的投标，评标委员会应当否决其投标。

（二）详细评审的标准与方法

经初步评审合格的投标文件，评标委员会应当根据招标文件确定的评标标准和方法，对其技术部分和商务部分作进一步评审、比较。详细评审的方法包括经评审的最低投标价法和综合评估法两种。

1. 经评审的最低投标价法

经评审的最低投标价法是指评标委员会对满足招标文件实质要求的投标文件，根据详细评审标准规定的量化因素标准进行价格折算，按照经评审的投标价由低到高的顺序推荐中标候选人，或根据招标人授权直接确定中标人的方法，但投标报价低于其成本的除外。经评审的投标报价相等时，投标报价低的优先；投标报价也相等的，由招标人自行确定。

（1）经评审的最低投标价法的使用范围。按照《评标委员会和评标方法暂行规定》的规定，经评审的最低投标价法一般适用于具有技术、性能标准或者招标人对其技术、性能没有特殊要求的招标项目。

（2）详细评审标准及规定。采用经评审的最低投标价法的，评标委员会应当根据招标文件中规定的量化因素和标准进行价格折算，对所有投标人的投标报价及投标文件的商务部分作必要的价格调整。根据《标准施工招标文件》的规定，主要的量化因素包括单价遗漏和付款条件等，招标人可以根据项目具体特点和实际需要进一步删减、补充或细化、量化因素和标准。另外，如世界银行贷款项目采用此评标方法时，通常考虑的量化因素和标准包括：一定条件下的优惠（借款国国内投资人有 7.5% 的评标优惠），工期提前的效益对报价的修正，同时投多个标段的评标修正等。所有这些修正因素都应当在招标文件中有明确的规定。对同时投多个标段的评标修正，一般的做法是：如果投标人的某一个标段已被确认为中标，则在其他标段的评标中按照招标文件规定的百分比（通常为4%）乘以报价额后，在评标价中扣减此值。

根据经评审的最低投标价法完成详细评审后，评标委员会应当拟订一份"价格比较一览表"，连同书面评标报告提交招标人。"价格比较一览表"应当载明投标人的投标报价、对商务偏差的价格调整说明及评审的最终投标报价。

2. 综合评估法

不宜采用经评审的最低投标价法的招标项目，一般应当采取综合评估法进行评审。综合评估法指评标委员会对满足招标文件实质性要求的投标文件，按照规定的评分标准进行打分，并按得分由高到低的顺序推荐中标候选人，或根据招标人授权直接确定中标人的方法，但投标报价低于其成本的除外。综合评分相等时，以投标报价低的优先；投标报价也相等的，由招标人自行确定。

（1）详细评审中的分值构成与评分标准。综合评估法中评标分值构成分为四个方面，即施工组织设计、项目管理机构、投标报价、其他评分因素。总计分值为 100 分。各方面所占的比例和具体分值由招标人自行确定,并在招标文件中明确载明。上述四个方面标准具体评分因素,举例如表 4-20 所示。

表 4-20　　　　　　　综合评估法中的评分因素和评分标准

分值构成	评分因素	评分标准/分
施工组织设计评分标准(25 分)	内容完整性和编制水平	2
	施工方案与技术措施	12
	质量管理体系与措施	2
	安全管理体系与措施	3
	环境保护管理体系与措施	3
	工程进度计划与措施	2
	资源配备计划	1
项目管理机构评分标准(10 分)	项目经理任职资格与业绩	3
	技术责任人任职资格与业绩	3
	其他主要人员	4
投标报价评分标准(60 分)	偏差率	…
	…	…
其他因素评分标准(5 分)	…	…

各评分因素的评分标准区间由招标人自行确定,如对施工组织设计中的施工方案与技术措施可规定如下的评分标准:施工方案及施工方法先进可行,技术措施对工程质量、工期和施工安全生产有充分保障:11~12 分;施工方案先进,施工方法可行,技术措施对工程质量、工期和施工安全生产有保障:8~10 分;施工方案及施工方法可行,技术措施对工程质量、工期和施工安全生产基本有保障:6~7 分;施工方案及施工方法基本可行,技术措施对工程质量、工期和施工安全生产基本有保障:1~5 分。

（2）投标报价偏差率的计算。在评标过程中,可以对各个投标文件按下式计算投标报价偏差率:

$$投标报价偏差率 = \frac{投标人报价 - 评标基准价}{评标基准价} \times 100\%$$

评标基准价的计算方法应在投标人须知前附表中予以明确。招标人可依据招标项目的特点、行业管理规定给出评标基准价的计算方法,确定时可以适当考虑投标人的投标报价。

（3）详细评审过程。评标委员会按分值构成与评分标准规定的量化因素和分值进行打分,并计算出各标书综合评估得分。

① 按照规定的评审因素和标准对施工组织设计计算出得分 A;

② 按照规定的评审因素和标准对项目管理机构计算出得分 B;

③ 按照规定的评审因素和标准对投标报价计算出得分 C;

④ 按照规定的评审因素和标准对其他因素计算出得分 D。

评分分值计算保留小数点后 2 位，小数点后第 3 位四舍五入。投标人得分计算公式为：

$$投标人得分＝A＋B＋C＋D$$

由评委对各投标人的标书进行评分后加以比较，最后以总得分最高的投标人为中标候选人。

根据综合评估法完成评标后，评标委员会应当拟订一份"综合评估比较表"，连同书面评标报告提交招标人。"综合评估比较表"应当载明投标人的投标报价、所作的任何修正、对商务偏差的调整、对技术偏差的调整、对各评审因素的评估及对每一投标的最终评审结果。

二、中标人的确定

（一）中标候选人的确定

除招标文件中特别规定了授权评标委员会直接确定中标人外，招标人应依据评标委员会推荐的中标候选人确定中标人。评标委员会提交的中标候选人人数应符合招标文件的要求，并不超过 3 人，要标明排列顺序。中标人的投标应当符合下列条件之一：

（1）能够最大限度地满足招标文件中规定的各项综合评价标准。

（2）能够满足招标文件的实质性要求，并且经评审的投标报价最低；但是投标报价低于成本的除外。

对使用国有资金投资或者国家融资的项目，招标人应当确定排名第一的中标候选人为中标人。排名第一的中标候选人放弃中标，因不可抗力提出不能履行合同，或者招标文件规定应当提交履约保证金而在规定的期限内未能提交的，招标人可以确定排名第二的中标候选人为中标人。排名第二的中标候选人因上述同样原因不能签订合同的，招标人可以确定排名第三的中标候选人为中标人。

招标人可以授权评标委员会直接确定中标人。

招标人不得向中标人提出压低报价、增加工作量、缩短工期或其他违背中标人意愿的要求，即不得以此作为发出中标通知书和签订合同的条件。

（二）评标报告的内容及提交

评标委员会完成评标后，应当向招标人提交书面评标报告，并抄送给有关行政监督部门。评标报告应当如实记载以下内容：

（1）基本情况和数据表；

（2）评标委员会成员名单；

（3）开标记录；

（4）符合要求的投标一览表；

（5）废标情况说明；

（6）评标标准、评标方法或者评标因素一览表；

（7）经评审的价格或者评分比较一览表；

（8）经评审的投标人排序；

（9）推荐的中标候选人名单与签订合同前要处理的事宜；

（10）澄清、说明、补正事项纪要。

评标报告由评标委员会全体成员签字。

（三）公示与中标通知

1.公示中标候选人

为维护公开、公平、公正的市场环境,鼓励各招标投标当事人积极参与监督,按照《中华人民共和国招标投标法实施条例》的规定,依法必须进行招标的项目,招标人应当自收到评标报告之日起 3 日内公布中标候选人,公示期不得少于 3 日。

对中标候选人的公示需明确以下几个方面内容：

（1）公示范围。公示的项目范围是依法必须进行招标的项目,其他招标项目是否公示中标候选人由招标人自主决定。公示的对象是全部中标候选人。

（2）公示媒体。招标人在确定中标人之前,应当将中标候选人在交易场所和指定媒体上公示。

（3）公示时间(公示期)。公示由招标人统一委托当地招标投标中心在开标当天发布。公示期从公示的第 2 天开始算起,在公示期满后招标人才可以签发中标通知书。

（4）公示内容。对中标候选人全部名单及排名进行公示,而不是只公示排名第一的中标候选人。同时,对有业绩信誉条件的项目,在投标报名或开标时提供的作为资格条件的业绩信誉情况应一并进行公示,但不含投标人的各评分要素的得分情况。

（5）异议处置。公示期间,投标人及其他利害关系人应当先向招标人提出异议,经核查后发现在招标投标过程中确有违反相关法律、法规且影响评标结果公正性的,招标人应当重新组织评标或招标。招标人拒绝自行纠正或无法自行纠正的,则根据《中华人民共和国招标投标法实施条例》第六十条的规定向行政监督部门提出投诉。对故意虚构事实,扰乱招标投标市场秩序的,则按照有关规定进行处理。

2.发出中标通知书

确定中标人后,招标人应当向中标人发出中标通知书,并同时将中标结果通知所有未中标的投标人。中标通知书对招标人和投标人具有法律效力。中标通知书发出后,招标人改变中标结果,或者中标人放弃中标项目的,应当依法承担法律责任。依据《中华人民共和国招标投标法》的规定,依法必须进行招标的项目,招标人应当自确定中标人之日起 15 日内,向有关行政监督部门提交招标投标情况的书面报告。书面报告中至少应包括以下内容：

（1）招标范围；

（2）招标方式和发布招标公告的媒介；

（3）招标文件中投标人须知、技术条款、评标标准和方法、合同主要条款等内容；

（4）评标委员会的组成和评标报告；

（5）中标结果。

3.履约担保

在签订合同前,中标人及联合体中标人应按招标文件规定的金额、担保形式和提交时间向招标人提交履约担保。履约担保有现金、支票、汇票、履约担保书和银行保函等形式,可以选择其中一种作为招标项目的履约保证金,履约保证金不得超过中标合同金额的10%。中标人不能按照要求提交履约保证金的,视为放弃中标,其投标保证金不予退还;给招标人造成的损失超过投标保证金数额的,中标人还应当对超出部分予以赔偿。招标人要求中标人提供履约保证金或其他形式履约担保的,招标人应当同时向中标人提供工程款支付担保。中标后的承包人应保证其履约保证金在发包人颁发工程接收证书前一直有效。发包人应在工程接收证书颁发后28天内把履约保证金退还给承包人。

三、合同价款的约定

合同价款是合同文件的核心要素,建设项目无论是招标发包还是直接发包,合同价款的具体数额均应在合同协议书中载明。

(一)签约合同价与中标价的关系

签约合同价是指合同双方签订合同时在协议书中列明的合同价格,对于以单价合同形式招标的项目,工程量清单中各种价格的总计即为签约合同价。签约合同价就是中标价,因为中标价是指评标时经过算术修正的,并在中标通知书中申明招标人接受的投标价格。法律上,经公示后招标人向投标人所发出的中标通知书(投标人向招标人回复确认中标通知书已收到),中标的中标价就受到法律保护,招标人不得以任何理由反悔。这是因为,签约合同价属于招标投标活动中的核心内容,根据《中华人民共和国招标投标法》第四十六条有关"招标人和中标人应当……按照招标文件和中标人的投标文件订立书面合同。招标人和中标人不得再行订立背离合同实质性内容的其他协议"的规定,发包人应根据中标通知书确定的价格签订合同。

(二)合同价款约定的规定和内容

1.合同签订的时间及规定

招标人和中标人应当在投标有效期内并在自中标通知书发出之日起30日内,按照招标文件和中标人的投标文件订立书面合同。中标人无正当理由拒签合同的,招标人取消其中标资格,其投标保证金不予退还;给招标人造成的损失超出投标保证金数额的,中标人还应当对超出部分予以赔偿。发出中标通知书后,招标人无正当理由拒签合同的,招标人应向中标人退还投标保证金;给中标人造成损失的,还应赔偿损失。招标人最迟应当在与中标人签订合同后5日内,向中标人和未中标的投标人退还投标保证金及银行同期存款利息。

2.合同价款类型的选择

实行招标的工程合同价款应由发承包双方依据招标文件和中标人的投标文件在书面合同中约定。合同约定不得违背招投标文件中关于工期、造价、质量等方面的实质性内容。招标文件与中标人投标文件不一致的地方,以投标文件为准。

不实行招标的工程合同价款,在发承包双方认可的合同价款的基础上,由发承包双方在合同中约定。

根据《建筑工程施工发包与承包计价管理办法》(住建部令第16号),实行工程量清单计价的建筑工程,鼓励发承包双方采用单价方式确定合同价款;建设规模较小、技术难度较低、工期较短的建设工程,发承包双方可采用总价方式确定合同价款;紧急抢险、救灾及施工技术特别复杂的建设工程,发承包双方可以采用成本加酬金的方式确定合同价款。

3.合同价款约定内容

合同价款的有关事项由发承包双方约定,一般包括合同价款约定方式,预付工程款、工程进度款、工程竣工价款的支付和结算方式,以及合同价款的调整情形等。发承包双方应当在合同中约定发生下列情形时合同价款的调整方法:

(1)法律、法规、规章或国家有关政策变化影响合同价款的;

(2)工程造价管理机构发布价格调整信息的;

(3)经批准变更设计的;

(4)发包人更改审定批准的施工组织设计造成费用增加的;

(5)双方约定的其他因素。

➡ 思考与练习

一、单选题

1.详细评审的方法包括(　　　)。

A.经评审的最高投标价法　　　　　　B.综合评估法

C.头脑风暴法　　　　　　　　　　　D.蒙特卡洛模拟法

2.招标人与中标人签订合同后(　　　)个工作日内,应当向中标人和未中标的投标人退还投标保证金。

A.3　　　　　　　B.5　　　　　　　C.7　　　　　　　D.10

3.使用国际组织或者外国政府贷款、援助资金的项目,(　　　)。

A.必须进行招标　　　　　　　　　　B.必须进行公开招标

C.可不进行招标　　　　　　　　　　D.根据资金提供方要求确定

4.评标委员会完成评标后,应当向招标人提出书面评标报告,并(　　　)。

A.直接确定中标人　　　　　　　　　B.推荐合格的中标人

C.确定合格的中标候选人　　　　　　D.推荐合格的中标候选人

5.按照《中华人民共和国招标投标法实施条例》的规定,依法必须进行招标的项目,招标人应当自收到评标报告之日起(　　　)日内公布中标候选人,公示期不得少于(　　　)日。

A.3,3　　　　　　B.5,5　　　　　　C.3,5　　　　　　D.5,10

6.对于招标方式的分类,正确的是(　　　)。

A.公开招标和代理招标　　　　　　　B.邀请招标和自行招标

C. 公开招标和邀请招标　　　　　　　　　　D. 公开招标和自行招标

7. 下列有关联合体的描述,正确的是(　　　　)。

A. 两个法人即可组成一个联合体

B. 联合体中有一方具备规定的相应资格条件即可

C. 由同一专业的单位组成的联合体,按照资质等级较高的单位确定资质等级

D. 联合体中标的,联合体各方应当共同与招标人签订合同,就中标项目向招标人承担连带责任

8. 计日工表中的项目名称、暂定数量由(　　　　)填写,编制招标控制价时,单价由(　　　　)按有关计价定额确定;投标时,单价由(　　　　)自主报价,按暂定数量计算合价计入投标总价中。

A. 招标人,招标人,投标人　　　　　　　　B. 招标人,投标人,投标人

C. 招标人,招标人,招标人　　　　　　　　D. 投标人,投标人,投标人

9. 有关开标的时间问题,描述正确的是(　　　　)。

A. 开标应当在招标文件确定的提交投标文件截止时间的同一时间公开进行

B. 开标应当在招标文件确定的提交投标文件截止时间 3 个工作日后公开进行

C. 开标应当在招标文件确定的提交投标文件截止时间 5 个工作日后公开进行

D. 开标应当在招标文件确定的提交投标文件截止时间 10 个工作日后公开进行

10. 关于评标委员会成员的义务,下列说法中错误的是(　　　　)。

A. 评标委员会成员应当客观、公正地履行职务

B. 评标委员会成员可以私下接触投标人,但不得收受投标人的财物或者其他好处

C. 评标委员会成员不得透露对投标文件评审和比较的情况

D. 评标委员会成员不得透露对中标候选人的推荐情况

11. 根据《中华人民共和国招标投标法》的有关规定,评标委员会完成评标后应当(　　　　)。

A. 向招标人提出口头评标报告,并推荐合格的中标候选人

B. 向招标人提出书面评标报告,并确定合格的中标候选人

C. 向招标人提出口头评标报告,并确定合格的中标候选人

D. 向招标人提出书面评标报告,并推荐合格的中标候选人

12. 某省跨海大桥项目,在招标文件中明确规定提交投标文件截止时间为 2005 年 3 月 8 日上午 8 点 30 分,开标地点为建设单位 11 楼大会议室。有甲、乙、丙、丁、戊 5 家单位参与投标,根据《中华人民共和国招标投标法》的有关规定,下列说法正确的是(　　　　)。

A. 开标时间是 2005 年 3 月 8 日上午 8 点 30 分之后的某一时间

B. 可以改变开标地点

C. 开标由该建设单位主持

D. 由于丙单位中标,开标时只要邀请丙单位参加即可

13. 下列行为中,没有违反《中华人民共和国招标投标法》的是(　　　　)。

A. 评标委员会未经评审,将报价最低的投标人确定为排名第一的中标候选人

B. 中标通知书发出后,中标人发现自己投标报价计算有误,拒绝与招标人签订合同

C.招标人在确定中标人 15 天后,向有关行政监督部门提交了招标投标情况的书面报告

D.招标人仅向中标人发出中标通知书,而没有将中标结果通知所有未中标的投标人

14.某省卫生厅新建办公大楼项目向社会公开招标,评标后确定某承包单位为中标人并于 2004 年 4 月 1 日向其发出中标通知书,则双方最迟应在(　　)按照招标文件订立书面合同。

A.2004 年 4 月 15 日　　　　　　　　B.2004 年 4 月 20 日

C.2004 年 4 月 30 日　　　　　　　　D.2004 年 6 月 1 日

15.关于联合体各方在中标后承担连带责任,下列说法错误的是(　　)。

A.联合体在接到中标通知书未与招标人签订合同前放弃中标项目的,其已提交的投标保证金应予以退还

B.联合体在接到中标通知书未与招标人签订合同前,除不可抗力外,联合体放弃中标项目的,其已提交的投标保证金不予退还

C.联合体在接到中标通知书未与招标人签订合同前,除不可抗力外,联合体放弃中标项目,给招标人造成的损失超出投标保证金数额的,应当对超出部分承担连带赔偿责任

D.中标的联合体除不可抗力外,不履行与招标人签订的合同的,履约保证金不予退还

16.投标单位有以下(　　)行为时,招标单位可视其为严重违约行为而没收投标保证金。

A.通过资格预审后不投标　　　　　　B.不参加开标会议

C.中标后拒签订合同　　　　　　　　D.不参加现场考察

17.暂估价是指招标人在招标文件中提供的用于支付必然发生但暂时不能确定价格的材料、工程设备的单价及专业工程的金额,其内容不包括(　　)。

A.暂列金额　　　　　　　　　　　　B.材料暂估单价

C.工程设备暂估单价　　　　　　　　D.专业工程暂估价

18.以下不是综合评估法中施工组织设计评分标准的是(　　)。

A.内容完整性和编制水平　　　　　　B.施工方案与技术措施

C.质量管理体系与措施　　　　　　　D.技术责任人任职资格与业绩

19.我国《工程建设项目施工招标投标办法》规定,招标人应当向未中标的投标人退还投标保证金。退还的时间应在招标人与中标人签订合同后的(　　)个工作日内。

A.3　　　　　　　B.5　　　　　　　C.7　　　　　　　D.10

20.投标人拿到招标文件后,应进行全面、细致的调查研究。若有疑问或不清楚的问题需要招标人予以澄清和解答的,应在收到招标文件后的(　　)内以书面形式向招标人提出。

A.1.5 个月　　　　B.1 个月　　　　C.一定期限　　　　D.15 天

二、多选题

1.《中华人民共和国招标投标法》规定,中标人的投标应当符合(　　)之一。

A. 能够最大限度地满足招标文件中规定的各项综合评价标准

B. 能够满足招标文件的所有要求，并且经评审的投标价格最低

C. 能够最大限度地满足招标文件中规定的实质性要求

D. 能够满足招标文件的实质性要求，并且经评审的投标价格最低；但是投标价格低于成本的除外

E. 能够满足投标文件的所有要求，并且经评审的投标价格最低

2. 下列可以作为投标保证金的有（　　）。

A. 现金支票　　　　　　　　　　B. 银行保函

C. 银行汇票　　　　　　　　　　D. 担保单位的信用担保

E. 保兑支票

3. 工程建设项目招标范围包括（　　）。

A. 大型基础设施、公用事业等关系社会公共利益、公众安全的项目

B. 一切工程项目

C. 全部或者部分使用国有资金投资或者国家融资的项目

D. 一切大中型工程项目

E. 使用国际组织或者外国政府贷款、援助资金的项目

4. 下列有关投标人的行为规范描述，正确的是（　　）。

A. 具备相应资格条件

B. 对招标文件中的实质性内容进行响应

C. 按照规定的时间送交投标文件

D. 对主体或者关键的部分进行分包

E. 对投标文件中的内容进行响应

5. 按工程承包的范围，工程招标可划分为（　　）。

A. 项目总承包招标　　　　　　　B. 项目阶段性招标

C. 设计施工招标　　　　　　　　D. 工程分承包招标

E. 专项工程承包招标

6. 在编制投标报价文件的过程中，投标人应按招标人提供的工程量清单填报价格。填写的（　　）必须与招标人提供的一致。

A. 项目编码　　　　　　　　　　B. 项目名称

C. 项目特征　　　　　　　　　　D. 计量单位

E. 工程量

[思考与练习参考答案]

一、单选题

1～5　BBADA；6～10　CDAAB；11～15　DCCCA；16～20　CADBD

二、多选题

1～6　AD　　ABCE　　ACE　　ABC　　ABCDE　　ABCDE

项目五　建设项目施工阶段造价控制

任务一　施工阶段工程造价控制概述

建设工程的施工阶段是指根据设计图纸将工程设计者的意图建设成为各种建筑产品的过程，是实际投入资金最多、最集中的阶段。相对于建设工程的其他阶段，此阶段的工程造价控制（工程结算）更为具体，影响因素更为繁多，因此该阶段工程造价控制更为重要和详细。

一、建设工程施工阶段工作特点

(1) 影响因素众多：在施工阶段存在众多干扰因素影响目标的实现。其中，以人员、材料、设备、机械与机具、设计方案、工作方法和工作环境等方面的因素较为突出。因此，要求在施工阶段要做好风险管理，以减少风险的发生。

(2) 涉及单位众多：在施工阶段，不仅有项目业主、承包商、材料供应商、设备厂家、设计单位等直接参加建设的单位，还涉及政府相关部门、工程毗邻单位等工程建设项目组织外的有关部门与机构。协调好各方关系无疑显得尤为重要。

（3）投入资金最多：从资金投放量上来说，施工阶段是资金投放量最大的阶段。该阶段所需的各种材料、机具、设备、人员全部要进入现场，投入工程建设的实质性工作中去形成工程产品。如图 5-1 所示，从建设项目各阶段投入资金的比较中可以看出施工阶段最多。

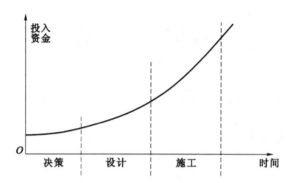

图 5-1　建设项目各阶段投入资金的比较

（4）工作量最大，内容繁杂：在建设项目的整个周期内，施工阶段的时间最长，工作量最大、最繁重，监理内容最多。有 $70\%\sim80\%$ 的工作量均是在此阶段完成的。

（5）持续时间长，动态性强：施工阶段合同数量多，存在频繁和大量的支付关系。由于对合同条款理解上的差异，以及合同中不可避免地存在着含糊不清和矛盾的内容，加上外部环境变化引起的分歧等，合同纠纷会经常出现，各种索赔事件不断发生，矛盾增多，使得该阶段表现为持续时间长，动态性较强。

（6）应加强系统过程控制：任何项目都是通过施工实现从无到有，由小到大，逐步形成工程实体的。在此过程中，前道工序工程质量对后道工序工程质量有直接影响，每一道工序的质量，必然会影响整个工程的质量，所以要对施工阶段全部工序进行检验，进行严格的系统过程控制。

（7）工程信息内容广、数量大、时间性强：在施工阶段，工程状态时刻在变化，各种工程信息和外部环境信息的数量大、类型多、周期短、内容杂。因此，施工过程是伴随着控制而进行的计划调整和完善，尽量以执行计划为主，不要更改计划，造成索赔。

二、施工阶段工程造价控制的任务

施工阶段是实现建设工程价值的主要阶段，也是资金投放量最大的阶段。在实践中，往往把施工阶段作为工程造价控制的重要阶段。施工阶段工程造价控制的主要任务是通过工程付款控制、工程变更费用控制、预防并处理好费用索赔、挖掘节约工程造价潜力来实现实际发生费用不超过计划投资。施工阶段工程造价控制的工作内容包括技术、经济、合同、组织等几个方面。

1. 在技术工作方面

（1）继续寻找通过设计挖掘节约造价的可能性。

（2）对设计变更进行技术系统比较，严格控制设计变更。

（3）审核承包人编制的施工组织设计，对主要施工方案进行技术经济分析。

2.在经济工作方面

（1）编制资金使用计划，确定、分解工程造价控制目标。

（2）对工程项目造价控制目标进行风险分析，并确定防范性对策。

（3）进行工程计量。

（4）复核工程付款账单，签发付款证书。

（5）在施工过程中进行工程造价跟踪控制，定期进行造价实际支出值与计划目标的比较。发现偏差并分析产生偏差的原因，采取纠偏措施。

（6）协商确定工程变更的价款。

（7）审核竣工结算。

（8）对工程施工过程中的造价支出作好分析与预测，经常或定期向业主提交项目造价控制及其存在的问题。

3.在合同工作方面

（1）作好工程施工记录，保存各种文件图纸，特别要注意有实际变更情况的图纸等，为可能发生的索赔提供依据。

（2）参与索赔事宜。

（3）参与合同修改、补充工作，着重考虑其对造价控制的影响。

4.在组织工作方面

（1）编制该阶段工程造价的工作计划和详细的工作流程图。

（2）在项目管理班子中落实从工程造价控制角度进行施工跟踪的人员分工、任务分工和职能分工等。

三、施工阶段工程造价控制的工作流程

施工阶段工程造价控制的工作流程如图 5-2 所示。

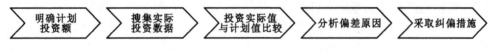

图 5-2 工程造价控制工作流程

任务二 工程变更和合同价款的调整

一、概述

1.工程变更的概念

在工程项目的实施过程中，工程建设的周期长、涉及的经济关系和法律关系复杂、受自然条件和客观因素的影响大，导致项目的实际情况与项目招标投标时的情况相比会发生一些变化。因此，工程的实际施工情况与招标投标时的工程情况相比往往会有一些变

化,这些变化统称为工程变更。工程变更包括工程量变更、工程项目的变更(如发包人提出增加或者删减原项目内容)、进度计划的变更、施工条件的变更等。

2.工程变更的分类

按照变更的原因划分,变更的种类有很多,如发包人的变更指令(包括发包人对工程有了新的要求等);由于设计错误而必须对设计图纸作出修改;工程环境变化;由于产生了新的技术和知识而必须改变原设计、实施方案或实施计划;法律、法规或者政府对建设项目有了新的要求等。总之,变更原因可分为设计方面原因和非设计方面原因,考虑设计变更在工程变更中的重要性,往往将工程变更分为设计变更和其他变更两大类,见表 5-1。

表 5-1　　　　　　　　　　　　　　工程变更的分类

设计变更	其他变更
(1) 更改有关部分的标高、基线、位置和尺寸; (2) 增减合同中约定的工程量; (3) 改变有关工程的施工时间和顺序; (4) 其他有关工程变更需要的附加工作	除设计变更外,其他能够导致合同内容变更的都属于其他变更,如双方对工程质量、工期要求的变化等

注意:(1) 在施工过程中应尽量减少设计变更,如果必须对设计进行变更,则必须严格按照国家的规定和合同约定的程序进行。由发包人对原设计进行变更,并经工程师同意的,承包人进行的设计变更导致合同价款的增加而造成承包人的损失由发包人承担,延误的工期相应顺延。

(2) 合同履行中发包人要求变更工程质量标准及发生其他实质性变更,由双方协商解决。

3.工程变更的处理原则

(1) 尽快变更,减少损失:如果出现了必须变更的情况,应当尽快变更。如果变更不可避免,无论是停止施工等待变更指令还是继续施工,无疑都会增加损失。

(2) 尽快落实,抓紧处理:工程变更指令发出后,应当迅速落实指令,全面修改相关的各种文件。承包人也应当抓紧落实,如果承包人不能全面落实变更指令,则扩大的损失应当由承包人承担。

(3) 充分分析,注意影响:对工程变更的影响应当作进一步分析。工程变更的影响往往是多方面的,影响持续的时间也往往较长,应当对此有充分的分析。

二、工程变更的处理程序

1.设计变更的处理程序

参与项目的各方都有可能对原设计提出变更的要求,从合同的角度看,设计变更可以分为发包人原因对原设计进行变更和承包人原因对原设计进行变更两种情况。

(1) 发包人原因对原设计进行变更。

施工中发包人如果需要对原工程设计进行变更,应不迟于变更前 14 天以书面形式向承包人发出变更通知。承包人对于发包人的变更通知没有拒绝的权利,这是合同赋予发包人的一项权利。

注意:如变更超过原设计标准或者批准的建设规模,需经原规划管理部门和其他有关部门审查批准,并由原设计单位提供变更的相应图纸和说明。

(2)承包人原因对原设计进行变更。

承包人应严格按照图纸施工,不得随意变更设计。施工中承包人提出的合理化建议涉及对设计图纸或者施工组织设计的更改及对原材料、设备的更换,须经工程师同意。工程师同意变更后,由原设计单位提供变更的相应图纸和说明。

注意:设计变更若超过原设计标准或者批准的建设规模,还需经原规划管理部门和其他有关部门审查批准。承包人未经工程师同意擅自更改或换用时,由承包人承担由此发生的费用并进行赔偿。

2.其他变更的处理程序

通常把设计变更以外的,能够导致合同内容变更的变更称为其他变更,如双方对工期要求的变化、双方对工程质量要求的变化(当然是涉及强制性标准变化)、施工环境和条件的变化导致施工机械和材料的变化等。其变更的程序是先由一方提出,再与对方协商一致签署补充协议,如此方可进行变更。其处理程序与设计变更的处理程序相同。

三、工程变更价款的确定

1.工程变更价款的确定程序

设计变更发生后,承包人在工程设计变更确定后14天内提出变更工程价款的报告,经工程师确认后调整合同价款;工程设计变更确定后14天内,如承包人未提出适当的变更价格,则发包人可根据所掌握的资料决定是否调整合同价款和调整的具体金额。重大工程变更涉及工程价款的变更报告和确认的时限由发承包双方协商,自变更工程价款报告送达之日起14天内,对方未确定也未提出协商意见的,视该变更工程价款报告已被确认,如图5-3所示。

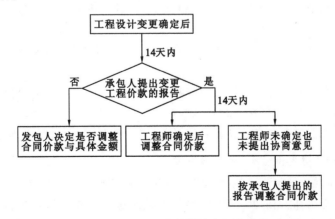

图 5-3　工程变更价款的确定处理程序

2.工程变更价款的确定方法

在工程变更确定后14天内,设计变更涉及工程价款调整的,由承包人向发包人提出,经工程师审核和发包人同意后调整合同价款。工程变更价款的确定按照下列方法进行。

(1)合同中已有适用变更工程的价格,按合同已有的价格执行。

(2)合同中只有类似变更工程的价格,可以参照类似价格执行。

(3)合同中没有适用或类似变更工程的价格,由承包人提出,发包人确认后执行。

如双方不能达成一致,双方可提请工程所在地工程造价管理机构进行咨询或按合同约定的争议或纠纷解决程序办理。

注意:(1)在变更后合同价款的确定上,应当首先考虑使用合同中已有的、能够使用或者能够参照使用的价格。其原因在于合同中已经订立的价格(一般是通过招标投标得到)是较为公平合理的、双方均能接受的价格。

(2)确认增(减)的工程变更价款作为追加(减)合同价款与工程进度款同期支付。

四、工程变更中应注意的问题

1.工程师的认可权应合理限制

在国际承包工程中,业主常常通过工程师对材料的认可权提高材料的质量标准;对设计的认可权,提高设计质量标准;对施工的认可权,提高施工质量标准。如果施工合同条文规定比较含糊,其就变为业主的修改指令,承包商应先办理业主或工程师的书面确认,再提出费用的索赔。

2.工程变更不能超过合同规定的工程范围

工程变更不能超过合同规定的工程范围。若超过规定的范围,承包商有权不执行变更或坚持事先商定的价格后进行变更。

3.变更程序的对策

国际承包工程中,经常出现变更已成事实后,再进行价格谈判,这对承包商不利。当遇此情况时,可采取以下对策:

(1)控制施工进度,等待变更谈判结果。这样不但损失较小,而且谈判回旋余地较大。

(2)争取以计时工资或按承包商的实际费用支出计算费用补偿,也可采用成本加酬金的方式计算,避免价格谈判中出现争执。

(3)应有完整的变更实施记录和照片,并由工程师签字,为索赔做准备。

4.承包商不能擅自做主进行工程变更

对任何工程问题,承包商不能擅自做主进行工程变更。若施工中发现图纸错误或其他问题需要进行变更,应先通知工程师,经同意或通过变更程序后再进行变更。否则,不仅得不到应有的补偿,还会造成不必要的麻烦。

5.承包商在签订变更协议过程中须提出补偿问题

在变更工程商讨、变更协议签订过程中，承包商必须提出变更索赔问题。在变更执行前双方就应对补偿范围、补偿方法、索赔额的计算方法、补偿款的支付时间等问题达成一致。

五、工程变更的价款调整方法

1.分部分项工程费的调整

工程变更引起分部分项工程项目发生变化的，应按照下列规定调整：

（1）已标价工程量清单中有适用于变更工程项目的，且工程变更导致的该清单项目的工程数量变化不足 15％时，采用该项目的单价。

（2）已标价工程量清单中没有适用的，但有类似于变更工程项目的，可在合理范围内参照类似项目的单价或总价调整。

（3）已标价工程量清单中没有适用的也没有类似于变更工程项目的，由承包人根据变更工程资料、计量规则和计价方法、工程造价机构发布的信息价格和承包人报价浮动率，提出变更工程项目的单价或总价，报发包人确认后调整。承包人报价浮动率计算公式为：

实行招标的工程：承包人报价浮动率＝（1－中标价/招标控制价）×100％

不实行招标的工程：承包人报价浮动率＝（1－报价值/施工图预算）×100％

（4）已标价工程量清单中没有适用的也没有类似变更工程项目的，且工程造价管理机构发布的信息价格缺价的，由承包人根据变更工程资料、计量规则、计价方法和通过市场调查等有合法依据的市场价格提出变更工程项目的单价或总价，报发包人确认后调整。

2.措施项目费的调整

（1）安全文明施工费按照实际发生变化的措施项目调整，不得浮动。

（2）采用单价计算的措施项目费按照实际发生变化的措施项目按前述分部分项工程费的调整方法确定单价。

（3）按总价计算的措施项目费，除安全文明施工费外，按照实际发生变化的措施项目调整，但应考虑承包人报价浮动因素，即调整金额按照实际调整金额乘以承包人报价浮动率。

（4）删减工程或工作的补偿。如果发包人提出的工程变更，非因承包人原因删减了合同中的某项原定工作或工程，致使承包人发生的费用或（和）得到的收益不能被包括在其他已支付或应支付的项目中，也未被包含在任何替代的工作或工程中，则承包人有权提出并得到合理的费用及利润补偿。

注意：如果承包人未事先将拟实施的方案提交给发包人确认，则视为工程变更不引起措施项目费的调整或承包人放弃调整措施项目费的权利。

任务三　工程索赔

一、工程索赔的概念、含义、起因和分类

1.工程索赔的概念

工程索赔是指在工程承包合同履行中,当事人一方由于另一方未履行合同所规定的义务或者出现了应当由对方承担的风险而遭受损失时,向另一方提出赔偿要求的行为。

注意:在实际工作中,索赔是双向的,我国《建设工程施工合同（示范文本）》(GF-2013-0201)中的索赔就是双向的,既包括承包人向发包人的索赔,又包括发包人向承包人的索赔。

在实际工程中,由于发包人与承包人所处地位不同,索赔表现出不同的特点,见表5-2。

表 5-2　　　　　　　　　　　　　　**工程索赔分类**

承包人向发包人的索赔	发包人向承包人的索赔
（1）数量较多； （2）处理复杂,比较困难,不易成功	（1）数量较小； （2）处理方便,可以通过冲账、扣拨工程款、扣保证金等实现对承包人的索赔

通常情况下,索赔是指承包人（施工单位）在合同实施过程中,对非自身原因造成的工程延期、费用增加而要求发包人给予补偿损失的一种权利要求。

2.工程索赔的含义

工程索赔的含义有以下三种:

① 一方违约使另一方遭受损失,受损方向对方提出赔偿损失的要求。

② 发生应由业主承担责任的特殊风险或遇到不利自然条件等情况,使承包商遭受较大损失而向业主提出补偿损失的要求。

③ 承包商本人应获得正当利益,由于未能及时得到监理工程师的确认和业主应给予的支付而以正式函件向业主索赔。

3.工程索赔的起因

工程实施过程会受到各种因素的影响,不可避免地会引起工程索赔,归纳起来主要有以下六个方面的原因,如表5-3所示。

表 5-3　　　　　　　　　　　　　　**工程索赔产生的原因**

工程索赔原因	当事人违约
	不可抗力
	合同缺陷
	合同变更
	工程师指令
	其他第三方原因

（1）当事人违约。

当事人违约常常表现为没有按照合同约定履行自己的义务。发包人违约常常表现为没有为承包人提供合同约定的施工条件，未按照合同约定的期限和数额付款等；工程师未能按照合同约定完成工作，如未能及时发出图纸、指令等，也视为发包人违约。承包人违约的情况则主要是没有按照合同约定的质量、期限完成施工或者由于不当行为给发包人造成其他损害。

（2）不可抗力。

不可抗力又可以分为自然事件和社会事件。自然事件主要是指不利的自然条件和客观障碍，这是一个有经验的承包商无法预测的，包括在施工过程中遇到了经现场调查无法发现、业主提供的资料中也未提到的、无法预料的情况等，如地下水、地质断层等；社会事件则包括国家政策、法律、法令的变更，战争、罢工等。

（3）合同缺陷。

合同缺陷表现为合同条件规定不严谨甚至矛盾、合同中有遗漏或错误。在这种情况下，工程师应当给予解释，如果这种解释将导致成本增加或工期延长，发包人应当给予补偿。

（4）合同变更。

合同变更表现为设计变更、施工方法变更、追加或者取消某些工作、合同规定的其他变更等。

（5）工程师指令。

工程师指令有时也会产生索赔，如工程师指令承包人加速施工、进行某项工作、更换某些材料、采取某些措施等。

（6）其他第三方原因。

其他第三方原因常常表现为与工程有关的第三方问题而引起的对工程的不利影响。

4. 工程索赔的分类

工程索赔按不同的分类方法有所不同，见表5-4。

表5-4　　　　　　　　　　　　　　**工程索赔的分类**

按索赔的合同依据分	按索赔目的分	按索赔事件的性质分
（1）合同中明示的索赔； （2）合同中默示的索赔	（1）工期索赔； （2）费用索赔	（1）工程延误索赔； （2）工程变更索赔； （3）合同被迫终止索赔； （4）工程加速索赔； （5）意外风险和不可预见因素索赔； （6）其他索赔

（1）合同中明示的索赔。合同中明示的索赔指承包人所提供的索赔要求在该工程项目的合同中有文字依据的索赔，承包人可以据此提出索赔要求，并取得经济补偿。

（2）合同中默示的索赔。合同中默示的索赔指承包人的索赔要求，虽然在工程项目的合同条款中没有专门的文字叙述，但可以根据该合同某些条款的含义推断出承包人有索赔权的索赔。这种索赔要求同样有法律效力，有权得到相应的经济补偿。

在合同管理工作中,这种有经济补偿含义的条款被称为"默示条款"或"隐含条款"。

注意:默示条款是一个广泛的合同概念,其包含合同明示条款中没有写入,但符合双方签订合同时设想的愿望和当时环境条件的一切条款。这些默示条款,或者从明示条款所表述的设想愿望中引申出来;或者从合同双方在法律上的合同关系引申出来;或者经双方协商一致;或者被法律和法规所指明,都为合同条件的有效条款,要求合同双方遵照执行。

(3)工期索赔。由于非承包人责任的原因而导致施工进程延误,要求批准顺延合同工期的索赔,称为工期索赔。工期索赔形式上是对权利的要求,以避免在原定合同竣工日不能完工时,被发包人追究违约责任。一旦获得批准合同工期顺延,承包人不仅免除了承担拖期违约赔偿费的严重风险,还可能因提前工期得到奖励,最终仍反映在经济收益上。

(4)费用索赔。费用索赔的目的是要求经济补偿。当施工的客观条件改变导致承包人开支增加时,可要求对超出计划成本的附加开支给予补偿,以挽回不应由其承担的经济损失。

(5)工程延误索赔。因发包人未按合同要求提供施工条件,如未及时交付设计图纸、施工现场、道路等,或因发包人指令工程暂停或不可抗力事件等原因造成工期拖延的,承包人对此提出的索赔,称为工程延误索赔。这是工程中常见的一类索赔。

(6)工程变更索赔。由发包人或监理工程师指令增加或减少工程量或增加附加工程、修改设计、变更工程顺序等,造成工期延长和费用增加的,承包人对此提出的索赔,称为工程变更索赔。

(7)合同被迫终止索赔。由发包人或承包人违约及不可抗力事件等原因造成合同非正常终止,无责任的受害方因其遭受经济损失而向对方提出的索赔,称为合同被迫终止索赔。

(8)工程加速索赔。一项工程可能遇到各种意外的情况或由于工程变更而必须延长工期,但由于业主的原因(该工程已经出售给买主,需按议定时间移交给买主)坚持不让延期而迫使承包商加班赶工来完成工程,因而由发包人或工程师指令承包人加快施工速度、缩短工期所引起的承包人在人、财、物上的额外开支而提出的索赔,称为工程加速索赔。

(9)意外风险和不可预见因素索赔。在工程实施过程中,因人力不可抗拒的自然灾害、特殊风险及一个有经验的承包人通常不能合理预见的不利施工条件或外界障碍,如地下水、地质断层、溶洞、地下障碍物等引起的索赔,称为意外风险和不可预见因素索赔。

(10)其他索赔。如因货币贬值,汇率变化,物价、工资上涨,政策、法令变化等原因引起的索赔。

二、工程索赔的处理原则和计算

1.工程索赔的处理原则

(1)索赔必须以合同为依据。无论是风险事件的发生,还是当事人不完成合同工作,都必须在合同中找到相应的依据。当然,有些依据可能是合同中隐含的,工程师依据合同和事实对索赔进行处理是其公平性的重要体现。

注意：不同的合同条件，其依据不同。例如，因为不可抗力导致的索赔，在我国《建设工程施工合同(示范文本)》(GF-2013-0201)条件下，承包人机械设备损坏是由承包人承担的，不能向发包人索赔；但在 FIDIC 合同条件下，不可抗力事件一般都列为业主承担的风险，损失都应当由业主承担。

(2) 及时、合理地处理索赔。索赔事件发生后，索赔的提出应当及时，索赔的处理也应当及时。索赔处理得不及时，对双方都会产生不利的影响，如承包人的索赔长期得不到合理解决，索赔积累的结果是导致其资金困难，同时会影响工程进度，给双方都带来不利的影响。处理索赔还必须坚持合理性原则，既要考虑国家的有关规定，又应当考虑工程的实际情况，如承包人提出索赔，要求机械停工按照机械台班单价计算损失显然是不合理的，因为机械停工不发生运行费用。

(3) 加强主动控制，减少工程索赔。对于工程索赔，应当加强主动控制，尽量减少索赔。这就要求在工程管理过程中，应当尽量将工作做在前面，减少索赔事件的发生。这样能够使工程更顺利地进行，降低工程投资，减少施工工期。

2. 成功索赔的条件

索赔是遭受损失一方的权利，其目的是提出赔偿或补偿，挽回损失，保护自身利益。索赔成功与否取决于提出的索赔要求是否符合以下基本条件。

(1) 客观性：客观性是指客观存在不符合合同或违反合同的索赔事件，并对承包商的工期和成本造成影响的规定。当合同当事人一方向另一方提出索赔时，要有正当的索赔理由，且提供索赔事件发生时的有效证据。证据是索赔报告的重要组成部分，证据不足或没有证据，索赔就不可能成立。

(2) 合法性：合法性是指索赔要求必须符合本工程施工合同的规定。合同法律文件可以判定干扰事件的责任由谁承担，承担什么样的责任，应赔偿多少等。

(3) 合理性：合理性是指索赔要求应合情合理，符合实际情况，真实反映由索赔事件引起的实际损失，采用合理的计算方法等的规定。承包商不能为了追求利润滥用索赔，或者采用不正当的手段进行索赔。

3. 工程索赔的程序

在工程项目的实施过程中，每当出现索赔事件时，都应按国家有关规定、国际惯例和工程项目合同条件的规定，认真、及时地处理，协商解决。关于索赔的规定，《建设工程施工合同(示范文本)》(GF-2013-0201)与 FIDIC 合同条件在处理程序上是有区别的。

(1)《建设工程施工合同(示范文本)》(GF-2013-0201)规定的工程索赔程序。

业主未能按合同约定履行自己的各项义务或发生错误，以及应由业主承担责任的其他情况，给承包人造成延期支付合同价款、延误工期，包括不可抗力延误的工期或其他经济损失的，承包人可按下列程序以书面形式向业主提出索赔，如图5-4所示。

① 承包人提出索赔申请。索赔事件发生后 28 天内，承包人向工程师发出索赔意向通知。合同实施过程中，凡不属于承包人责任导致项目延期和成本增加的事件，其发生后的 28 天内，必须以正式函件通知工程师声明对此事项要求索赔，同时仍需遵照工程师的指令继续施工。逾期申报的，工程师有权拒绝承包人的索赔要求。

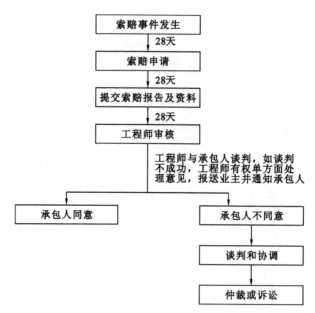

图 5-4 《建设工程施工合同(示范文本)》(GF-2013-0201)
规定的工程索赔程序

② 承包人发出索赔意向通知后 28 天内,向工程师提供补偿经济损失和(或)延长工期的索赔报告及有关资料。正式提出索赔申请后,承包人应抓紧准备索赔的证据资料,包括事件的原因、对其权益影响的证据资料、索赔的依据及其计算出的该事件影响所要求的索赔额和申请展延工期的天数,并在索赔申请发出的 28 天内报出,逾期的,视为该索赔事件未引起工程款额的变化和工期的延误。

③ 工程师审核承包人的索赔申请。工程师在收到补充索赔理由和证据后于 28 天内给予答复。接到承包人的索赔信件后,工程师应该立即研究承包人的索赔资料,在不确认责任属谁的情况下,依据自己同期记录的资料客观地分析事故发生的原因,根据有关合同条款研究承包人提出的索赔证据,必要时还可以要求承包人进一步提交补充资料,包括更详细的索赔说明材料或索赔计算的依据。工程师在 28 天内未予答复或未对承包人作出进一步要求的,则视为该项索赔已经被认可。

④ 当该索赔事件持续进行时,承包人应当阶段性地向工程师发出索赔意向;在索赔事件终了后 28 天内,向工程师提供索赔的有关资料和最终索赔报告。

⑤ 工程师与承包人谈判,双方各自根据对这一事件的处理方案进行友好协商,若能通过谈判达成一致意见,则该事件较容易解决。如果双方对该事件的责任、索赔款额或工期展延天数分歧较大,通过谈判达不成共识,按照条款规定工程师有权确定一个其认为合理的单价或价格作为最终的处理意见报送业主并通知承包人。

⑥ 发包人审批工程师的索赔处理证明。发包人先根据事件发生的原因、责任范围、合同条款审核承包人的索赔申请和工程师的处理报告,再根据项目的目的、投资控制、竣工验收要求,以及针对承包人在实施合同过程中的缺陷或不符合合同要求的地方提出反索赔方面的考虑,决定是否批准工程师的索赔处理证明。

⑦ 承包人是否接受最终的索赔决定。承包人若同意最终的索赔决定,则这一索赔事

件即宣告结束。若承包人不接受工程师的单方面决定或业主删减的索赔或工期展延天数过大,也会导致合同纠纷。通过谈判和协调,双方达成互让的解决方案是纠纷处理的理想方式,如果双方不能达成谅解,就只能诉诸仲裁或诉讼。

承包人未能按合同约定履行自己的各项义务和发生错误给发包人造成损失的,发包人也可按上述时限向承包人提出索赔。

注意:28 天是一个关键的时间点。

(2) FIDIC 合同条件规定的工程索赔程序。

FIDIC 合同条件只对承包商的索赔作出了规定,如图 5-5 所示。

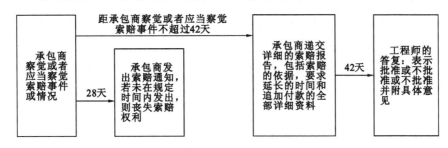

图 5-5　FIDIC 合同条件规定的工程索赔程序

① 承包商发出索赔通知。如果承包商认为有权得到竣工时间的任何延长和(或)任何追加付款,承包商应当向工程师发出通知,说明索赔的事件或情况。该通知应当尽快在承包商察觉或者应当察觉索赔事件或情况后 28 天内发出。

② 承包商未及时发出索赔通知的后果。如果承包商未能在上述 28 天的期限内发出索赔通知,则竣工时间不得延长,承包商无权获得追加付款,而业主应免除有关该索赔的全部责任。

③ 承包商递交详细的索赔报告。在承包商察觉或者应当察觉索赔事件或情况后42 天内,或在承包商可能建议并经工程师认可的其他期限内,承包商应当向工程师递交一份充分详细的索赔报告,该报告包括索赔的依据、要求延长的时间和(或)追加付款的全部详细资料。

④ 如果引起索赔的事件或者情况具有连续影响,则应按以下要求执行。

a.上述索赔报告应被视为中间索赔报告。

b.承包商应当按月递交进一步的中间索赔报告,说明累计索赔延误时间和(或)金额,以及能说明其合理要求的进一步详细资料。

c.承包商应当在索赔事件或者情况产生影响结束后 28 天内,或在承包商建议并经工程师认可的其他期限内,递交一份最终索赔报告。

⑤ 工程师的答复。工程师在收到索赔报告或对过去索赔的任何进一步证明资料后42 天内,或在工程师可能建议并经承包商认可的其他期限内作出回应,表示批准、不批准,或不批准并附具体意见,工程师应当商定或者确定应给予竣工时间的延长期及承包商有权得到的追加付款。

注意:28 天、42 天是两个关键的时间点。

4. 工程索赔的依据

提出索赔的依据有以下几个方面。

(1) 招标文件、施工合同文本及附件,其他双方签字认可的文件(如备忘录、修正案等),经认可的工程实施计划、各种工程图纸、技术规范等。这些索赔的依据可在索赔报告中直接引用。

(2) 双方的往来信件及各种会谈纪要。在合同履行过程中,业主、监理工程师和承包人定期或不定期的会谈所作出的决议或决定是合同的补充,应作为合同的组成部分,但会谈纪要只有经过各方签署后才可作为索赔的依据。

(3) 进度计划和具体的进度安排及项目现场的有关文件。进度计划和具体的进度安排是与现场变更索赔有关的重要证据。

(4) 气象资料、工程检查验收报告和各种技术鉴定报告,工程中送停电、送停水、道路开通和封闭的记录和证明。

(5) 国家有关法律、法令、政策文件,官方的物价指数、工资指数,各种会计核算资料,材料的采购、订货、运输、进场、使用方面的凭据。

5. 索赔费用的计算

(1) 索赔费用的组成。

索赔费用的组成部分与施工承包合同价所包含的内容相似,也是由直接费、间接费、利润和税金组成,但国际通行的可索赔费用与此是有区别的,主要是建筑安装工程直接费,包括人工费、材料费、施工机械使用费;间接费,包括现场管理费、保险费和利息等。一般承包商可索赔的具体费用如图 5-6 所示。

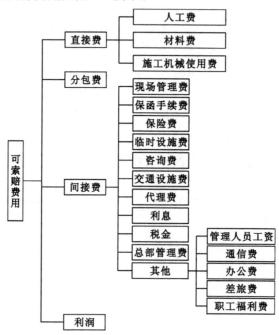

图 5-6 国际通行的可索赔费用

当承包商有索赔权的工程成本增加时,原则上讲,都是可以索赔费用的。此费用为承包商为了完成额外的施工任务而增加的开支。但是,对于不同原因引起的索赔,可索赔费用的具体内容也随之不同。所以,对于不同的索赔事件,可索赔费用应作具体分析与判断。一般承包商可索赔费用的具体分析见表 5-5。

表 5-5　　　　　　　　　　　　一般承包商可索赔费用的具体分析

序号	可索赔的费用	计算说明
1	人工费	包括增加工作内容的人工费、停工损失费和工作效率降低的损失费等累计。其中,增加工作内容的人工费应按照计日工费计算,而停工损失费和工作效率降低的损失费按窝工费计算,窝工费的标准双方应在合同中约定
2	材料费	包括索赔事项材料实际用量超过计划用量而增加的材料费;客观原因导致材料价格大幅度上涨而增加的材料费;非承包商原因的工程延误导致的材料价格上涨和超期储存费用。材料费应包括运输费、仓储费及合理的损耗费用。如果由于承包商管理不善造成材料损失,则不能列入索赔计价中
3	设备费	可采用机械台班费、机械折旧费、设备租赁费等几种形式。当工作内容增加引起设备费索赔时,设备费的标准应按照机械台班费计算。因窝工引起的设备费索赔,当施工机械属于施工企业自有时,按照机械折旧费计算索赔费用;当施工机械为施工企业从外部租赁时,索赔费用的标准按照设备租赁费计算
4	管理费	分为现场管理费和公司管理费两部分,计算方法不同,应区别对待
5	保险费	因发包人原因导致工程延期时,承包人必须办理工程保险、施工人员意外伤害保险等各项保险的延期手续,对于由此而增加的费用,承包人可以提出索赔
6	保函手续费	工程延期时,保函手续费相应增加;反之,取消部分工程,且发包人与承包人达成提前竣工协议时,承包人的保函金额应相应扣减,则计入合同价内的保函手续费也应扣减
7	利息	包括拖期付款的利息、由于工程变更和工程延期增加投资的利息、索赔款的利息、错误扣款的利息等
8	利润	一般来说,由于工程范围的变更、文件有缺陷或技术性错误、业主未能提供现场等所引起的索赔,承包商可以列入利润索赔。但对于工程暂停的索赔,由于利润通常是包括在每项实施的工程内容的价格之内的,而延误工期并未影响某些项目的实施而导致利润减少,所以,一般造价管理者很难同意在工程暂停的费用索赔中列入利润损失。索赔利润款额计算中的利润率通常与原报价单中的利润率一致

《标准施工招标文件》(2007 年版)的通用合同条款中,按照引起索赔事件的原因不同,对一方当事人提出的索赔可能给予合理补偿工期、费用和(或)利润的情况,分别作出了相应规定。其中,引起承包人索赔的事件以及可能得到的合理补偿内容如表 5-6。

表 5-6 　　　　　　《标准施工招标文件》中承包人的索赔事件及可补偿内容

序号	索赔事件	可补偿内容		
		工期	费用	利润
1	延迟提供图纸	√	√	√
2	延迟提供施工场地	√	√	√
3	发包人提供材料、工程设备不合格或延迟提供或变更交货地点	√	√	√
4	承包人依据发包人提供的错误资料导致测量放线错误	√	√	√
5	工程暂停后因发包人原因无法按时复工	√	√	√
6	因发包人原因导致承包人工程返工	√	√	√
7	监理人对已经覆盖的隐蔽工程要求重新检查且检查结果合格	√	√	√
8	因发包人提供的材料、工程设备造成工程不合格	√	√	√
9	承包人应监理人要求对材料、工程设备和工程重新检验且检验结果合格	√	√	√
10	因发包人原因造成工期延误	√	√	√
11	发包人在工程竣工前提前占用工程	√	√	√
12	发包人暂停施工造成工期延误	√	√	√
13	因发包人违约导致承包人暂停施工	√	√	√
14	施工中发现文物、古迹	√	√	
15	监理人指令延迟或错误	√	√	
16	施工中遇到不利物质条件	√	√	
17	发包人更换其提供的不合格材料、工程设备	√	√	
18	因发包人的原因导致工程试运行失败		√	√
19	工程移交后因发包人原因出现新的缺陷或损坏的修复		√	√
20	因不可抗力造成工期延误	√		
21	异常恶劣的气候条件导致工期延误	√		
22	提前向承包人提供材料、工程设备		√	
23	因发包人原因造成承包人人员工伤事故		√	
24	承包人提前竣工		√	
25	基准日后法律的变化		√	
26	工程移交后因发包人原因出现的缺陷修复后的实验和试运行		√	
27	因不可抗力停工期间应监理人要求照管、清理、修复工程		√	

（2）索赔费用的计算方法。

索赔费用的计算方法有实际费用法、修正总费用法等。

① 实际费用法：其是工程索赔计算时最常用的一种方法。该方法是首先按照各索赔事件所引起损失的费用项目分别分析计算索赔值，然后将各费用项目的索赔值汇总，即可得到总索赔费用值。这种方法以承包商为某项索赔工作所支付的实际开支为依据，但仅限于由索赔事项引起的、超过原计划的费用，故也称额外成本法。应用时需要注意的是不要遗漏费用项目。

② 修正总费用法：其是对总费用法的改进，即在总费用计算的原则上，去掉一些不确定的可能因素，对总费用法进行相应的修改和调整，使其更加合理。

（3）不允许索赔的费用。

在工程索赔的实践中，以下几项费用一般是不允许索赔的：

① 承包商对索赔事项的发生原因负有责任的有关费用；

② 承包商对索赔事项未采取减轻措施而扩大的损失费用；

③ 承包商进行索赔工作的准备费用；

④ 索赔款在处理期间的利息；

⑤ 工程有关的保险费用，以及索赔事件涉及的一些保险费用，如工程一切险、工人事故保险、第三方保险等费用，均在计算索赔款时不予考虑，除非在合同条款中另有约定。

6.工期索赔的计算

（1）计算方法。

工期索赔的计算方法主要有比例计算法和网络图分析法两种。

① 比例计算法。该方法主要适用于工程量有增加时工期索赔的计算，公式为：

$$工程索赔值 = \frac{额外增加的工程量的价格}{原合同总价} \times 原合同总工期$$

② 网络图分析法。网络图分析法是指利用进度计划的网络图，分析其关键线路的方法。如果延误的工作为关键工作，则总延误的时间为批准延续的工期。如果延误的工作为非关键工作，当该工作由于延误超过时差限制而成为关键工作时，可以批准延误时间与时差的差值；若该工作延误后仍为非关键工作，则不存在工期索赔问题。

（2）工期索赔中应当注意的问题。

① 划清施工进度拖延的责任。因承包人原因造成的施工进度滞后属于不可原谅的延期；只有承包人不应承担任何责任的延误，才是可原谅的延期。有时工程延期的原因中可能包含双方责任，工程师应进行详细分析，分清责任比例，只有可原谅延期部分才能批准顺延合同工期。可原谅延期又可细分为可原谅并给予补偿费用的延期和可原谅但不给予补偿费用的延期；后者是指非承包人责任的，其影响并未导致施工成本的额外支出，大多属于发包人应承担风险责任事件的影响，如异常恶劣的气候条件影响的停工等。

② 被延误的工作应是处于施工进度计划关键路线上的施工内容。只有位于关键路线上的施工内容的滞后，才会影响竣工日期。但有时也应注意，既要看被延误的工作是否在批准进度计划的关键路线上，又要详细分析这一延误对后续工作的可能影响。若对非关键路线工作的影响时间较长，超过了该工作可用于自由支配的时间，也会导致进度计划中非关键路线转化为关键路线，其滞后将影响总工期的拖延，此时应充分考虑该工作的自由时间，给予相应的工期顺延，并要求承包人修改施工进度计划。

7.共同延误问题的处理

（1）共同延误的概念。

在工期索赔事件中，工期的拖延很少是只由一方造成的，往往是两种或三种原因同时发生（或相互作用）而形成的，通常把这种拖延称为共同延误。

（2）共同延误的处理原则。

共同延误工期索赔在工程实践中普遍存在，而且其影响因素多、牵涉面广，在这种情况下，要对具体原因进行具体分析，明确哪一种情况延误是有效的，应依据初始延误原则分析共同延误的责任分摊和工期索赔的内容。即首先判断造成延误的哪一种原因是最先发生的，即确定初始延误者，其应对工程延误负责。在初始延误发生作用期间，其他并发的延误者不承担拖期责任。故共同延误的处理原则为"谁在先，谁负责"，具体分析见表 5-7。

表 5-7 共同延误责任分析

初始延误者	在初始延误发生作用期间承包人可索赔内容
发包人原因	既可得到工期延长，又可得到经济补偿
客观原因	可得到工期延长，很难得到费用补偿
承包人的原因	不能得到工期延长，也不能得到费用补偿

注意： 在处理工程索赔时，一定要明确谁是初始延误者或谁是初始责任者；如果连一个有经验的承包商都无法合理预见，则不应该给予索赔。

（3）共同延误的处理方法。

共同延误问题最简单的分析方法是横道图法，即从上而下（按事件发生的先后顺序）纵向排列事件，从左到右（按事件持续时间的长短）画横线，两端标出时间点，从前往后观察横道，谁在前面谁负责，注意时点包容否。

【例 5-1】 某水利工程施工中，发生了设备损坏、大雨、图纸供应延误 3 个事件，都造成了工期延误，分别是 6 天（7 月 1—6 日）、9 天（7 月 4—12 日）和 7 天（7 月 9—15 日）。试分析其应延长的工期天数。

【解】 责任分析为：设备损坏是承包人的过失，属于不可原谅的工期延误；大雨和图纸供应延误分别为不可预见和业主承担的风险，属于可原谅的工期延误，应予以工期赔偿。

（1）1—3 日为不可原谅延误，不予赔偿。

（2）4—6 日为不可原谅延误与可原谅延误的重叠期，按不可原谅延误计，不予赔偿，即如果不下大雨，设备坏了也无法施工。

（3）7—8 日为可原谅延误，补偿 2 天。

（4）9—12 日为两个可原谅延误的重叠，可予以赔偿，但只计一次，故补偿 4 天。

（5）13—15 日为可原谅延误，补偿 3 天。

故总计应补偿 9 天，即延长竣工期 9 天。

8.处理工程索赔时应注意的问题

(1)非自身的责任才可进行工程索赔。

(2)费用索赔时伴随工期索赔,工期索赔是否在关键线路上。

(3)不可抗力事件主要是指当事人无法控制的事件,或发生后当事人不能合理避免或克服的事件,即合同当事人不能预见、不能避免且不能克服的客观情况。

(4)不可抗力事件发生后的责任处理如下。

① 工程本身的损害、第三方人员伤亡和财产损失及运至施工现场用于施工的材料和待安装的设备的损害,由发包人承担。

② 承发包双方人员伤亡由其所在单位负责,并承担相应费用。

③ 承包人机械设备损坏及停工损失由承包人承担。

④ 停工期间,承包人应工程师要求留在施工场地的必要管理人员和保卫人员的费用由发包人承担。

⑤ 工程所需清理、修复的费用由发包人承担。

⑥ 延误的工期相应顺延。

三、索赔文件

1.索赔意向通知

发现索赔事件或意识到存在索赔的机会后,承包商要做的第一件事就是要将自己的索赔意向以书面形式通知给监理工程师(业主)。这种意向通知是非常重要的,它标志着一项索赔的开始。前文已述及在引起索赔事件第一次发生之后的 28 天内,承包商将其索赔意向以书面形式通知工程师,同时将 1 份副本呈交业主。事先向监理工程师(业主)通知索赔意向,这不仅是承包商要取得补偿必须首先遵守的基本要求之一,还是承包商在整个合同实施过程中保持良好索赔意识的最好办法。

索赔意向通知通常包括以下四个方面的内容:

(1)事件发生的时间和情况的简单描述;

(2)合同依据的条款和理由;

(3)有关后续资料的提供,包括及时记录和提供事件发展的动态;

(4)对工程成本和工期产生不利影响的严重程度,以期引起监理工程师(业主)的注意。

一般索赔意向通知仅仅是表明意向,应简明扼要,涉及索赔内容但不涉及索赔金额。具体形式见表 5-8。

表 5-8   **索赔意向通知**

(承包[　　]赔通　　号)

合同名称：   合同编号：

承包人：

<table>
<tr><td>

致：(监理机构)
　　由于＿＿＿＿＿＿＿＿＿＿＿＿＿＿＿＿＿＿＿＿＿＿＿＿＿＿＿＿＿＿＿＿＿原因，根据施工合同
的约定，我方拟提出索赔申请，请审核。
　　附件：索赔意向书(包括索赔事件、索赔依据等)

承包人：(全称及盖章)
项目经理：(签名)
日期：　　年　月　日

</td></tr>
<tr><td>

监理机构将另行签发批复意见。

监理机构：(全称及盖章)
签收人：(签字)
日期：　　年　月　日

</td></tr>
</table>

注：本表一式 5 份，由承包人填写，监理机构审核后，随同批复意见给发包人 1 份、监理机构 1 份、承包人 3 份。

2.索赔报告

索赔报告是承包商向监理工程师（业主）提交的一份要求业主给予一定经济（费用）补偿和（或）延长工期的正式报告。承包商应该在索赔事件对工程产生的影响结束后，尽快（一般合同规定 28 天内）向监理工程师（业主）提交正式的索赔报告。其具体形式见表 5-9。

表 5-9

索赔申请报告

（承包[　　]赔报　　号）

合同名称：　　　　　　　　　　　　　　　合同编号：

承包人：

致：（监理机构）
根据有关规定和施工合同约定，我方对 ＿＿＿＿＿＿＿＿＿＿＿＿＿＿＿＿事件申请赔偿金额为（大写）＿＿＿＿＿＿＿＿＿＿（小写＿＿＿＿＿＿＿＿＿），请审核。 　　附件：索赔报告。主要内容包括： 　　1.事因简述 　　2.引用合同条款及其他依据 　　3.索赔计算 　　4.索赔事实发生的当时记录 　　5.索赔支持文件   　　　　　　　　　　　　　　　　　　承包人：（全称及盖章） 　　　　　　　　　　　　　　　　　　项目经理：（签名） 　　　　　　　　　　　　　　　　　　日期：　　年　月　日
监理机构将另行签发审核意见。   　　　　　　　　　　　　　　　　　　监理机构：（全称及盖章） 　　　　　　　　　　　　　　　　　　签收人：（签字） 　　　　　　　　　　　　　　　　　　日期：　　年　月　日

　　注：本表一式 5 份，由承包人填写，监理机构审核后，随同审核意见给发包人 1 份、监理机构 1 份、承包人 3 份。

索赔报告的具体内容随着索赔事件的性质和特点而有所不同（在撰写索赔报告时，注意索赔报告的内容和措辞）。但从报告的必要内容与文字结构方面而言，一份完整的索赔报告应包括以下四个部分。

（1）总论部分。

总论部分一般包括以下内容：序言、索赔事项概述、具体索赔要求、索赔报告编写及审核人员名单等。

文中首先应概要地表述索赔事件的发生日期与过程，施工单位为该索赔事件所付出的努力和附加开支，施工单位的具体索赔要求。在总论部分的最后，附上索赔报告编写组主要人员及审核人员的名单，注明有关人员的职称、职务及施工经验，以表示该索赔报告的严肃性和权威性。总论部分的阐述要简明扼要地说明问题。

（2）根据部分。

根据部分主要是说明自己具有的索赔权利，这是索赔能否成立的关键。根据部分的内容主要来自该工程项目的合同文件，并参照有关法律规定制定。施工单位在该部分应引用合同中的具体条款来说明自己理应获得经济补偿或工期延长。

根据部分的篇幅可能很大，其具体内容随各索赔事件的特点而有所不同。一般来说，根据部分应包括以下内容：索赔事件的发生情况、已递交索赔意向书的情况、索赔事件的处理过程、索赔要求的合同根据、所附的证据资料等。

在写法结构上，按照索赔事件发生、发展、处理和最终解决的过程编写，并明确全文引用有关的合同条款，使建设单位和监理工程师能历史地、逻辑地了解索赔事件的始末，并充分认识该项索赔的合理性和合法性。

（3）计算部分。

索赔计算的目的是以具体的计算方法和计算过程来说明自己应得经济补偿的款额或延长的时间。如果根据部分的任务是确定索赔能否成立，则计算部分的任务就是确定应得到多少索赔款额和工期。前者是定性的，后者是定量的。

在款额计算部分，施工单位必须阐明下列问题：索赔款的要求总额；各项索赔款的计算，如额外开支的人工费、材料费、管理费和所失利润；指明各项开支的计算依据及证据资料，施工单位应注意采用合适的计价方法。至于采用何种计价方法，应根据索赔事件的特点及自己所掌握的证据资料等因素来确定。另外，还应注意每项开支款的合理性，并指出相应的证据资料的名称及编号，切忌采用笼统的计价方法和不实的开支款额。

（4）证据部分。

证据部分包括该索赔事件所涉及的一切证据资料及对这些证据的说明。证据是索赔报告的重要组成部分，没有翔实、可靠的证据，索赔是不可能成功的。在引用证据时，要注意该证据的效力或可信程度，因此对重要的证据资料最好附以文字证明或确认件。例如，对一个重要的电话内容，仅附上自己的记录本是不够的，最好附上经过双方签字确认的电话记录或附上发给对方要求确认该电话记录的函件，即使对方未给复函，也可说明责任在对方，因为对方未复函确认或修改，按惯例应理解为其已默认。

【例 5-2】 某承包商对一项 10000 延长米的木窗帘盒装修工程进行承包。报价中指明,计划用工 2498 工日,即工效为 2498 工日/10000 m,即 0.2498 工日/m。每工日工资按 40 元计,共计报价为人民币 99920 元。在装修过程中,由于业主供应木料不及时,影响了承包商的工作效率,完成 10000 延长米的木窗帘盒的装修工程实际用了 2700 工日,由于工期拖延,导致工资上涨,实际支付工资按 43 元/工日计,共实际支付 116100 元。试问该索赔款额是否合理?

【解】 在这项承包工程中,承包商遇到了非承包商原因造成的工期延长和工资的提高。人工费索赔应包括工资提高和工效降低增加开支两项,即:

$$人工费索赔=2700×(43-40)+(2700-2498)×40=8100+8080=16180(元)$$

【例 5-3】 某建设项目业主与施工单位签订了可调价格合同。合同中约定:主导施工机械一台,为施工单位自有设备,台班单价为 800 元/台班,折旧费为 100 元/台班,工日工资单价为 40 元/工日,窝工费为 10 元/工日。合同履行后的第 30 天,因场外停电全场停工 2 天,造成人员窝工 20 个工日;合同履行后的第 50 天,业主指令增加一项新工作,完成该工作需要 5 天时间,机械 5 台班,人工 20 个工日,材料费 5000 元。试求施工单位可获得的直接工程费的补偿额。

【解】 因场外停电导致的直接工程费索赔额如下:

$$人工费=20×10=200(元)$$
$$机械费=2×100=200(元)$$

因业主指令增加新工作导致的直接工程费索赔额如下:

$$人工费=20×40=800(元)$$
$$材料费=5000(元)$$
$$机械费=5×800=4000(元)$$

可获得的直接工程费的补偿额=200+200+800+5000+4000=10200(元)

【例 5-4】 某工程原合同规定分两阶段进行施工,土建工程为 21 个月,安装工程为 12 个月。假设以一定量的劳动力需要量为相对单位,则合同规定的土建工程量可折算为 310 个相对单位,安装工程量可折算为 70 个相对单位。合同规定,工程量增减 10% 的范围,作为承包商的工期风险,不能要求工期补偿。在工程施工过程中,土建工程和安装工程的工程量都有较大幅度的增加。实际土建工程量增加到 430 个相对单位,实际安装工程量增加到 117 个相对单位。试求承包商可以提出的工期索赔额。

【解】 承包商提出的工期索赔额如下。

不索赔的土建工程量的上限为:

$$310×1.1=341(个相对单位)$$

不索赔的安装工程量的上限为:

$$70×1.1=77(个相对单位)$$

由于工程量增加而造成的工期延长如下。

$$土建工程工期延长=21×\left(\frac{430}{341}-1\right)=5.5(月)$$

$$安装工程工期延长=12×\left(\frac{117}{77}-1\right)=6.2(月)$$

任务四　建设工程价款结算

工程价款结算是指承包商在工程实施过程中,依据承包合同中有关付款条款的约定和已经完成的工程量,并按照规定的程序向业主收取工程款的一项经济活动。

一、概述

1. 工程价款的结算方式

我国现行工程价款结算根据不同情况可采取多种方式,见表 5-10。

表 5-10　　　　　　　　　　　　　工程价款的结算方式

结算方式	说明	应用条件
按月结算	实行旬末或月中预支,月中结算,竣工后清理	
竣工后一次性结算	工程价款每月月中预支、竣工后一次性结算,即合同完成后承包人与发包人进行合同价款结算,确认的工程价款为承发包双方结算的合同价款总额	建设项目或单项工程全部建筑安装工程建设期在 12 个月以内,或工程承包合同价在 100 万元以下的
分段结算	按照工程形象进度划分不同阶段进行结算。分段标准由各部门、自治区、直辖市规定	当年开工、当年不能竣工的单项工程或单位工程
按目标结算方式	在工程合同中,将承包工程的内容分解成不同控制面(验收单元),当承包商完成单元工程内容并经工程师验收合格后,业主支付相应单元工程内容的工程价款	在合同中应明确设定控制面,承包商要想获得工程款,必须按照合同约定的质量标准完成控制面工程内容
其他方式		双方事先约定

2. 工程价款的支付过程

在实际工程中,工程价款的支付不可能一次完成,一般分为三个阶段,即开工前支付的工程预付款,施工过程中的中间结算和工程完工,办理完竣工手续后的竣工结算,如图 5-7 所示。

图 5-7　工程价款的支付过程

3. 工程价款约定的内容

工程价款能否按期支付是承包商最为关心的问题,关键是要在合同中约定相关内容,具体包括:

(1) 工程预付款的数额、支付时限及抵扣方式;

(2) 工程进度款的支付方式、数额及时限;

(3) 工程施工中发生变更时,工程价款的调整方法、索赔方式、时限要求及金额支付方式;

（4）发生工程价款纠纷的解决方法；

（5）约定承担风险的范围和幅度，以及超出约定范围和幅度的调整方法；

（6）工程竣工价款的结算与支付方式、数额及时限；

（7）工程质量保证（保修）金的数额、预扣方式及时限；

（8）安全措施和意外伤害保险费用；

（9）工期及工期提前或延后的奖惩办法；

（10）与履行合同、支付价款相关的担保事项。

二、工程预付款及其计算

1．工程预付款的性质

施工企业承包工程一般实行包工包料，这就需要有一定数量的备料周转金。工程预付款是指在开工前发包方提前拨付给承包单位的，用于购买施工所需的材料和构件，保证工程正常开工的一定数额的备料款，又称预付备料款。

在工程承包合同条款中，一般要明文规定发包人在开工前拨付给承包人一定数额的工程预付备料款。此预付款构成施工企业为该承包工程项目储备主要材料、结构件所需的流动资金。工程预付款仅用于承包方支付施工开始时与本工程有关的动员费用。如承包方滥用此款，发包方有权立即收回。

2．工程预付款的限额

工程预付款的额度按各地区、部门的规定并不完全相同，决定工程预付款限额的主要因素有：主要材料占工程造价的比重、材料储备期、施工工期、建筑安装工程量等。一般根据这些因素测算确定。

（1）在合同条件中约定。

发包人根据工程的特点、工期的长短、市场行情、供求规律等因素，招标时在合同条件中约定工程预付款的百分比。

包工包料工程的预付款按合同约定拨付，原则上预付比例不低于合同金额的 10%，不高于合同金额的 30%，对于重大工程项目，按年度工程计划逐年预付。计价执行《建设工程工程量清单计价规范》（GB 50500—2013）的工程项目，实体性消耗和非实体性消耗部分应在合同中分别约定预付款比例。

（2）公式计算法。

公式计算法是根据主要材料（含结构件等）占年度承包工程总价的比重、材料储备定额天数和年度施工天数等因素，通过公式计算预付款额度的方法。其计算公式为：

$$工程预付款数额 = \frac{工程总价 \times 主要材料比重}{年度施工天数} \times 材料储备定额天数$$

$$工程预付款比率 = \frac{工程预付款数额}{工程总价} \times 100\%$$

其中，年度施工天数按 365 天计算，材料储备定额天数由当地材料供应的在途天数、加工天数、整理天数、供应间隔天数、保险天数等因素决定。

预付备料款的比例额度根据工程类型、合同工期、承包方式、供应体制等不同而确定。

① 建筑工程不应超过当年建筑工作量(包括水、电、暖)的30%;

② 安装工程按年安装工程量的10%计算,材料所占比重较大的安装工程按年产值的15%左右拨付;

③ 对于只包定额工日,所有材料都由发包人提供的工程项目,可以不预付备料款。

3. 工程预付款的拨付时限

预付工程款的时间和数额在合同专用条款中约定,工程开工后,按约定时间和比例逐次扣回。预付工程款的拨付时间应不迟于约定的开工前7天,若发包人不按约定预付,则承包人可在约定时间10天后向发包人发出要求预付的通知,发包人收到通知后仍不能按要求预付的,承包人可在发出通知后14天停止施工,发包方应从约定应付之日起向承包方支付应付款的贷款利息,并承担违约责任。

4. 工程预付款的扣回

发包人拨付给承包商的工程预付款属于预支的性质。工程实施后,随着工程所需材料储备的逐步减少,应以抵充工程款的方式陆续扣回,即从承包商应得的工程进度款中扣回。扣回的时间称为起扣点,起扣点计算方法有两种。

方法1:从未施工工程尚需的主要材料及构件的价值相当于预付备料款数额时起扣,从每次结算的工程款中按材料比重抵扣工程价款,竣工前全部扣清。

即:

$$未完工程材料款 = 预付备料款$$
$$未完工程材料款 = 未完工程价值 \times 主材比重$$
$$= (合同总价 - 已完工程价值) \times 主材比重$$
$$预付备料款 = (合同总价 - 已完工程价值) \times 主材比重$$
$$已完工程价值(起扣点) = 合同总价 - \frac{预付备料款}{主材比重}$$

用公式表示为:

$$T = P - \frac{M}{N}$$

式中 T——起扣点,即预付备料款开始扣回时累计完成的工作量金额;

M——预付备料款限额;

N——主要材料所占比重;

P——承包工程价款总额。

【例5-5】 某一市政工程合同价款为530万元,合同规定按10%支付工程预付款,已知主要材料比重为45%,试计算工程预付款起扣点。

【解】 由题意知

$$工程预付款 = 530 \times 10\% = 53(万元)$$

则:

$$T = P - \frac{M}{N} = 530 - \frac{53}{45\%} = 412（万元）$$

故当累计完成工作量金额达 412 万元时，开始扣工程预付款。

方法 2：在承包商完成金额累计达到合同总价一定比例（双方合同约定，如 10%）后，由发包人从每次应付给承包方的工程款中扣回工程预付款，发包人至少在合同规定的完工期前三个月将工程预付款的总计金额按逐次分摊的办法扣回，以使承包商将预付款还清。

【例 5-6】　某项目业主与一承包商签订了工程施工合同，合同中含有两个子项工程，估算甲项工程量为 3000 m³，乙项工程量为 2800 m³，经协商，合同价甲项为 190 元/m³，乙项为 170 元/m³，承包合同规定：① 开工前业主应向承包商支付合同价 15% 的预付款；② 预付款在最后两个月扣除，每月扣 50%。试计算本项目的工程预付款金额及扣回金额。

【解】　（1）预付款金额＝(3000×190＋2800×170)×15%＝15.69（万元）
（2）根据合同规定预付款在最后两个月扣除，每月扣 50%，则：

$$每月应扣预付款＝15.69×50\%＝7.845（万元）$$

注意：当工程款支付未达到起扣点时，每月按照应签证的工程款支付。
当工程款支付达到起扣点后，从应签证的工程款中按材料比重扣回预付备料款。当发包人一次付给承包人的余额少于规定扣回的金额时，其差额应转入下一次支付中，作为债务结转。

三、工程进度款结算

施工企业在施工过程中，根据合同所约定的结算方式，按月或形象进度或控制界面完成的工程量计算各项费用，向业主办理工程进度款结算，即中间结算。

1. 工程进度款支付过程

以按月结算为例，业主在月中向施工企业预支半月工程款，施工企业在月末根据实际完成工程量向业主提供已完工程月报表和工程价款结算账单，经业主和工程师确认，收取当月工程价款，并通过银行结算。即承包商提交已完工程量报告→工程师确认→业主审批认可→支付工程进度款。

2. 工程进度款支付要点

在工程进度款支付过程中，应掌握以下要点。

（1）工程量的确认。

① 承包商应按专用条款约定的时间向工程师提交已完工程量报告。工程师接到报告后 14 天内按设计图纸核实已完工程量（计量），计量前 24 小时通知承包方，承包方为计量提供便利条件并派人参加。承包商收到通知不参加计量的，计量结果有效，并作为

工程价款支付的依据。

② 工程师收到承包商报告后 14 天内未计量，从第 15 天起，承包商报告中开列的工程量即视为被确认，作为工程价款支付的依据。工程师不按约定时间通知承包商，致使承包商未能参加计量，计量结果无效。

③ 承包商超出设计图纸范围和因承包人原因造成返工的工程量，工程师不予计量。例如，在地基工程施工中，当地基底面处理到施工图所规定的处理范围边缘时，承包商为了保证夯击质量，将夯击范围比施工图纸规定范围适当扩大，此扩大部分不予计量。因为这部分的施工是承包商为保证质量而采取的技术措施，费用由施工单位自己承担。

（2）合同收入组成。

按中华人民共和国财政部制定的《企业会计准则第 15 号——建造合同》的规定，建设工程合同收入由合同中规定的初始收入和由于各种原因造成的追加收入两部分组成。

（3）工程进度款支付。

① 在计量结果确认后 14 天内，发包人应向承包商支付工程款（进度款），并按约定可将应扣回的预付款与工程款同期结算。

② 符合规定范围合同价款的调整、工程变更调整的合同价款及其他条款中约定的追加合同价款应与工程款同期支付。

③ 若发包人超过约定时间不支付工程款，承包商可向发包人发出要求付款通知，发包人收到通知仍不能按要求付款的，可与承包商签订延期付款协议，经承包商同意后延期支付。协议应明确延期支付的时间和从计量结果确认后第 15 天起计算应支付的贷款利息。

④ 发包方不按合同约定支付工程款，双方又未达成延期付款协议，导致施工无法进行的，承包商可停止施工，由发包方承担违约责任。

四、工程竣工结算

工程竣工结算是指施工企业按照合同规定的内容全部完成所承包的工程，经验收质量合格，并符合合同要求之后，向发包单位进行的最终工程价款结算。

1. 工程竣工结算过程

（1）工程竣工验收报告经发包方认可后 28 天内，承包方向发包方递交竣工结算报告及完整的结算资料，双方按照协议书约定合同价款及专用条款约定的合同价款调整内容，进行工程竣工结算。

（2）发包方收到承包方递交的竣工结算资料后 28 天内进行核实，给予确认或者提出修改意见，承包方收到竣工结算价款后 14 天内将竣工工程交付发包方。

（3）发包方收到竣工结算报告及结算资料后 28 天内无正当理由不支付工程竣工结算价款的，从第 29 天起按承包方同期向银行贷款利率支付拖欠工程价款的利息并承担违约责任。

（4）发包方收到竣工结算报告及结算资料后 28 天内不支付工程竣工结算价款，承包方可以催告发包方支付结算价款。发包方在收到竣工结算报告及结算资料 56 天内仍不支付的,承包方可以与发包方协议将该工程折价,也可以由承包方申请法院将该工程拍卖,承包方就该工程折价或拍卖的价款优先受偿。

(5)工程竣工验收报告经发包方认可28天后,承包方未向发包方递交竣工结算报告及完整的结算资料,造成工程竣工结算不能正常进行或工程竣工结算价款不能及时支付,发包方要求交付工程的,承包方应当交付,发包方不要求交付工程的,承包方承担保管责任。

2.工程竣工结算价款的计算

工程竣工结算价款的计算公式为:

工程竣工结算价款＝合同价款＋施工过程中预算或合同价款调整数额－预付及已结算工程价款－保修金

五、工程价款的动态结算

由于工程建设项目周期长,其在整个建设期内必然会受到物价浮动等多种因素的影响,其中主要是人工、材料、施工机械等的动态影响。因此,在工程价款结算时应充分考虑动态因素,把多种因素纳入结算过程中,使工程价款结算能反映工程项目的实际消耗费用。

下面介绍几种常用的动态调整方法。

1.实际价格结算法

实际价格结算法也称票据法,即施工企业凭发票按实报销的方法。承包商采用这种方法对降低成本效果不大。所以,一般由地方主管部门定期公布最高结算限价,同时在合同文件中规定建设单位或监理单位有权要求承包商选择更廉价的供应来源。

2.工程造价指数调整法

工程造价指数调整法是指采取当时的预算或概算单价计算出承包合同价,待竣工时,根据合理的工期及当地工程造价管理部门所公布的该月度(或季度)的工程造价指数,对原承包合同价予以调整的方法。

【例5-7】　某建筑公司承建一职工宿舍,工程合同价款为800万元,1999年10月签订合同并开工。2000年6月竣工,1999年10月的造价指数为100.04,2000年6月的造价指数为100.16,试确定合同价的调整差额。

【解】　调整后的合同价为:

$$\frac{100.16}{100.04} \times 800 = 800.96(万元)$$

则调整差额为:

$$800.96 - 800 = 0.96(万元)$$

3.调价文件计算法

调价文件计算法是指按当时预算价格承包,在合同期内,按造价管理部门文件的规定,或由定期发布主要材料供应价格和管理价格进行补差的方法。其计算公式为：

$$调差值 = \sum 各项材料用量 \times (结算期预算指导价 - 原预算价格)$$

4.调值公式法

根据国际惯例,对建设项目工程价款结算常常采用这种方法。大部分国际工程项目在签订合同时就明确列出了调值公式,并以此作为价差调整的依据。

建筑安装工程调值公式包括人工、材料、固定部分。

$$P = P_0 \left(a_0 + a_1 \frac{A}{A_0} + a_2 \frac{B}{B_0} + a_3 \frac{C}{C_0} + a_4 \frac{D}{D_0} \right)$$

式中　P——调值后合同价或工程实际结算价款；

　　　P_0——合同价款中工程预算进度款；

　　　a_0——合同固定部分、不能调整的部分占合同总价的比重；

　　　a_1, a_2, a_3, a_4——调价部分(人工费用、钢材、水泥、运输等各项费用)在合同总价中所占的比例；

　　　A_0, B_0, C_0, D_0——基准日对应各项费用的基准价格指数或价格；

　　　A, B, C, D——调整日期对应各项费用的现行价格指数或价格。

【例 5-8】　某工程采用 FIDIC 合同条件,合同金额为 500 万元,根据承包合同采用调值公式调值,调价因素为 A、B、C 3 项,其在合同中的比例分别为 20%、10%、25%,这 3 种因素基准期的价格指数分别为 105%、102%、110%,结算期的价格指数分别为 107%、106%、115%,试确定调值后的合同价款。

【解】　调值后的合同价款为：

$$500 \times \left(45\% + 20\% \times \frac{107}{105} + 10\% \times \frac{106}{102} + 25\% \times \frac{115}{110} \right) = 509.55 (万元)$$

经调整实际结算价格为 509.54 万元,比原合同多 9.55 万元。

应用调值公式时,应注意的问题如下。

(1)固定部分比例应尽可能小,通常取值为 0.15～0.35。

(2)调值公式中的各项费用一般选择用量大、价格高且具有代表性的一些典型人工、材料,通常是大宗水泥、砂石、钢材、木材、沥青等,并用它们的价格指数变化综合代表材料费的价格变化。

(3)各部分成本的比重系数在许多招标文件中要求承包方在投标中提出,并在价格分析中予以论证,也有的是由发包方在招标文件中规定一个允许范围,由投标人在此范围内选定。

(4)调整有关各项费用要与合同条款规定相一致。例如,签订合同时,双方一般商定调整的有关费用和因素及物价波动到何种程度才进行调整。在国际工程中,一般波动在 ±5% 以上才进行调整。有的合同规定,在应调整金额不超过合同原始价 5% 时,由承包方自己承担；在 5%～20% 时,承包方负担 10%,发包方负担 90%；超过 20% 时,必须另行签订附加条款。

(5)调整有关各项费用时,应注意地点与时点。地点一般指工程所在地或指定的某地市场价格,时点指的是某月某日的市场价格。

(6)变动要素系数之和加上固定要素系数应该等于1。

任务五 资金使用计划的编制与应用

一、资金使用计划的编制方法

在确定了投资控制目标以后,为了有效地进行投资控制,必须编制资金使用计划,即按工程计划进度,将投资目标进行分解,明确每个阶段具体的投资额。

1.施工阶段资金使用计划编制的作用

施工阶段既是建设工程规模大、周期长、造价高的阶段,又是资金投入量最大、最直接、效果最明显的阶段。施工阶段资金使用计划的编制与控制在整个建设工程管理中处于重要的地位,其对工程造价有着重要的影响,主要作用是:

(1)通过编制资金使用计划,预测未来工程项目的资金使用和进度控制,消除不必要的资金浪费。

(2)通过编制资金使用计划,合理地确定工程造价施工阶段目标值,使工程造价控制有所依据,并为资金的筹集与协调打下基础。有了明确的目标值后,就能对工程实际支出与目标值进行比较,找出偏差,分析原因,采取措施纠正偏差。

(3)在建设项目的进行中,通过执行资金使用计划,有效地控制工程造价上升,最大限度地节约投资。

2.资金使用计划的编制方法

建设工程项目资金使用计划的编制通常有两种方法,一种是按不同子项目编制资金使用计划,另一种是按时间进度编制资金使用计划,具体说明见表5-11。

表 5-11 资金使用计划的编制方法

按不同子项目编制资金使用计划	将一个建设项目划分为多个单项工程,每个单项工程划分为多个单位工程,进而将单位工程划分为若干分部分项工程,从而把投资目标分解到各单项工程、单位工程,明确其资金使用情况; 对工程项目划分的粗细程度,根据具体实际需要而定; 投资计划分解到单项工程、单位工程的同时,还应分解到建筑工程费、安装工程费、设备购置费、工程建设其他费等,这样有助于检查各项具体投资支出对象的落实情况
按时间进度编制资金使用计划	将建设项目总投资目标按使用时间分解来确定不同时间段的分目标值,明确不同阶段的资金使用情况; 按时间进度编制的资金使用计划通常采用横道图、时标网络图、S形曲线、香蕉图等形式

(1)横道图是使用不同的横道标识已完工程的计划投资、实际投资及拟完工程的计划投资的图形,横道的长度与其数据成正比。横道图的优点是形象直观,但信息量少,一

般用于较高层次的管理。

（2）时标网络图是指在确定施工计划网络图的基础上，将施工进度与工期相结合而形成的网络图。

（3）S形曲线，即时间-投资累计曲线。

S形曲线绘制步骤为：

① 确定工程项目进度计划；

② 根据每单位时间内完成的实物工程量或投入的人力、物力和财力，计算单位时间（月或旬）的投资，在时标网络图上按时间编制投资支出计划，见表5-12。

表5-12　　　　　　　　　　　　　单位时间的投资

时间/月	1	2	3	4	5	6	7	8	9	10	11	12
投资/万元	100	200	300	500	600	800	800	700	600	400	300	200

③ 将各单位时间计划完成的投资额累计，得到计划累计完成的投资额，见表5-13。

表5-13　　　　　　　　　　　　　计划累计完成的投资

时间/月	1	2	3	4	5	6	7	8	9	10	11	12
投资/万元	100	200	300	500	600	800	800	700	600	400	300	200
计划累计投资/万元	100	300	600	1100	1700	2500	3300	4000	4600	5000	5300	5500

④ 绘制S形曲线，如图5-8所示。

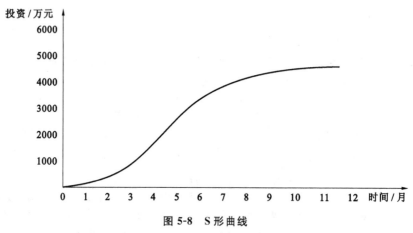

图5-8　S形曲线

注意：每一条S形曲线对应于某一特定的工程进度计划。

（4）香蕉图的绘制方法同S形曲线，不同之处在于需分别绘制按最早开工时间和最迟开工时间的曲线，两条曲线形成类似香蕉的曲线图，如图5-9所示。

S形曲线必然包括在香蕉图曲线内。

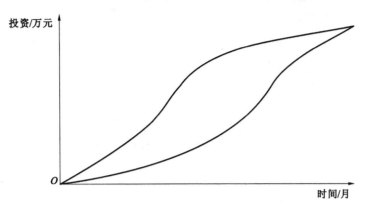

图 5-9 香蕉图

【例 5-9】 已知某施工项目的数据资料如表 5-14 所示,试绘制该项目的时间-成本累计曲线。

表 5-14 施工项目的数据资料

编码	项目名称	最早开始时间	工期	成本强度/(万元/月)
11	场地平整	1	1	20
12	基础施工	2	3	15
13	主体工程施工	4	5	30
14	砌筑工程施工	8	3	20
15	屋面工程施工	10	2	30
16	楼地面施工	11	2	20
17	室内设施安装	11	1	30
18	室内装饰	12	1	20
19	室外装饰	12	1	10
20	其他工程		1	10

【解】 (1)确定施工项目进度计划,编制进度计划的横道图,如图 5-10 所示。

(2)在横道图的基础上,按时间编制成本计划图,如图 5-11 所示。

编码	项目名称	工期	成本强度	工程进度/月											
				1	2	3	4	5	6	7	8	9	10	11	12
11	场地平整	1	20	—											
12	基础施工	3	15		——————										
13	主体工程施工	5	30				—————————								
14	砌筑工程施工	3	20								—————				
15	屋面工程施工	2	30										——		
16	楼地面施工	2	20											——	
17	室内设施安装	1	30											—	
18	室内装饰	1	20												—
19	室外装饰	1	10												—
20	其他工程	1	10												

图 5-10　进度计划横道图

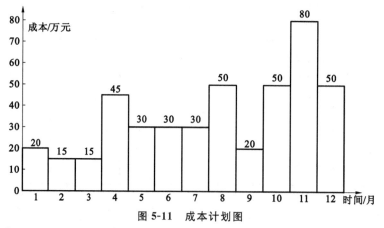

图 5-11　成本计划图

（3）计算规定时间 t 计划累计支出的成本额。

根据图 5-9，可得到如下结果：

$$Q_1 = 20, Q_2 = 35, Q_3 = 50, \cdots, Q_{10} = 305, Q_{11} = 385, Q_{12} = 435$$

（4）绘制 S 形曲线,如图 5-12 所示。

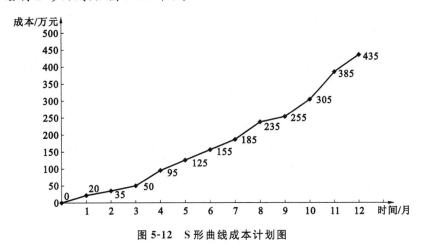

图 5-12　S 形曲线成本计划图

二、投资偏差的分析

1.偏差

在工程项目实施的过程中,由于各种因素的影响,实际情况往往会与计划有偏差,主要有投资偏差和进度偏差两种。投资的实际值与计划值的差异称为投资偏差,实际工程进度与计划工程进度的差异称为进度偏差。

2.投资偏差与进度偏差

为准确表达和计算投资偏差与进度偏差,将项目的投资按工程进度的完成情况分为三类:拟完工程计划投资、已完工程计划投资、已完工程实际投资,见表 5-15。

表 5-15　　　　　　　　　　　　　　　　项目投资分类

投资	含义	计算方法
拟完工程计划投资	根据进度计划安排在某一确定时间内应完成的工程内容的计划投资	拟完工程量×计划单价
已完工程计划投资	根据实际进度完成状况在某一确定时间内已经完成的工程所对应的计划投资	实际工程量×计划单价
已完工程实际投资	根据实际进度完成状况在某一确定时间内已经完成的工程内容的实际投资	实际工程量×实际单价

在此基础上,可以计算投资偏差与进度偏差,其具体含义与计算公式见表 5-16。

表 5-16　　　　　　　　　　　　投资偏差与进度偏差的计算

偏差	含义与计算公式	说明
投资偏差	投资偏差＝已完成工程计划投资－已完成工程实际投资 ＝实际工程量×（计划单价－实际单价）	结果为正表示投资节约; 结果为负表示投资增加
进度偏差	进度偏差＝已完工程计划时间－已完工程实际时间	结果为正表示工期提前; 结果为负表示工期拖延
进度偏差	进度偏差＝已完工程计划投资－拟完工程计划投资 ＝（实际工程量－拟完工程量）×计划单价	

3.偏差分析

常用的偏差分析方法有横道图法、时标网络图法、表格法、曲线法,见表5-17。

表5-17   常用的偏差分析方法

方法	横道图法	时标网络图法	表格法	曲线法
基本原理	用不同的横道标识拟完工程计划投资、已完工程实际投资和已完工程计划投资,再确定投资偏差与进度偏差	根据时标网络图可以得到拟完工程计划投资,考虑实际进度前锋线就可以得到已完工程计划投资,根据实际工作完成情况可以得到已完工程实际投资,从而进行投资偏差和进度偏差的计算(图5-13)	表格法是进行偏差分析最常用的方法,根据项目的具体情况、数据来源、投资控制工作的要求等条件来设计表格,进行偏差计算(表5-18)	用投资时间曲线(S曲线)进行偏差分析,通过三条曲线的横向和竖向距离确定投资偏差和进度偏差(图5-14)
关键问题	需要根据拟完工程计划投资和已完工程实际投资确定已完工程计划投资	实际进度前锋线的确定	准确测定各项目的已完工程量、计划工程量、计划单价、实际单价	(1)已完工程实际投资与已完工程计划投资两条曲线之间的竖向距离表示投资偏差,拟完工程计划投资与已完工程计划投资曲线之间的水平距离表示进度偏差;(2)曲线的绘制须准确

投资单位:万元/月,时间单位:月

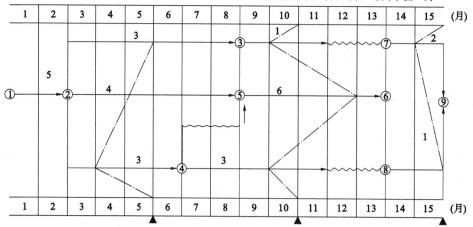

图5-13 某工程时标网络图

表 5-18   表格法偏差分析

(1)	项目编码	011	012	013
(2)	项目名称	土方工程	打桩工程	基础工程
(3)	计划单价			
(4)	拟完工程量			
(5)＝(3)×(4)	拟完工程计划投资	50	66	80
(6)	已完工程量			
(7)＝(6)×(4)	已完工程计划投资	60	100	60
(8)	实际单价			
(9)＝(6)×(8)	已完工程实际投资	70	80	80
(10)＝(9)－(7)	投资偏差	10	－20	20
(11)＝(5)－(7)	进度偏差	－10	－34	20

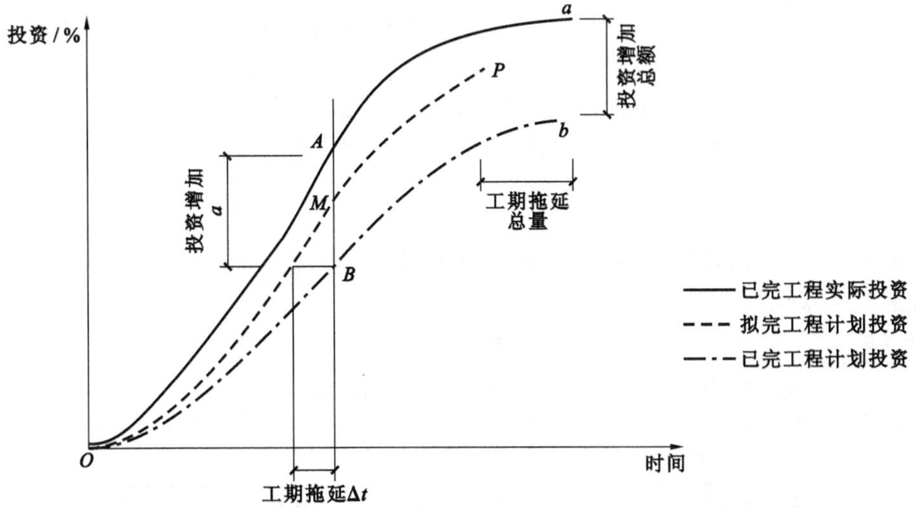

图 5-14 曲线法偏差分析——三种投资曲线

三、投资偏差产生的原因及纠正措施

1. 引起投资偏差的原因

任何建设项目在实施的各个阶段都会受到各种因素的影响,从而使投资出现偏差,归纳起来有 4 种原因,见表 5-19。

表 5-19 投资偏差产生的原因分析

客观原因	人工费涨价,材料涨价,设备涨价,利率、汇率的变化;自然条件变化、地基因素、交通原因;社会原因、国家政策法规变化等
业主原因	增加内容,投资规划不当;组织不落实;建设手续不健全;因业主原因变更工程、未及时付款等
设计原因	设计错误或有缺陷、设计标准变更、图纸提供不及时、结构变更等
施工原因	施工方案不当,施工组织设计不合理,材料代用;质量事故,进度安排不当,工期拖延等

注意:由于客观原因是无法避免的,施工原因造成的损失由施工单位负责,故纠偏的主要对象是由于业主原因和设计原因造成的投资偏差。

2.偏差类型

在数量分析的基础上,可以将偏差的类型分为 4 种形式,见表 5-20。

表 5-20   偏差的类型

序号	形式	是否采取措施
类型 1	投资增加且工期拖延	必须采取措施纠正偏差
类型 2	投资增加但工期提前	适当考虑工期提前带来的效益;如果增加的资金值超过增加的效益,要采取纠偏措施,若这种收益与增加的投资大致相当甚至高于投资增加额,则不一定需要采取纠偏措施
类型 3	工期拖延但投资节约	根据实际需要确定是否采取纠偏措施
类型 4	工期提前且投资节约	不需要采取任何纠偏措施

3.纠偏措施

当项目目标失控,出现偏差时,必须采取措施进行纠正与控制,通常纠偏措施分以下 4 种,见表 5-21。

表 5-21   纠偏措施

组织措施	从投资控制的组织管理方面采取措施。例如,落实投资控制的组织机构和人员,明确各级投资控制人员的任务、职能分工、权利和责任,改善投资控制工作流程等。其为其他措施的前提和保障
经济措施	最易被人们接受,但运用中要特别注意不可把经济措施简单地理解为审核工程量及相应地支付价款,应从全局出发来考虑,如检查投资目标分解的合理性、资金使用计划的保障性、施工进度计划的协调性。另外,通过偏差分析和未完工程预测可以发现潜在的问题,及时采取预防措施,从而取得造价控制的主动权
技术措施	不同的技术措施往往会有不同的经济效果,要对不同的技术方案进行技术经济分析和综合评价后加以选择
合同措施	主要指索赔管理。在施工过程中,索赔事件的发生是难免的,发生索赔事件后要认真审查索赔依据是否符合合同规定,计算是否合理等

注意:组织措施是目标能否实现的决定性因素。应充分重视组织措施对项目目标控制的作用。

→ 思考与练习

一、单选题

1. 根据《建设工程价款结算暂行办法》的规定,发包人接到承包人提交的已完工程量的报告后,应在( )天内核实已完工程量。

   A. 3　　　　　　　B. 7　　　　　　　C. 14　　　　　　　D. 21

2. 关于工程计量程序的说法,错误的是( )。

   A. 发包人不按约定时间核实工程量,承包人报告的工程量即视为被确认

   B. 发包人对承包人完成的全部工程量必须进行全面的计量

   C. 承包人收到发包人的计量通知后不参加核实,发包人核实的工程量作为支付款的依据

   D. 发包人收到承包人已完工程量报告后,核实前一天通知承包人

3. 以下不属于工程变更范围的选项是( )。

   A. 更改工程有关部位的标高　　　　　B. 调整地方工程管理的相关法规

   C. 改变有关施工时间和顺序　　　　　D. 增减合同中规定的工程量

4. 在施工中承包人对原设计进行擅自变更,正确的处理措施是( )。

   A. 变更发生的费用由业主承担,工期顺延

   B. 变更发生的费用由承包商承担,工期顺延

   C. 变更发生的费用由业主承担,工期不顺延

   D. 变更发生的费用由承包商承担,工期不顺延

5. 发包人提出的设计变更导致合同价款的增加和工期,应按如下( )规定处理。

   A. 发包人承担,工期不予顺延　　　　B. 发包人承担,工期顺延

   C. 承包人承担,工期不予顺延　　　　D. 承包人承担,工期顺延

6. 承包方提出的合理化建议涉及设计图纸更改的,必须经( )同意。

   A. 业主财务总监　　　　　　　　　　B. 施工单位财务总监

   C. 工程师　　　　　　　　　　　　　D. 项目经理

7. 某分项工程工程量清单列出的工程量为 1000 m^3,单价为 160 元/m^3,规定工程量增加幅度超过 10%(含 10%)以上,调整单价,调整系数为 0.9。项目实施过程中,因设计变更该分项工程实际完成量达到 1090 m^3,则结算价款应是( )万元。

   A. 16　　　　B. 17.44　　　　　C. 15.7　　　　D. 17.6

8. 某分项工程工程量清单列出的工程量为 1000 m^3,单价为 160 元/m^3,规定工程量增加幅度超过 10%(含 10%)以上,调整单价,调整系数为 0.9。项目实施过程中,因设计变更该分项工程实际完成量达到 1190 m^3,则结算价款应是( )万元。

   A. 16　　　　B. 17.6　　　　　C. 19.04　　　　D. 18.9

9. 乙方提出合理化建议,经工程师同意采用所发生的费用和获得的收益,按( )原则处理。

   A. 合同规定由甲方承担　　　　　　　B. 合同规定由乙方承担

   C. 甲乙双方另行约定分担或分享　　　D. 经仲裁部门裁定

10. 关于工程师确认增加的工程变更价款支付时间,说法正确的是( )。

A. 变更前支付   B. 与工程款同期支付

C. 项目竣工后支付   D. 保修期结束后支付

11. FIDIC 合同条件下,工程变更的程序是( )。

A. 提出变更要求→编制工程变更文件→工程师审查变更→发出变更指示

B. 提出变更要求→工程师审查变更→编制工程变更文件→发出变更指示

C. 提出变更要求→发出变更指示→编制工程变更文件→工程师审查变更

D. 提出变更要求→工程师审查变更→发出变更指示→编制工程变更文件

12. FIDIC 合同条件下,无论哪一方的工程变更,都必须由( )审查批准。

A. 业主财务总监   B. 施工单位总经理

C. 项目经理   D. 工程师

13. 纯属业主方面引起的工期拖延,按( )方式处理。

A. 延长工期,给费用补偿   B. 延长工期,不给费用补偿

C. 不延长工期,给费用补偿   D. 不延长工期,不给费用补偿

14. 业主不正当地终止工程引起的索赔数额是( )。

A. 未施工工程上需要的各项费用

B. 已完工程上的全部支出,不扣除任何部分

C. 已完工程上的全部支出减去已结算的工程价款,不增加任何其他项

D. 已完工程上的全部支出减去已结算的工程价款,增加盈利损失

15. 某承包商获取业主结算款 500 万元后合同价款余额还有 500 万元时不合理放弃工程,业主与新承包商以 600 万元的合同价款签约未施工工程的承包合同,则业主应向原承包商提出( )万元索赔。

A. 500   B. 600   C. 100   D. 1000

16. ( )是工程索赔计算中最常用的方法。

A. 实际费用法   B. 总费用法

C. 修正的总费用法   D. 定额法

17. 《建设工程施工合同(示范文本)》(GF-2013-0201)规定,工程预付款预付时间为( )。

A. 不迟于约定的开工日期前 3 天

B. 不迟于约定的开工日期前 5 天

C. 不迟于约定的开工日期前 7 天

D. 不迟于约定的开工日期前 14 天

18. 在发包人不按约定时间支付预付款,承包人( )可停止施工。

A. 在约定预付时间 7 天后   B. 发出催付预付款通知后 7 天

C. 开工 7 天后   D. 开工 14 天后

19. 某项工程合同价款为 1000 万元,约定预付备料款为 25%,主要材料占工程价款的 60%。预付备料款从未施工工程上需要的主要材料机构配件价值相当于预付备料款时开始扣回。则该工程预付备料款的起扣点为( )万元。

A. 1400　　　　　　B. 400　　　　　　C. 457.8　　　　　　D. 583.3

20. 工程进度款支付程序中,( )是在建设单位认可并审批工作的近前完成。

A. 提交已完工程量报告　　　　　　B. 工程量测量与统计

C. 支付工程进度款　　　　　　　　D. 工程师核实并确认

21. 发包人收到竣工结算报告及竣工结算资料后( )天内进行核实,给予确认或提出修改意见。

A. 7　　　　　　B. 14　　　　　　C. 28　　　　　　D. 56

22. 某项目合同价款为 1000 万元,根据工程造价指标,人工费占工程造价的 20%,材料费占 60%。工程款结算时,比签订合同时期人工工资指数上涨 15%,材料价格指数下降 10%,则动态结算价格应为( )万元。

A. 1000　　　　　　B. 970　　　　　　C. 960　　　　　　D. 770

23. 某项目合同价款为 1000 万元,人工费和材料费占工程造价的 80%,其中,人工费占 20%,材料费占 80%。工程款结算时,比签订合同时期人工工资指数上涨 15%,材料价格指数下降 10%,则动态结算价格应为( )万元。

A. 1000　　　　　　B. 970　　　　　　C. 960　　　　　　D. 770

24. 按时间进度编制资金使用计划的首要工作是( )。

A. 计算单位时间的投资　　　　　　B. 编制进度计划的横道图

C. 不同时间点的累计投资　　　　　D. 绘制 S 形曲线

25. 某项目在某时点进行检查计算的结果为:已完工程实际投资为 1300 万元,拟完工程计划投资为 1250 万元,已完工程计划投资 1100 万元。则在检查点上该工程的投资偏差为( )万元。

A. −150　　　　　　B. 150　　　　　　C. −200　　　　　　D. 200

26. 某项目在某时点进行检查计算的结果为:已完工程实际投资为 1300 万元,拟完工程计划投资为 1250 万元,已完工程计划投资 1100 万元。则在检查点上该工程的进度偏差为( )万元。

A. −150　　　　　　B. 150　　　　　　C. −200　　　　　　D. 200

27. 项目投资累计偏差的分析以( )为基础。

A. 相对偏差　　　　B. 绝对偏差　　　　C. 局部偏差　　　　D. 实际偏差

28. ( )方法是投资偏差分析最常用的方法。

A. 横道图法　　　　B. 表格法　　　　C. 时标网络图法　　　　D. 曲线法

29. ( )方法信息量较少,一般为项目的较高管理层使用的方法。

A. 横道图法　　　　B. 表格法　　　　C. 时标网络图法　　　　D. 曲线法

30. 在项目实施过程中,( )原因造成的偏差不好控制。

A. 业主原因　　　　B. 施工原因　　　　C. 设计原因　　　　D. 客观原因

二、多选题

1. 以下各选项中,施工阶段的特点是( )。

A. 施工阶段是以制订计划为主的阶段

B. 施工阶段是以执行计划为主的阶段

C.施工阶段是确定建设工程价值的阶段

D.施工阶段是实现建设工程价值的阶段

E.施工阶段是资金投入量最大的阶段

2.施工阶段工程造价控制的主要任务有( )。

A.工程付款控制 　　　　　　B.工程变更费用控制

C.预防并处理费用索赔 　　　　D.挖掘节约投资的潜力

E.严格审核设计方案

3.工程计量的依据有( )。

A.质量合格证书　　B.技术规范

C.设计图纸　　　　D.企业定额

E.工程量清单前言

4.《建设工程施工合同(示范文本)》(GF-2013-0201)规定,变更合同价款的方法主要有( )。

A.合同中已有适用变更工程的价格,按合同已有的价格变更合同价款

B.合同中只有类似变更工程的价格,按类似价格变更合同价格

C.合同中只有类似变更工程的价格,参照类似价格变更合同价格

D.合同中没有适用或类似工程变更价格,由发包人提出适当的变更价格,经工程师确认后执行

E.合同中没有适用或类似工程变更价格,由承包人提出适当的变更价格,经工程师确认后执行

5.FIDIC合同条件下,工程变更的具体内容包括( )。

A.任何工作的质量改变 　　　　B.任何工程部位的标高改变

C.任何工作的删减 　　　　　　D.实施工程的时间安排的改变

E.任何工作的操作人员的改变

6.工程变更文件包括( )。

A.工程变更要求 　　　　　　　B.工程变更令

C.工程量清单 　　　　　　　　D.设计图纸

E.政策法规文件

7.索赔事件发生后,索赔要求成立的条件有( )。

A.非自身原因 　　　　　　　　B.不是故意行为

C.对方承担责任范围 　　　　　D.因自身原因

E.必须是对方故意行为

8.以下属于业主风险的内容有( )。

A.战争　　　　　B.暴动　　　　　C.电离辐射　　　　D.法人变化

E.承包商雇员造成的混乱

9.业主向承包商提出索赔的内容包括( )。

A.工期延误索赔 　　　　　　　B.质量不满足合同要求提出索赔

C.对超额利润的索赔 　　　　　D.法律、法规变化引起的费用索赔

E.对不可抗力导致的工期索赔

10.业主提出的工期延误索赔,主要计算(　　)等费用。

A.业主盈利损失
B.工期延误而引起的贷款利息的增加

C.工期延误带来的施工管理费
D.工期延误带来的附加监理费

E.其他建筑物的租赁费用

11.索赔费用计算的常用方法包括(　　)。

A.实际费用法
B.总费用法

C.修正的总费用法
D.定额法

E.合同管理法

12.我国常用的工程价款结算方式有(　　)。

A.按月结算
B.竣工后一次性结算

C.分段结算
D.调整结算

E.动态结算

13.工程进度款的计算方法主要有(　　)。

A.工料单价法
B.合理计价法

C.综合单价法
D.材料价差补充法

E.合同价款调整法

14.资金使用计划的编制方法主要包括(　　)。

A.按不同子项目编制
B.按质量要求编制

C.按时间进度编制
D.按投资构成编制

E.按项目之间的关系编制

15.投资偏差分析方法主要有(　　)。

A.横道图法
B.时标网络图法

C.表格法
D.曲线法

E.清单法

16.采用横道图法进行投资偏差分析的优点为(　　)。

A.简单直观
B.逻辑关系明确

C.投资构成明确
D.便于了解项目投资的概貌

E.投资分解合理

17.以下各选项中,(　　)属于投资偏差产生的施工原因。

A.材料代用
B.材料涨价

C.工期拖延
D.法规变化

E.设计保守

18.投资偏差产生的主要原因有(　　)。

A.客观原因
B.业主原因

C.施工原因
D.社会原因

E.设计原因

19.投资偏差分析的表格法的优点有(　　)。

A. 信息量大　　　　　　　　　　　B. 信息量少

C. 便于计算机辅助管理　　　　　　D. 可以反映各种偏差变量和指标

E. 简单直观

20. 按时间进度编制资金使用计划,可以使用(　　)形式。

A. 横道图　　　　　　　　　　　　B. 时标网络图

C. S 型曲线图　　　　　　　　　　D. 进度表

E. 香蕉曲线图

三、案例分析题

1. 某施工单位承包某工程项目,甲乙双方签订的关于工程价款的合同内容有:

(1) 建筑安装工程造价为 660 万元,建筑材料及设备费占施工产值的比重为 60%;

(2) 工程预付款为建筑安装工程造价的 20%。工程实施后,工程预付款从未施工工程尚需的主要材料及构件的价值相当于工程预付款数额时起扣,从每次结算工程价款中按材料和设备占施工产值的比重扣抵工程预付款,竣工前全部扣清;

(3) 工程进度款逐月计算;

(4) 工程保修金为建筑安装工程造价的 3%,竣工结算月一次扣留;

(5) 材料和设备价差调整按规定进行(按有关规定上半年材料和设备价差上调 10%,在 6 月一次调增)。

工程每月实际完成产值见表 5-22。

表 5-22　　　　　　　　　　　　每月实际完成产值　　　　　　　　　　　(单位:万元)

月份	2 月	3 月	4 月	5 月	6 月
完成产值	55	110	165	220	110

问题:

(1) 该工程的工程预付款、起扣点为多少?

(2) 该工程 2—5 月每月拨付工程款为多少? 累计工程款为多少?

(3) 6 月办理工程竣工结算,该工程结算造价为多少? 甲方应付工程结算款为多少?

(4) 该工程在保修期间发生屋面漏水,甲方多次催促乙方修理,乙方一再拖延,最后甲方另请施工单位修理,修理费为 1.5 万元,试问该项费用应如何处理?

2. 某项工程项目业主与承包商签订了工程施工承包合同。合同中估算工程量为 5300 m³,全费用单价为 180 元/m³。合同工期为 6 个月,有关付款条款如下:

(1) 开工前业主应向承包商支付估算合同总价 20% 的工程预付款;

(2) 业主自第一个月起,从承包商的工程款中按 5% 的比例扣留保修金;

(3) 当累计实际完成工程量超过(或低于)估算工程量的 10% 时,可进行调价,调价系数为 0.9(或 1.1);

(4) 每月支付工程款最低金额为 15 万元;

(5) 工程预付款从乙方获得累计工程款超过估算合同价的 30% 后的下一个月起,至第 5 个月均匀扣除。

承包商每月实际完成并经签证确认的工程量见表 5-23。

表 5-23　　　　　　　　　　　每月实际完成工程量

月份	1 月	2 月	3 月	4 月	5 月	6 月
完成工程量/m³	800	1000	1200	1200	1200	500
累计完成工程量/m³	800	1800	3000	4200	5400	5900

问题:

(1) 估算合同总价为多少?

(2) 工程预付款为多少? 工程预付款从哪个月起开始扣留? 每月应扣工程预付款为多少?

(3) 每月工程量价款为多少? 业主应支付给承包商的工程款为多少?

3. 某工程的施工合同工期为 16 周,项目监理机构批准的施工进度计划如图 5-15 所示(时间单位为周)。各工作均按匀速施工。施工单位的报价单(部分)见表 5-24。

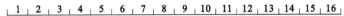

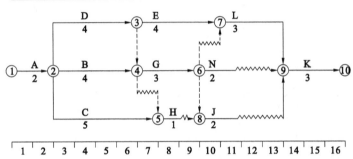

图 5-15　项目监理机构批准的施工进度计划

表 5-24　　　　　　　　　　　施工单位的报价单

序号	工作名称	估算工程量	全费用综合单价/(元/m³)	合价/万元
1	A	800 m³	300	24
2	B	1200 m³	320	38.4
3	C	20 次	—	—
4	D	1600 m³	280	44.8

工程施工到第 4 周时进行进度检查,发生如下事件:

(1) A 工作已经完成,但由于设计图纸局部修改,实际完成的工程量为 840 m³,工作持续时间未变。

(2) B 工作施工时,遇到异常恶劣的气候,造成施工单位的施工机械损坏和施工人员窝工,损失 1 万元,实际只完成估算工程量的 25%。

(3) C 工作为检验检测配合工作,只完成估算工程量的 20%,施工单位实际发生检验检测配合工作费用为 5000 元。

（4）施工中发现地下文物，导致 D 工作尚未开始，造成施工单位自有设备闲置 4 个台班，台班单价为 300 元/台班，折旧费为 100 元/台班。施工单位进行文物现场保护的费用为 1200 元。

问题：

（1）若施工单位在第 4 周末就 B、C、D 出现的进度偏差提出工程延期的要求，项目监理机构应批准工程延期多长时间？为什么？

（2）施工单位是否可以就事件(2)、(4)提出费用索赔？为什么？可以获得的索赔费用是多少？

（3）事件(3)中 C 工作发生的费用如何结算？

（4）前 4 周施工单位可以得到的结算款为多少元？

[思考与练习参考答案]

一、单选题

1～5　CBBDB；6～10　CCDCB；11～15　BDADC；16～20　ABCDD；

21～25　CBCBD；26～30　BCBAD

二、多选题

1～5　BDE　　ABCD　　ABCE　　ACE　　ABCD；

6～10　BCDE　　AC　　ABCE　　ABC　　ABDE；

11～15　ABC　　ABC　　AC　　ACD　　ACD；

16～20　AD　　AC　　ABCE　　ACD　　ABCE

三、案例分析题

1.【解】　（1）工程预付款为：

$$660 \times 20\% = 132（万元）$$

起扣点为：

$$660 - \frac{132}{60\%} = 440（万元）$$

（2）每月拨付工程款如下。

2 月：工程款为 55 万元，累计工程款为 55 万元；

3 月：工程款为 110 万元，累计工程款为 165 万元；

4 月：工程款为 165 万元，累计工程款为 330 万元；

5 月：工程款为 220 － (220 ＋ 330 － 440) × 60% ＝ 154（万元），累计工程款为 484 万元。

（3）工程结算总造价为：

$$660 + 660 \times 0.6 \times 10\% = 699.6（万元）$$

甲方应付工程结算款为：

$$699.6 - 484 - 699.6 \times 3\% - 132 = 62.612（万元）$$

（4）1.5 万元维修费应从乙方（承包方）的保修金中扣除。

2.【解】　(1) 估算合同总价为：
$$5300 \times 180 = 95.4(万元)$$

(2) 工程预付款金额为：
$$95.4 \times 20\% = 19.08(万元)$$

工程预付款应从第 3 个月起扣留,因为第 1、2 两个月累计工程款为：
$$1800 \times 180 = 32.4(万元) > 95.4 \times 30\% = 28.62(万元)$$

则每月应扣工程预付款为：
$$19.08 \div 3 = 6.36(万元)$$

(3) 每月工程量价款如下。

① 第 1 个月工程量价款为：
$$800 \times 180 = 14.40(万元)$$

应扣留保修金为：
$$14.40 \times 5\% = 0.72(万元)$$

本月应支付工程款为：
$$14.40 - 0.72 = 13.68(万元) < 15 万元$$

第 1 个月不予支付工程款。

② 第 2 个月工程量价款为：
$$1000 \times 180 = 18.00(万元)$$

应扣留保修金为：
$$18.00 \times 5\% = 0.9(万元)$$

本月应支付工程款为：
$$18.00 - 0.9 = 17.10(万元)$$
$$13.68 + 17.1 = 30.78(万元) > 15 万元$$

第 2 个月业主应支付给承包商的工程款为 30.78 万元。

③ 第 3 个月工程量价款为：
$$1200 \times 180 = 21.60(万元)$$

应扣留保修金为：
$$21.60 \times 5\% = 1.08(万元)$$

应扣工程预付款为 6.36 万元。

本月应支付工程款为：
$$21.60 - 1.08 - 6.36 = 14.16(万元) < 15 万元$$

第 3 个月不予支付工程款。

④ 第 4 个月工程量价款为：
$$1200 \times 180 = 21.60(万元)$$

应扣留保修金为 1.08 万元。

应扣工程预付款为 6.36 万元。

本月应支付工程款为 14.16 万元。
$$14.16 + 14.16 = 28.32(万元) > 15 万元$$

第 4 个月业主应支付给承包商的工程款为 28.32 万元。

⑤ 第 5 个月累计完成工程量为 5400 m³,比原估算工程量超出 100 m³,但未超出估算工程量的 10%,所以仍按原单价结算。

本月工程量价款为:

$$1200 \times 180 = 21.60(万元)$$

应扣留保修金为 1.08 万元。

应扣工程预付款为 6.36 万元。

本月应支付工程款为 14.16 万元 < 15 万元。

第 5 个月不予支付工程款。

⑥ 第 6 个月累计完成工程量为 5900 m³,比原估算工程量超出 600 m³,已超出估算工程量的 10%,对超出的部分应调整单价。

应按调整后的单价结算的工程量为:

$$5900 - 5300 \times (1 + 10\%) = 70(m³)$$

本月工程量价款为:

$$70 \times 180 \times 0.9 + (500 - 70) \times 180 = 8.874(万元)$$

应扣留保修金为:

$$8.874 \times 5\% = 0.444(万元)$$

本月应支付工程款为:

$$8.874 - 0.444 = 8.43(万元)$$

第 6 个月业主应支付给承包商的工程款为:

$$14.16 + 8.43 = 22.59(万元)$$

3.【解】(1) 批准工程延期 2 周;理由为:施工中发现地下文物造成 D 工作拖延,不属于施工单位原因。

(2) ① 事件(2)不能索赔费用,因异常恶劣的气候造成施工单位机械损坏和施工人员窝工的损失不能索赔。

② 事件(4)可以索赔费用,因施工中发现地下文物属非施工单位原因。

③ 可获得的费用为:

$$4 \times 100 + 1200 = 1600(元)$$

(3) 事件(3)中 C 工作发生的费用不予结算,因施工单位对 C 工作的费用没有报价,故认为该项费用已分摊到其他相应项目中。

(4) 施工单位可以得到的结算款如下:

A 工作:840 × 300 = 252000(元)

B 工作:1200 × 25% × 320 = 96000(元)

D 工作:4 × 100 + 1200 = 1600(元)

小计:252000 + 96000 + 1600 = 349600(元)

项目六　建设项目竣工阶段造价控制

任务一　竣　工　验　收

一、概述

　　按照我国建设程序的规定,竣工验收是建设工程的最后阶段,是建设项目施工阶段和保修阶段的中间过程,是全面检验建设项目是否符合设计要求和工程质量检验标准及审查投资使用是否合理的重要环节,是投资成果转入生产或使用的标志。只有经过竣工验收,建设项目才能实现由承包人管理向发包人管理的过渡。竣工验收标志着建设投资成果投入生产或使用,对促进建设项目及时投产或交付使用、发挥投资效果、总结建设经验有着重要的作用。有效地控制这一阶段的工程造价对建设项目最后造价的确定具有十分重要的意义。

(一) 建设项目竣工验收的概念

　　建设项目竣工验收是指由发包人、承包人和项目验收委员会,以项目批准的设计任务书和设计文件,以及国家或部门颁发的施工验收规范和质量检验标准为依据,按照一定的程序和手续,在项目建成并试生产合格后(工业生产性项目),对工程项目的总体进行检验和认证、综合评价和鉴定的活动。

(二) 建设项目竣工验收的作用

　　(1) 全面考核建设成果,检查设计、工程质量是否符合要求,确保建设项目按设计要求的各项技术经济指标正常使用。

（2）通过竣工验收办理固定资产使用手续，总结工程建设经验，为提高建设项目的经济效益和管理水平提供重要依据。

（3）建设项目竣工验收是项目施工阶段的最后一个程序，是建设成果转入生产使用的标志，是审查投资使用是否合理的重要环节。

（4）建设项目建成投产交付使用后，能否取得良好的宏观效益，需要经过国家权威管理部门按照技术规范、技术标准组织验收确认。通过建设项目验收，国家可以全面考核项目的建设成果，检验建设项目决策、设计、设备制造和管理水平，以及总结建设经验。因此，竣工验收是建设项目转入投产使用的必要环节。

（三）建设项目竣工验收的条件、依据和标准

1.竣工验收的条件

《建设工程质量管理条例》规定，竣工工程必须达到以下基本条件，才能组织竣工验收：

（1）完成建设工程设计和合同约定的各项内容，主要是指设计文件所确定的、在承包合同中载明的工作范围，也包括监理工程师签发的变更通知单中所确定的工作内容。

（2）有完整的技术档案和施工管理资料。

（3）有工程使用的主要建筑材料、建筑构配件和设备的进场试验报告。对建设工程使用的主要建筑材料、建筑构配件和设备的进场，除具有质量合格证明资料外，还应当有试验、检验报告。试验、检验报告中应当注明其规格、型号、用于工程的哪些部位、批量批次、性能等技术指标，其质量要求必须符合国家规定的标准。

（4）有勘察、设计、施工、工程监理等单位分别签署的质量合格文件。勘察、设计、施工、工程监理等有关单位依据工程设计文件及承包合同所要求的质量标准，对竣工工程进行检查和评定，符合规定的，签署合格文件。

（5）有施工单位签署的工程保修书。

（6）竣工决算已完成。

（7）技术档案资料齐全，符合交工要求。

2.竣工验收的依据

竣工工程除了必须符合国家规定的竣工标准外，还应以下列文件作为依据：

（1）上级主管部门对该项目批准的各种文件；

（2）可行性研究报告；

（3）施工图设计文件及设计变更洽商记录；

（4）国家颁布的各种标准和现行的施工验收规范；

（5）工程承包合同文件；

（6）技术设备说明书；

（7）建筑安装工程统一规定及主管部门关于工程竣工的规定；

（8）从国外引进的新技术和成套设备的项目，以及中外合资建设项目，要按照签订的合同和进口国提供的设计文件等进行验收；

（9）利用世界银行等国际金融机构贷款的建设项目，应按世界银行规定，按时编制项目完成报告。

3.竣工验收的标准

(1) 工业建设项目竣工验收的标准。

① 生产性项目和辅助性公用设施已按设计要求完成,能满足生产使用;

② 主要工艺设备、动力设备均已安装配套,经联动负荷试车合格,并已形成生产能力,能够生产出设计文件所规定的产品;

③ 有必要的生活设施,并已按设计要求建成合格;

④ 生产准备工作能适应投产的需要,其中包括生产指挥系统的建立,经过培训的生产人员能够上岗操作,生产所需的原材料、燃料和备品备件的储备,经验收检查能够满足连续生产要求;

⑤ 环境保护设施,劳动、安全、卫生设施,消防设施已按设计要求与主体工程同时建成使用;

⑥ 设计和施工质量已经过质量监督部门检验并作出评定;

⑦ 工程结算和竣工决算通过有关部门审查和审计。

(2) 民用建设项目竣工验收的标准。

① 建设项目各单位工程和单项工程均已符合项目竣工验收的标准;

② 建设项目配套工程和附属工程均已施工结束,达到设计规定的相应质量要求,并具备正常使用条件。

(四) 建设项目竣工验收的内容和范围

不同的建设项目,其竣工验收的内容可能有所不同,但一般都包括工程资料验收和工程内容验收两部分。

1.工程资料验收

工程资料验收包括工程技术资料、工程综合资料和工程财务资料验收三方面的内容。

2.工程内容验收

工程内容验收包括建筑工程验收和安装工程验收。

(1) 建筑工程验收的内容。

建筑工程验收主要考虑如何运用有关资料进行审查验收,其内容主要包括:

① 建筑物的位置、标高、轴线是否符合设计要求;

② 对基础工程中的土石方工程、垫层工程、砌筑工程等资料的审查验收;

③ 对结构工程中的砖木结构、砖混结构、内浇外砌结构、钢筋混凝土结构的审查验收;

④ 对屋面工程的屋面瓦、保温层、防水层等的审查验收;

⑤ 对门窗工程的审查验收;

⑥ 对装饰工程的审查验收(抹灰、油漆等工程)。

(2) 安装工程验收的内容。

安装工程验收分为建筑设备安装工程、工艺设备安装工程和动力设备安装工程验收。其内容主要包括:

① 建筑设备安装工程包括民用建筑物中的上下水管道、暖气、天然气或煤气、通风、电气照明等安装工程。验收时,应检查这些设备的规格、型号、数量、质量是否符合设计要求,检查安装时的材料、材质、材种,检查试压、闭水试验、照明。

② 工艺设备安装工程包括生产、起重、传动、试验等设备的安装工程,以及附属管线敷设和油漆、保温等安装工程。验收时,应检查设备的规格、型号、数量、质量,设备安装的位置、标高、机座尺寸、质量、单机试车、无负荷联动试车、有负荷联动试车是否符合设计要求,检查管道的焊接质量、清洗、吹扫、试压、试漏、油漆、保温等及各种阀门。

③ 动力设备安装工程验收是指有自备电厂的项目的验收,或变配电室(所)、动力配电线路的验收。

3.竣工验收的范围

国家颁布的建设法规规定,凡新建、扩建、改建的基本建设项目和技术改造项目(所有列入固定资产投资计划的建设项目或单项工程)已按国家批准的设计文件所规定的内容建成,符合验收标准,即工业投资项目经负荷试车考核,试生产期间能够正常生产出合格产品,形成生产能力的;非工业投资项目符合设计要求,能够正常使用的,无论属于哪种建设性质,都应及时组织验收,办理固定资产移交手续。有的工期较长、建设设备装置较多的大型工程,为了及时发挥其经济效益,对其能够独立生产的单项工程也可以根据建成时间的先后顺序,分期、分批地组织竣工验收;对能生产中间产品的一些单项工程,不能提前投料试车,可按生产要求于生产最终产品的工程同步建成竣工后,再进行全部验收。对于某些特殊情况,工程施工虽未全部按设计要求完成,也应进行验收,这些特殊情况主要有:

(1) 因少数非主要设备或某些特殊材料短期内不能解决,虽然工程内容尚未全部完成,但已可以投产或使用的工程项目;

(2) 规定要求的内容已完成,但因外部条件的制约,如流动资金不足、生产所需原材料不能满足等,而使已建工程不能投入使用的项目;

(3) 有些建设项目或单项工程已形成部分生产能力,但近期内不能按原设计规模续建,应从实际情况出发,经主管部门批准后,可缩小规模对已完成的工程和设备组织竣工验收,移交固定资产。

二、建设项目竣工验收的方式与程序

(一) 建设项目竣工验收的方式

为了保证建设项目竣工验收的顺利进行,验收必须遵循一定的程序,并按照建设项目总体计划的要求及施工进展的实际情况分阶段进行。按被验收的对象划分,建设项目竣工验收可分为:单位工程竣工验收、单项工程竣工验收及工程整体竣工验收。

1.单位工程竣工验收(中间验收)

单位工程竣工验收是指承包人以单位工程或某专业工程为对象,独立签订建设工程施工合同,达到竣工条件后,承包人可单独进行交工,业主根据竣工验收的依据和标准,按施工合同约定的内容组织竣工验收的活动。该阶段工作由监理单位组织,业主和承包人派人参加,该部分的验收资料将作为最终验收的依据。按照施工承包合同的约定,施工完成到某一阶段后要进行中间验收,以及主要的工程部位施工在完成隐蔽前需进行验收。

2.单项工程竣工验收(交工验收)

单项工程竣工验收是指在一个总体建设项目中,一个单项工程已完成设计图纸规定的工程内容,能满足生产要求或具备使用条件,承包人向监理单位提交工程竣工报告和工程竣工报验单,经确认后向业主发出交付竣工验收通知书,说明工程完工情况、竣工验收准备情况、设备无负荷单机试车情况,具体约定单项工程竣工验收的有关工作的活动。该阶段工作由业主组织,会同施工单位、监理单位、设计单位及使用单位等有关部门共同进行。对于投标竞争承包的单项工程施工项目,则根据施工合同的约定,仍由承包人向业主发出交工通知书请求组织验收。

3.工程整体竣工验收(动用验收)

工程整体竣工验收是指建设项目已按设计规定全部建成,达到竣工验收条件,在单位工程、单项工程竣工验收合格的基础上进行的活动。大中型和限额以上项目由国家发改委或由其委托项目主管部门或地方政府部门组织验收;小型和限额以下项目由项目主管部门组织验收。发包人、监理单位、施工单位、设计单位和使用单位参加验收工作。

(二)建设项目竣工验收的程序

通常所说的建设项目竣工验收指的是动用验收,即建设项目全部建成,经过各单项工程的验收符合设计的要求,并具备竣工图表、竣工决算、工程总结等必要的文件资料,由建设项目主管部门或发包人向负责验收的单位提出竣工验收申请报告,按程序验收,如图 6-1 所示。

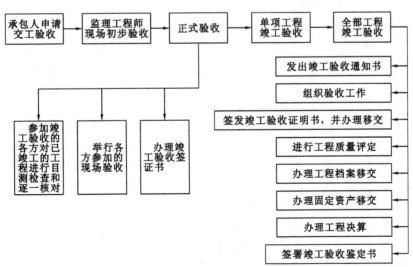

图 6-1　建设项目竣工验收的程序

1.承包人申请交工验收

承包人在完成了合同约定的工程内容或按合同约定可分步移交工程的,可申请交工验收。交工验收的对象一般为单项工程,但在某些特殊情况下也可以是单位工程的施工内容,如特殊基础处理工程、发电站单机机组完成后的移交等。承包人施工的工程达到竣工条件后,应先进行预检验,对不符合要求的部位和项目确定修补措施和标准,修补有缺陷的工程部位;对于设备安装工程,要与发包人和监理工程师共同进行无负荷的单机和联动试车。承包人在完成了上述工作和准备好竣工资料后,即可向发包人提交工程竣工报验单。

2. 监理工程师现场初步验收

监理工程师收到工程竣工报验单后,应由监理工程师组成验收组,对竣工的工程项目的竣工资料和各专业工程的质量进行初验,在初验中发现的质量问题,要及时书面通知承包人,令其修理甚至返工。经整改合格后监理工程师签署工程竣工报验单,并向发包人提出质量评估报告,至此现场初步验收工作结束。

3. 单项工程竣工验收

单项工程竣工验收又称交工验收,即验收合格后发包人方可投入使用。由发包人组织的交工验收,由监理单位、设计单位、承包人、工程质量监督站等参加,主要依据国家颁布的有关技术规范和施工承包合同,从以下几方面进行检查或检验:

(1)检查、核实竣工项目准备移交给发包人的所有技术资料的完整性、准确性;

(2)按照设计文件和合同,检查已完工程是否有漏项;

(3)检查工程质量、隐蔽工程验收资料,关键部位的施工记录等,考察施工质量是否达到合同要求;

(4)检查试车记录及试车中所发现的问题是否得到解决;

(5)在交工验收中发现需要返工、修补的工程,明确规定完成期限;

(6)其他涉及的有关问题。

验收合格后,发包人和承包人共同签署交工验收证书,然后由发包人将有关技术资料和试车记录、试车报告及交工验收报告一并上报主管部门,经批准后该部分工程即可投入使用。验收合格的单项工程,在全部工程验收时,原则上不再办理验收手续。

4. 全部工程竣工验收

全部工程施工完成后,由国家主管部门组织的竣工验收又称动用验收。全部工程竣工验收分为验收准备、预验收和正式验收三个阶段。

(1)验收准备。发包人、承包人和其他有关单位均应进行验收准备,其主要工作内容有:

① 收集、整理各类技术资料,分类装订成册;

② 核实建筑安装工程的完成情况,列出已交工工程和未完工工程一览表,包括单位工程名称、工程量、预算估价及预计完成时间等内容;

③ 提交财务决算分析;

④ 检查工程质量,查明需返工或补修的工程并提出具体的时间安排,预申报工程质量等级的评定,做好相关材料的准备工作;

⑤ 整理、汇总项目档案资料,绘制工程竣工图;

⑥ 登载固定资产,编制固定资产构成分析表;

⑦ 落实生产准备各项工作,提出试车检查的情况报告,总结试车考评情况;

⑧ 编写竣工结算分析报告和竣工验收报告。

(2)预验收。建设项目竣工验收准备工作结束后,由发包人或上级主管部门会同监理单位、设计单位、承包人及有关单位或部门组成预验收组进行预验收。预验收的主要工作内容包括:

① 核实竣工验收准备工作内容,确认竣工项目所有档案资料的完整性和准确性;

② 检查项目建设标准,评定质量,对竣工验收准备过程中有争议的问题和有隐患及遗留问题提出解决意见;

③ 检查财务账表是否齐全,并验证数据的真实性;

④ 检查试车情况和生产准备情况;

⑤ 编写竣工预验收报告和移交生产准备情况报告,在竣工预验收报告中应说明项目的概况,对验收过程进行阐述,对工程质量作出总体评价。

(3)正式验收。建设项目的正式验收是由国家、地方政府、建设项目投资商或开发商及有关单位领导和专家参加的最终整体验收。大中型和限额以上的建设项目的正式验收由国家投资主管部门或其委托项目主管部门或地方政府组织验收,一般由竣工验收委员会(或验收小组)主任(或组长)主持,具体工作可由总监理工程师组织实施。国家重点工程的大型建设项目,由国家有关部委邀请有关方面参加,组成工程验收委员会进行验收。小型和限额以下的建设项目由项目主管部门组织验收。发包人、监理单位、承包人、设计单位和使用单位共同参加验收工作。

① 发包人、勘察设计单位分别汇报工程合同履约情况,以及在工程建设各环节执行法律、法规与工程建设强制性标准的情况。

② 听取承包人汇报建设项目的施工情况、自验情况和竣工情况。

③ 听取监理单位汇报建设项目监理内容和监理情况,以及对项目竣工的意见。

④ 组织竣工验收小组全体人员进行现场检查,了解项目现状,查验项目质量,及时发现存在和遗留的问题。

⑤ 审查竣工项目移交生产使用的各种档案资料。

⑥ 评审项目质量,对主要工程部位的施工质量进行复验、鉴定,对工程设计的先进性、合理性和经济性进行复验、鉴定,按设计要求和建筑安装工程施工的验收规范和质量标准进行质量评定验收;在确认工程符合竣工标准和合同条款规定后,签发竣工验收合格证书。

⑦ 审查试车规程,检查投产试车情况,核定收尾工程项目,对遗留问题提出解决意见。

⑧ 签署竣工验收鉴定书,对整个项目作出总的验收鉴定。竣工验收鉴定书是表示建设项目已经竣工,并交付使用的重要文件,是全部固定资产交付使用和建设项目正式动用的依据。整个建设项目进行竣工验收后,发包人应及时办理固定资产交付使用手续。在进行竣工验收时,已验收过的单项工程可以不再办理验收手续,但应将单项工程交工验收证书作为最终验收的附件而加以说明。发包人在竣工验收过程中,如发现工程不符

合竣工条件,应责令承包人进行返修,并重新组织竣工验收,直到通过验收。

(三) 建设项目竣工验收管理与备案

1.竣工验收报告

建设项目竣工验收合格后,建设单位应当及时提出工程竣工验收报告。工程竣工验收报告主要包括工程概况,建设单位执行基本建设程序的情况,对工程勘察、设计、施工、监理等方面的评价,工程竣工验收时间、程序、内容和组织形式,工程竣工验收意见等内容。

工程竣工验收报告还应附下列文件:

(1) 施工许可证;

(2) 施工图设计文件审查意见;

(3) 验收组人员签署的工程竣工验收意见;

(4) 市政基础设施工程应附有质量检测和功能性试验资料;

(5) 施工单位签署的工程质量保修书;

(6) 法规、规章规定的其他有关文件。

2.竣工验收的管理

(1) 国务院建设行政主管部门负责全国工程竣工验收的监督管理工作;

(2) 县级以上地方人民政府建设行政主管部门负责本行政区域内工程竣工验收的监督管理工作;

(3) 工程竣工验收工作由建设单位负责组织实施;

(4) 县级以上地方人民政府建设行政主管部门应当委托工程质量监督机构对工程竣工验收实施监督;

(5) 负责监督该工程的工程质量监督机构应当对工程竣工验收的组织形式、验收程序、执行验收标准等情况进行现场监督,发现有违反建设工程项目质量管理规定行为的,责令改正,并将对工程竣工验收的监督情况作为工程质量监督报告的重要内容。

3.竣工验收的备案

(1) 国务院建设行政主管部门负责全国房屋建筑工程和市政基础设施工程的竣工验收备案管理工作。县级以上地方人民政府建设行政主管部门负责本行政区域内工程的竣工验收备案管理工作。

(2) 建设单位应当自工程竣工验收合格之日起 15 日内,依照《房屋建筑和市政基础设施工程竣工验收备案管理办法》的规定,向工程所在地的县级以上地方人民政府建设行政主管部门备案。

(3) 建设单位办理工程竣工验收备案应当提交下列文件:

① 工程竣工验收备案表。

② 工程竣工验收报告。工程竣工验收报告应当包括工程报建日期,施工许可证号,施工图设计文件审查意见,勘察、设计、施工、工程监理等单位分别签署的质量合格文件及验收人员签署的竣工验收原始文件,市政基础设施的有关质量检测和功能性试验资料,以及备案机关认为需要提供的有关资料;

③ 法律、行政法规规定应当由规划、公安消防、环保等部门出具的认可文件或准许使用文件。

④ 施工单位签署的工程质量保修书；商品住宅还应当提交住宅质量保证书和住宅使用说明书。

⑤ 法规、规章规定必须提供的其他文件。

（4）备案机关收到建设单位报送的竣工验收备案文件，待验证文件齐全后，应当在工程竣工验收备案表上签署文件收讫。工程竣工验收备案表一式两份，一份由建设单位保存，一份留备案机关存档。

（5）工程质量监督机构应当在工程竣工验收之日起 5 日内，向备案机关提交工程质量监督报告。

（6）备案机关发现建设单位在竣工验收过程中有违反国家有关建设工程质量管理规定行为的，应当在收讫竣工验收备案文件 15 日内，责令停止使用，重新组织竣工验收。

三、建设项目竣工验收的组织和职责

（1）成立竣工验收委员会或验收组。

根据工程规模的大小和复杂程度组成验收委员会或验收组，其人员应由银行、物资、环保、劳动、统计、消防及其他有关部门的专业技术人员和专家组成。大中型和限额以上的建设项目及技术改造项目，由国家发改委或国家发改委委托项目主管部门、地方政府部门组织验收；小型和限额以下的建设项目及技术改造项目，由项目主管部门或地方政府部门组织验收。建设主管部门和建设单位（发包人）、接管单位、施工单位、勘察设计单位及工程监理单位等参加验收工作。

（2）验收委员会或验收组的职责。

① 负责审查工程建设的各个环节，听取各有关单位的工作报告。

② 审阅工程档案资料，实地考察建筑工程和设备安装工程情况。

③ 对工程设计、施工和设备质量、环境保护、安全卫生、消防等方面客观地作出全面的评价。

④ 处理交接验收过程中出现的有关问题，核定移交工程清单，签订交工验收证书。

⑤ 签署验收意见，对遗留问题应提出具体解决意见并限期落实完成。工程不合格不予验收，并提出竣工验收工作的总结报告和国家验收鉴定书。

任务二　竣 工 决 算

一、建设项目竣工决算的概念和作用

（一）建设项目竣工决算的概念

建设项目竣工决算是指所有项目竣工后，项目单位按照国家有关规定在项目竣工验

收阶段编制的竣工决算报告。竣工决算是以实物数量和货币指标为计量单位,综合反映竣工项目从筹建开始到项目竣工交付使用为止的全部建设费用、建设成果和财务情况的总结性文件,是竣工验收报告的重要组成部分。

项目竣工时,应编制建设项目竣工财务决算。建设周期长、建设内容多的项目,单项工程竣工且具备交付使用条件的,可编制单项工程竣工财务决算。建设项目全部竣工后应编制竣工财务总决算。

(二)建设项目竣工决算的作用

(1)建设项目竣工决算是综合全面反映竣工项目建设成果及财务情况的总结性文件,其采用货币指标、实物数量、建设工期和各种技术经济指标综合、全面地反映建设项目自开始建设到竣工为止的全部建设成果和财务状况。

(2)建设项目竣工决算是办理交付使用资产的依据,也是竣工验收报告的重要组成部分。建设单位与使用单位在办理交付资产的验收交接手续时,通过竣工决算反映了交付使用资产的全部价值,包括固定资产、流动资产、无形资产和其他资产的价值。及时编制竣工决算可以正确核定固定资产价值并及时办理交付使用,缩短工程建设周期,节约建设项目投资,准确考核和分析投资效果。

(3)为确定建设单位新增固定资产价值提供依据。在竣工决算中,详细地计算了建设项目所有的建筑安装费、设备购置费、其他工程建设费等新增固定资产总额及流动资金,可作为建设主管部门向企业使用单位移交财产的依据。

(4)建设项目竣工决算是分析和检查设计概算的执行情况,考核建设项目管理水平和投资效果的依据。竣工决算反映了竣工项目计划、实际的建设规模,建设工期及设计和实际的生产能力,反映了概算总投资和实际的建设成本,还反映了所达到的主要技术经济指标。通过对这些指标计划数、概算数与实际数进行对比分析,不仅可以全面掌握建设项目计划和概算执行情况,还可以考核建设项目投资效果,为今后制订建设项目计划,降低建设成本,提高投资效果提供必要的参考资料。

(三)竣工决算与竣工结算的区别

(1)编制单位。竣工决算由建设单位的财务部门负责编制;竣工结算由施工单位的预算部门负责编制。

(2)反应内容。竣工决算是建设项目从开始筹建到竣工交付使用为止所发生的全部建设费用;竣工结算是承包方承包施工的建筑安装工程的全部费用。

(3)性质。竣工决算反映建设单位工程的投资效益;竣工结算反映施工单位完成的施工产值。

(4)作用。竣工决算是业主办理交付、验收各类新增资产的依据,是竣工报告的重要组成部分;竣工结算是施工单位与业主办理工程价款结算的依据,是编制竣工决算的重要资料。

二、竣工决算的内容和编制

(一) 竣工决算的内容

建设项目竣工决算应包括从筹集到竣工投产全过程的全部实际费用,即包括建筑工程费、安装工程费、设备及工器具购置费和预备费等费用。根据中华人民共和国财政部、国家发改委、住房和城乡建设部的有关文件规定,竣工决算由竣工财务决算说明书、竣工财务决算报表、建设工程竣图和工程竣工造价对比分析 4 部分组成。前两部分又称为建设项目竣工财务决算,是竣工决算的核心内容。

1. 竣工财务决算说明书

竣工财务决算说明书有时也称为竣工决算报告情况说明书,主要反映竣工工程的建设成果和经验,是对竣工决算报表进行分析和补充说明的文件,也是全面考核分析工程投资与造价的书面总结,还是竣工决算报告的重要组成部分。其内容主要包括:

(1) 基本建设项目概况。一般从进度、质量、安全和造价方面进行分析说明。进度方面主要说明开工和竣工时间,对照合理工期和要求工期分析是提前还是延期;质量方面主要根据竣工验收委员会或相当一级质量监督部门的验收评定等级、合格率和优良品率;安全方面主要根据劳动工资和施工部门的记录,对有无设备和人身事故进行说明;造价方面主要对照概算造价,说明节约或超支的情况,用金额和百分率进行分析说明。

(2) 资金来源及运用的财务分析。其包括工程价款结算、会计账务的处理、财产物资清理及债权债务的清偿情况。

(3) 建设收入、资金结余及结余资金分配处理等情况。

(4) 主要技术经济指标的分析、计算情况。概算执行情况分析,根据实际投资完成额与概算进行对比分析;新增生产能力的效益分析,说明交付使用财产占总投资额的比例、占支付使用财产的比例,不增加固定资产的造价占投资总额的比例,分析有机构成和成果。

(5) 基本建设项目管理及决算中存在的问题,并提出建议。

(6) 决算与概算的差异和原因分析。

(7) 需要说明的其他事项。

2. 竣工财务决算报表

根据《财政部关于印发〈基本建设财务管理规定〉的通知》(财建〔2002〕394 号)的规定,大、中型建设项目和小型建设项目的基本建设竣工财务决算采用不同的审批制度。在中央级项目中,大、中型建设项目(经营性项目投资额在 5000 万元以上、非经营性项目投资额在 3000 万元以上的建设项目)竣工财务决算,经主管部门审核后报财政部审批。属国家确定的重点小型建设项目,其竣工财务决算经主管部门审核后报财政部审批,或由财政部授权主管部门审批;其他小型建设项目竣工财务决算报主管部门审批。地方级基本建设项目竣工财务决算的报批,由各省、自治区、直辖市、计划单列市财政厅(局)确定。建设项目竣工财务决算报表包括:基本建设项目概况表、基本建设项目竣工财务决算表、基本建设项目交付使用资产总表、基本建设项目交付使用资产明细表等。

（1）基本建设项目概况表（表 6-1）。该表综合反映了基本建设项目的基本概况，内容包括该项目总投资、建设起止时间、新增生产能力、主要材料消耗、建设成本、完成主要工程量和主要技术经济指标，为全面考核和分析投资效果提供依据，可按下列要求填写。

表 6-1
基本建设项目概况表

建设项目（单项工程）名称			建设地址				项目	概算/元	实际/元	备注
主要设计单位			主要施工企业			基本建设支出	建筑安装工程投资			
占地面积	设计	实际	总投资/万元	设计	实际		设备、工具、器具			
							待摊投资			
							其中：建设单位管理费			
新增生产能力	能力（效益）名称			设计	实际		其他投资			
							待核销基建支出			
建设起止时间	设计		从　年　月开工至　年　月竣工				非经营项目转出投资			
	实际		从　年　月开工至　年　月竣工				合计			
设计概算批准文号										
完成主要工程量	建设规模			设备（台、套、吨）						
	设计		实际	设计		实际				
收尾工程	工程项目、内容	已完成投资额		尚需投资额		完成时间				

① 建设项目名称、建设地址、主要设计单位和主要施工企业，要按全称填列。

② 表中各项目的设计、概算、计划等指标，根据批准的设计文件和概算、计划等确定的数字填列。

③ 表中所列新增生产能力、完成主要工程量的实际数据，根据建设单位统计资料和承包人提供的有关成本核算资料填列。

④ 表中基本建设支出是指建设项目从开工起至竣工为止发生的全部基本建设支出，包括形成资产价值的交付使用资产，如固定资产、流动资产、无形资产、其他资产支出，还包括不形成资产价值按照规定应核销的非经营项目的待核销基本建设支出和转出投资。上述支出应根据财政部历年批准的《基建投资表》中的有关数据填列。按照《财政部关于印发〈基本建设财务管理规定〉的通知》（财建〔2002〕394 号），需要注意以下几点：

a. 建筑安装工程投资支出、设备及工器具投资支出、待摊投资支出和其他投资支出构成建设项目的建设成本。

b. 待核销基本建设支出是指非经营性项目发生的江河清障、航道清淤、飞播造林、补助群众造林、退耕还林(草)、封山(沙)育林(草)、水土保持、城市绿化、取消项目可行性研究费、项目报废及其他经财政部门认可的不能形成资产部分的投资。对于能够形成资产部分的投资,应计入交付使用资产价值。

c.非经营性项目转出投资支出是指非经营项目为项目配套的专用设施投资,包括专用道路、专用通信设施、送变电站、地下管道等,其产权不属于本单位的投资支出,对于产权归属本单位的,应计入交付使用资产价值。

⑤ 表中设计和概算批准文号按最后经批准的文件号填列。

⑥ 表中收尾工程是指全部工程项目验收后尚遗留的少量收尾工程,在表中应明确填写收尾工程内容、完成时间、该部分工程的实际成本,可根据实际情况进行估算并加以说明,完工后不再编制竣工决算。

(2)基本建设项目竣工财务决算表(表 6-2)。基本建设项目竣工财务决算表是竣工财务决算报表的一种,其用来反映建设项目的全部资金来源和资金占用情况,是考核和分析投资效果的依据。该表反映竣工的建设项目从开工到竣工为止全部资金来源和资金运用的情况。它是考核和分析投资效果,落实结余资金,并作为报告上级核销基本建设支出和基本建设拨款的依据。该表采用平衡表形式,即资金来源合计等于资金支出合计。在编制该表前,应先编制项目竣工年度财务决算,根据编制出的竣工年度财务决算和历年财务决算编制项目的竣工财务决算。

表 6-2 　　　　　　　　　　**大中型建设项目竣工财务决算表**

资金来源	金额	资金支出	金额
一、基本建设拨款		一、基本建设支出	
1.预算拨款		1.交付使用资产	
2.基本建设基金拨款		2.在建工程	
其中:国债专项资金拨款		3.待核销基本建设支出	
3.专项建设基金拨款		4.非经营性项目转出投资	
4.进口设备转账拨款		二、应收生产单位投资借款	
5.器材转账拨款		三、拨付所属投资借款	
6.煤代油专用基金拨款		四、器材	
7.自筹资金拨款		其中:待处理器材损失	
8.其他拨款		五、货币资金	
二、项目资本金		六、预付及应收款	
1.国家资本		七、有价证券	
2.法人资本		八、固定资产	
3.个人资本		固定资产原值	
4.外商资本		减:累计折旧	

资金来源	金额	资金支出	金额
三、项目资本公积金		固定资产净值	
四、基本建设借款		固定资产清理	
其中:国债转贷		待处理固定资产损失	
五、上级拨入投资借款			
六、企业债券资金			
七、待冲基本建设支出			
八、应付款			
九、未交款			
1.未缴税金			
2.其他未交款			
十、上级拨入资金			
十一、企业留成收入			
合计		合计	

基本建设项目竣工财务决算表具体编制方法如下。

① 资金来源包括基本建设拨款、项目资本金、项目资本公积金、基本建设借款、上级拨入投资借款、企业债券资金、待冲基本建设支出、应付款、未交款及上级拨入资金和企业留成收入等。

a. 项目资本金是指经营性项目投资者按国家有关项目资本金的规定,筹集并投入项目的非负债资金,在项目竣工后,相应转为生产经营企业的国家资本、法人资本、个人资本金和外商资本。

b. 项目资本公积金是指经营性项目对投资者实际缴付的出资额超过其资金的差额(包括发行股票的溢价净收入)、资产评估确认价值或者合同协议约定价值与原账面净值的差额、接收捐赠的财产、资本汇率折算差额,在项目建设期间作为资本公积金,项目建成交付使用并办理竣工决算后,转为生产经营企业的资本公积金。

② 表中"交付使用资产""预算拨款""自筹资金拨款""其他拨款""项目资本金""基本建设借款"等项目,是指自开工建设至竣工的累计数,上述有关指标应根据历年批复的年度基本建设财务决算和竣工年度的基本建设财务决算中资金平衡表相应项目的数字进行汇总填写。

③ 表中其余项目费用办理竣工验收时的结余数根据竣工年度财务决算中资金平衡表的有关项目期末数填写。

④ 资金支出反映建设项目从开工准备到竣工全过程资金支出的情况,内容包括基本建设支出、应收生产单位投资借款、器材、货币资金、有价证券和预付及应收款,以及拨付所属投资借款和固定资产等,资金支出总额应等于资金来源总额。

（3）基本建设项目交付使用资产总表（表 6-3）。该表反映了建设项目建成后新增固定资产、流动资产、无形资产和其他资产价值的情况和价值，作为财产交接、检查投资计划完成情况和分析投资效果的依据。

表 6-3　　　　　　　　　　基本建设项目交付使用资产总表　　　　　　（单位：元）

序号	单项工程项目名称	总计	固定资产				流动资产	无形资产	其他资产
			合计	建筑安装工程	设备	其他			

交付单位：　　　　　　　　负责人：　　　　　　　　接受单位：　　　　　　　　负责人：
盖章　　　　　　　　　　　年 月 日　　　　　　　　盖章　　　　　　　　　　　年 月 日

基本建设项目交付使用资产总表具体编制方法如下：

① 表中各栏目数据根据交付使用资产明细表的固定资产、流动资产、无形资产、其他资产的各相应项目的汇总数分别填写，表中总计栏的总计数应与竣工财务决算表中的交付使用资产的金额一致。

② 表中第 3、4、8、9、10 栏的合计数，应分别与竣工财务决算表交付使用的固定资产、流动资产、无形资产、其他资产的数据相符。

（4）基本建设项目交付使用资产明细表（表 6-4）。该表反映了交付使用的固定资产、流动资产、无形资产和其他资产及其价值的明细情况，是办理资产交接和接收单位登记资产账目的依据，是使用单位建立资产明细账和登记新增资产价值的依据。编制时要做到齐全完整，数字准确，各栏目价值应与会计账目中相应科目的数据保持一致。

表 6-4　　　　　　　　　　建设项目交付使用资产明细表

单项工程名称	建筑工程			设备、工具、器具、家具						流动资产		无形资产		其他资产	
	结构	面积/m²	价值/元	名称	规格型号	单位	数量	价值/元	设备安装费/元	名称	价值/元	名称	价值/元	名称	价值/元

基本建设项目交付使用资产明细表的具体编制方法如下：

① 表中"建筑工程"项目应按单项工程名称填列其结构、面积和价值。其中，"结构"项目按钢结构、钢筋混凝土结构、混合结构等结构形式填写；"面积"则按各项目实际完成的面积填列；"价值"按交付使用资产的实际价值填写。

② 表中"固定资产"部分要在逐项盘点后，根据盘点实际情况填写，工具、器具和家具等低值易耗品可分类填写。

③ 表中"流动资产""无形资产""其他资产"项目应根据建设单位实际交付的名称和价值分别填列。

3.建设工程竣工图

建设工程竣工图是真实记录各种地上、地下建筑物和构筑物等情况的技术文件，是工程进行交工验收、维护、改建和扩建的依据，是国家的重要技术档案。全国各建设、设计、施工单位和各主管部门都要认真做好竣工图的编制工作。国家规定：各项新建、扩建、改建的基本建设工程，特别是基础、地下建筑、管线、结构、井巷、桥梁、隧道、港口、水坝及设备安装等隐蔽部位，都要编制竣工图。为确保竣工图质量，必须在施工过程中（不能在竣工后）及时做好隐蔽工程检查记录，整理好设计变更文件。编制竣工图的形式和深度应根据不同情况区别对待，其具体要求包括：

（1）凡按原施工图竣工没有变动的，由承包人（包括总包和分包承包人，下同）在原施工图上加盖"竣工图"标志，即作为竣工图。

（2）凡在施工过程中，虽有一般性设计变更，但能对原施工图加以修改补充作为竣工图的，可不重新绘制，由承包人负责在原施工图（必须是新蓝图）上注明修改的部分，并附以设计变更通知单和施工说明，加盖"竣工图"标志，作为竣工图。

（3）凡结构形式、施工工艺、平面布置、项目发生改变，以及有其他重大改变，不宜再在原施工图上修改、补充的，应重新绘制改变后的竣工图。由原设计原因造成的，由设计单位负责重新绘制；由施工原因造成的，由承包人负责重新绘图；由其他原因造成的，由建设单位自行绘制或委托设计单位绘制。承包人负责在新图上加盖"竣工图"标志，并附以有关记录和说明，作为竣工图。

（4）为了满足竣工验收和竣工决算的需要，还应绘制反映竣工工程全部内容的工程设计平面示意图。

（5）重大的改建、扩建工程项目涉及原有的工程项目变更时，应将相关项目的竣工图资料统一整理归档，并在原图案卷内增补必要的说明一起归档。竣工图绘制主要过程如图 6-2 所示。

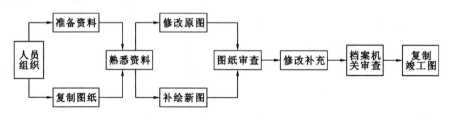

图 6-2 竣工图绘制主要过程图

4. 工程竣工造价对比分析

对控制工程造价所采取的措施、效果及其动态的变化需要进行认真的对比分析,总结经验教训。批准的概算是考核建设工程造价的依据。在分析时,可先对比整个项目的总概算,然后将建筑安装工程费、设备及工器具费和其他工程费用逐一与竣工决算表中所提供的实际数据和相关资料及批准的概算、预算指标、实际的工程造价进行对比分析,以确定竣工项目总造价是节约还是超支,并在对比的基础上总结先进经验,找出节约和超支的内容和原因,提出改进措施。在实际工作中,应主要分析以下内容:

(1) 考核主要实物工程量。对于实物工程量出入比较大的情况,必须查明原因。

(2) 考核主要材料消耗量。考核主要材料消耗量要按照竣工决算表中所列明的三大材料实际超概算的消耗量,查明是在工程的哪个环节超出量最大,再进一步查明超耗的原因。

(3) 考核建设单位管理费、措施费和间接费的取费标准。建设单位管理费、措施费和间接费的取费标准要按照国家和各地的有关规定,根据竣工决算报表所列的建设单位管理费与概预算所列的建设单位管理费数额进行比较,依据规定查明多列或少列的费用项目,确定其节约超支的数额,并查明原因。

(二) 竣工决算的编制

为进一步加强基本建设项目竣工财务决算管理,根据《财政部关于进一步加强中央基本建设项目竣工财务决算工作的通知》(财办建〔2008〕91 号)的规定,项目建设单位应在项目竣工后 3 个月内完成竣工决算的编制工作,并报主管部门审核。主管部门收到竣工财务决算报告后,对于按规定由主管部门审批的项目,应及时审核批复,并报财政部备案;对于按规定报财政部审批的项目,一般应在收到竣工决算报告后一个月内完成审核工作,并将经过审核后的决算报告报财政部(经济建设司)审批。

财政部按规定对中央级大中型项目、国家确定的重点小型项目竣工财务决算的审批实行"先审核、后审批"的办法,即对需先审核后审批的项目,先委托财政投资评审机构或经财政部认可的有资质的中介机构对项目单位编制的竣工财务决算进行审核,再按规定批复项目竣工财务决算。对审核中审减的概算内投资,经财政部审核确认后,按投资来源比例归还投资方。

主管部门应对项目建设单位报送的项目竣工财务决算认真审核,严格把关。审核的重点内容为:项目是否按规定程序和权限进行立项、可研和初步设计报批工作;项目建设超标准、超规模、超概算投资等问题审核;项目竣工财务决算金额的正确性审核;项目竣工财务决算资料的完整性审核;项目建设过程中存在主要问题的整改情况审核等。

1. 竣工决算的编制依据

竣工决算的编制依据主要有:

(1) 经批准的可行性研究报告、投资估算书,初步设计或扩大初步设计,修正总概算及其批复文件;

(2) 经批准的施工图设计及其施工图预算书;

(3) 设计交底或图纸会审会议纪要;

（4）设计变更记录、施工记录或施工签证单及其他施工发生的费用记录；

（5）招标控制价、承包合同、工程结算等有关资料；

（6）竣工图及各种竣工验收资料；

（7）历年基本建设计划、历年财务决算及批复文件；

（8）设备、材料调价文件和调价记录；

（9）有关财务核算制度、办法和其他有关资料。

2.竣工决算的编制要求

为了严格执行建设项目竣工验收制度，正确核定新增固定资产价值，考核分析投资效果，建立、健全经济责任制，所有新建、扩建和改建等建设项目竣工后，都应及时、完整、正确地编制好竣工决算。建设单位要做好以下工作：

（1）按照规定组织竣工验收，保证竣工决算的及时性。对建设工程全面考核，所有的建设项目（或单项工程）按照批准的设计文件所规定的内容建成后，具备投产和使用条件的，都要及时组织验收。对于竣工验收中发现的问题，应及时查明原因，采取措施加以解决，以保证建设项目按时交付使用和及时编制竣工决算。

（2）积累、整理竣工项目资料，保证竣工决算的完整性。积累、整理竣工项目资料是编制竣工决算的基础工作，关系到竣工决算的完整性和质量的好坏。因此，在建设过程中，建设单位必须随时收集建设项目的各种资料，并在竣工验收前对各种资料进行系统整理、分类立卷，为编制竣工决算提供完整的数据资料，为投产后加强固定资产管理提供依据。在工程竣工时，建设单位应将各种基础资料与竣工决算一起移交给生产单位或使用单位。

（3）清理、核对各项账目，保证竣工决算的正确性。工程竣工后，建设单位要认真核实各项交付使用资产的建设成本；做好各项账务、物资及债权的清理结余工作，该偿还的应及时偿还，该收回的应及时收回，对各种结余的材料、设备、施工机械工具等，要逐项清点核实，妥善保管，按照国家有关规定进行处理，不得任意侵占；对竣工后的结余资金，要按规定上交财政部门或上级主管部门。在完成上述工作，核实各项数字的基础上，正确编制从年初起到竣工月份止的竣工年度财务决算，以便根据历年的财务决算和竣工年度财务决算进行整理汇总，编制建设项目竣工决算。

按照规定，竣工决算应在竣工项目办理验收交付手续后一个月内编好，并上报主管部门，有关财务成本部分，还应送经办行审查签证。主管部门和财政部门对报送的竣工决算审批后，建设单位即可办理决算调整和结束有关工作。

3.竣工决算的编制步骤

（1）收集、整理和分析有关依据资料。在编制竣工决算文件之前，应系统地整理所有的技术资料、工料结算的经济文件、施工图纸和各种变更与签证资料，并分析它们的准确性。完整、齐全的资料是准确而迅速编制竣工决算的必要条件。

（2）清理各项财务、债务和结余物资。在收集、整理和分析有关资料时，要特别注意建设工程从筹建到竣工投产或使用的全部费用的各项账务、债权和债务的清理，做到工程完毕账目清晰。既要核对账目，又要查点库存实物的数量，做到账与物相等、账与账相符;对结余的各种材料、工器具和设备,要逐项清点核实,妥善管理,并按规定及时处理,收回资金。对各种往来款项要及时进行全面清理,为编制竣工决算提供准确的数据和结果。

(3) 核实工程变动情况。重新核实各单位工程、单项工程造价,将竣工资料与原设计图纸进行查对、核实,必要时可实地测量,确认实际变更情况;根据经审定的承包人竣工结算等原始资料,按照有关规定对原概预算进行增减调整,重新核定工程造价。

(4) 编制建设工程竣工决算说明。按照建设工程竣工决算说明的内容要求,根据编制依据材料填写在报表中的结果编写文字说明。

(5) 填写竣工财务决算报表。按照建设工程决算表格中的内容,根据编制依据中的有关资料进行统计或计算各个项目和数量,并将结果填到相应表格的栏目内,完成所有报表的填写。

(6) 做好工程造价对比分析。

(7) 清理、装订好竣工图。

(8) 上报主管部门审查存档。

将上述编写的文字说明和填写的表格经核对无误后装订成册,即为建设工程竣工决算文件。将其上报主管部门审查,并把其中的财务成本部分送交开户银行签证。竣工决算在上报主管部门的同时,抄送给有关设计单位。大中型建设项目的竣工决算还应抄送给财政部、中国建设银行总行和省、市、自治区的财政局和中国建设银行分行各一份。建设工程竣工决算的文件由建设单位负责组织人员编写,在竣工建设项目办理验收使用一个月之内完成。

4. 竣工决算的编制实例

【例 6-1】 某大中型建设项目 2010 年开工建设,2012 年年底有关财务核算资料如下。

(1) 已经完成部分单项工程经验收合格后,已经交付使用的资产包括:

① 固定资产价值 95560 万元。

② 为生产准备的使用期限在一年以内的备品、备件、工具、器具等流动资产价值50000 万元,期限在一年以上、单位价值在 1500 元以上的工具 100 万元。

③ 建造期间购置的专利权、专有技术等无形资产 2000 万元,摊销期 5 年。

(2) 基本建设支出的未完成项目包括:

① 建筑安装工程支出 16000 万元。

② 设备工器具投资 48000 万元。

③ 建设单位管理费、勘察设计费等待摊投资 2500 万元。

④ 通过出让方式购置的土地使用权形成的其他投资 120 万元。

(3) 非经营项目发生待核销基本建设支出 60 万元。

(4) 应收生产单位投资借款 1500 万元。

(5) 购置需要安装的器材 60 万元,其中的待处理器材 20 万元。

(6) 货币资金 500 万元。

(7) 预付工程款及应收有偿调出器材款 22 万元。

(8) 建设单位自用的固定资产原值 60550 万元,累计折旧 10022 万元。

(9) 反映在资产负债表上的各类资金来源的期末余额是：

① 预算拨款 70000 万元。

② 自筹资金拨款 72000 万元。

③ 其他拨款 500 万元。

④ 建设单位向商业银行借入的借款 121000 万元。

⑤ 建设单位当年完成交付生产单位使用的资产价值中,500 万元属于利用投资借款形成的待冲基本建设支出。

⑥ 应付器材销售商 80 万元贷款和尚未支付的应付工程款 2820 万元。

⑦ 未缴税金 50 万元。

根据上述有关资料编制该项目竣工财务决算表。

【解】 该项目竣工财务决算表见表 6-5。

表 6-5　　　　　　　　　　　　某大中型建设项目竣工财务决算表

建设项目名称:××建设项目　　　　　　　　　　　　　　　　　　　　　　　（单位:万元）

资金来源	金额	资金支出	金额
一、基本建设拨款	142500	一、基本建设支出	214340
1.预算拨款	70000	1.交付使用资产	147660
2.基本建设基金拨款		2.在建工程	66620
其中:国债专项资金拨款		3.待核销基本建设支出	60
3.专项建设基金拨款		4.非经营性项目转出投资	
4.进口设备转账拨款		二、应收生产单位投资借款	1500
5.器材转账拨款		三、拨付所属投资借款	
6.煤代油专用基金拨款		四、器材	60
7.自筹资金拨款	72000	其中:待处理器材损失	20
8.其他拨款	500	五、货币资金	500
二、项目资本金		六、预付及应收款	22
1.国家资本		七、有价证券	
2.法人资本		八、固定资产	50528
3.个人资本		固定资产原值	60550
4.外商资本			
三、项目资本公积金		减:累计折旧	10022
四、基本建设借款		固定资产净值	50528
其中:国债转贷	121000	固定资产清理	
五、上级拨入投资借款		待处理固定资产损失	
六、企业债券资金			
七、待冲基本建设支出	500		

续表

资金来源	金额	资金支出	金额
八、应付款	2900		
九、未交款	50		
1.未缴税金	50		
2.其他未交款			
十、上级拨入资金			
十一、留成收入			
合计	266950	合计	266950

三、新增资产价值的确定

(一) 新增资产价值的分类

建设项目竣工投入运营后,所花费的总投资形成相应的资产。按照新的财务制度和企业会计准则,新增资产按资产性质可分为固定资产、流动资产、无形资产和其他资产4大类。

固定资产是指使用期限超过一年,单位价值在1000元以上,并且在使用过程中保持原有实物形态的资产。其主要有房屋及建筑物、机电设备、运输设备等。

流动资产是指在一年或者超过一年的营业周期内变现或者耗用的资产。流动资产按资产的占用形态可分为现金、存货、银行存款、短期投资、应收账款及预付账款。

无形资产是指由特定主体所控制的,不具有实物形态,对生产经营长期发挥作用且能带来经济利益的资源。其主要有专利权、非专利技术、商标权、商誉等。

其他资产是指具有专门用途,但不参与生产经营的经国家批准的特种物资。其主要有银行冻结存款和冻结物资、涉及诉讼的财产等。

(二) 新增资产价值的确定方法

1.新增固定资产价值的确定

新增固定资产价值是指投资项目竣工投产后所增加的固定资产价值,即交付使用的固定资产价值,是以价值形态表示建设项目的固定资产最终成果的综合性指标。新增固定资产价值的计算是以独立发挥生产能力的单项工程为对象。单项工程建成经有关部门验收鉴定合格后,正式移交生产或使用,即应计算新增固定资产价值。新增固定资产价值的内容包括:

(1) 已投入生产或交付使用的建筑安装工程价值,主要包括建筑工程费、安装工程费;

(2) 达到固定资产标准的设备、工器具的购置费用;

(3) 预备费,主要包括基本预备费和价差预备费;

(4) 增加固定资产价值的其他费用,主要包括建设单位管理费、研究试验费、勘察设

计费、工程监理费、联合试运转费、引进技术和进口设备的其他费用等;

(5) 新增固定资产建设期间的融资费用,主要包括建设期利息和其他相关融资费用。

2.新增固定资产价值的计算

新增固定资产价值的确定原则为:一次交付生产或使用的单项工程,应一次计算确定新增固定资产价值;分期分批交付生产或使用的单项工程,应分批计算确定新增固定资产价值。

在计算时,应注意以下几种情况。

(1) 对于为了提高产品质量、改善劳动条件、节约材料消耗、保护环境而建设的附属辅助工程,只要全部建成,正式验收交付使用后就要计入新增固定资产价值;

(2) 对于单项工程中不构成生产系统,但能独立发挥效益的非生产性项目,如住宅、食堂、医务所、托儿所、生活服务网点等,在建成并交付使用后,也要计算新增固定资产价值;

(3) 凡购置达到固定资产标准不需安装的设备、工器具,应在交付使用后计入新增固定资产价值;

(4) 属于新增固定资产价值的其他投资,应随同受益工程交付使用的同时一并计入;

(5) 交付使用财产的成本应按下列内容计算。

① 房屋、建筑物、管道、线路等固定资产的成本包括:建筑工程成果和待分摊的待摊投资;

② 动力设备和生产设备等固定资产的成本包括:需要安装设备的采购成本,安装工程成本,设备基础、支柱等建筑工程成本或砌筑锅炉及各种特殊炉的建筑工程成本,应分摊的待摊投资。

③ 运输设备及其他不需要安装的设备、工具、器具、家具等固定资产一般仅计算采购成本,不计分摊的待摊投资。

(6) 共同费用的分摊方法。新增固定资产的其他费用,如果是属于整个建设项目或两个以上单项工程的,在计算新增固定资产价值时,应在各单项工程中按比例分摊。一般情况下,建设单位管理费按建筑工程、安装工程、需安装设备价值总额等比例分摊,而土地征用费、地质勘察和建筑工程设计费等费用则按建筑工程造价比例分摊,生产工艺流程系统设计费按安装工程造价比例分摊。

【例 6-2】 某工业建设项目及其总装车间的建筑工程费、安装工程费、需安装设备费及应摊入费用如表 6-6 所示,试计算总装车间新增固定资产价值。

表 6-6   分摊费用计算表   (单位:万元)

项目名称	建筑工程	安装工程	需安装设备	建设单位管理费	土地征用费	建筑设计费	工艺设计费
建设单位竣工决算	5000	1000	1200	105	120	60	40
总装车间竣工决算	1000	500	600				

【解】 计算如下:

$$应分摊的建设单位管理费 = \frac{1000 + 500 + 600}{5000 + 1000 + 1200} \times 105 = 30.625(万元)$$

$$应分摊的土地征用费 = \frac{1000}{5000} \times 120 = 24(万元)$$

$$应分摊的建筑设计费 = \frac{1000}{5000} \times 60 = 12(万元)$$

$$应分摊的工艺设计费 = \frac{500}{1000} \times 40 = 20(万元)$$

$$总装车间新增固定资产价值 = 1000 + 500 + 600 + 30.625 + 24 + 12 + 20$$
$$= 2100 + 86.625 = 2186.625(万元)$$

3. 新增固定资产价值的作用

(1) 能够如实反映企业固定资产价值的增减情况,确保核算的统一性、准确性;

(2) 反映一定范围内固定资产的规模与生产速度;

(3) 核算企业固定资产占用金额的主要参考指标;

(4) 正确计提固定资产折旧的重要依据;

(5) 分析国民经济各部门技术构成、资本有机构成变化的重要资料。

4. 新增流动资产价值的确定

(1) 货币性资金。货币性资金是指现金、各种银行存款及其他货币资金。其中,现金是指企业的库存现金,包括企业内部各部门用于周转使用的备用金;各种银行存款是指企业各种不同类型的银行存款;其他货币资金是指除现金和银行存款以外的其他货币资金,根据实际入账价值核定。

(2) 应收及预付款项。应收款项是指企业因销售商品、提供劳务等应向购货单位或受益单位收取的款项;预付款项是指企业按照购货合同预付给供货单位的购货订金或部分货款。应收及预付款项包括应收票据、应收款项、其他应收款、预付货款和待摊费用。一般情况下,应收及预付款项按企业销售商品、产品或提供劳务时的实际成交金额入账核算。

(3) 短期投资。短期投资包括股票、债券、基金。股票和债券根据是否可以上市流通分别采用市场法和收益法确定其价值。

(4) 存货。存货是指企业的库存材料、在产品、产成品等。各种存货应当按照取得时的实际成本计价。存货的形成主要有外购和自制两个途径。外购的存货,按照买价加运输费、装卸费、保险费、途中合理损耗、入库前加工整理及挑选费用,以及缴纳的税金等计价;自制的存货,按照制造过程中的各项实际支出计价。

5. 新增无形资产价值的确定

在财政部和国家知识产权局的指导下,中国资产评估协会于 2008 年制定了《资产评估准则——无形资产》,自 2009 年 7 月 1 日起施行。根据上述准则规定,无形资产是指特定主体所拥有或者控制的,不具有实物形态,能持续发挥作用且能带来经济利益的资源。我国作为评估对象的无形资产通常包括专利权、专有技术、商标权、著作权、销售网络、客户关系、供应关系、人力资源、商业特许权、合同权益、土地使用权、矿业权、水域使用权、森林权益、商誉等。

（1）无形资产的计价原则。

① 投资者按无形资产作为资本金或者合作条件投入时，按评估确认或合同协议约定的金额计价；

② 购入的无形资产，按照实际支付的价款计价；

③ 企业自创并依法申请取得的无形资产，按开发过程中的实际支出计价；

④ 企业接受捐赠的无形资产，按照发票账单所载金额或者同类无形资产市场价作价；

⑤ 无形资产计价入账后，应在其有效使用期内分期摊销，即企业为无形资产支出的费用应在无形资产的有效期内得到及时补偿。

（2）无形资产的计价方法。

① 专利权的计价。专利权分为自创和外购两类。自创专利权的价值为开发过程中的实际支出，主要包括专利的研制成本和交易成本。研制成本包括直接成本和间接成本，直接成本是指研制过程中直接投入发生的费用，主要包括材料费用、工资费用、专用设备费、资料费、咨询鉴定费、协作费、培训费和差旅费等；间接成本是指与研制开发有关的费用，主要包括管理费、非专用设备折旧费、应分摊的公共费用及能源费用。交易成本是指在交易过程中的费用支出，主要包括技术服务费、交易过程中的差旅费及管理费、手续费、税金。由于专利权是具有独占性并能带来超额利润的生产要素，因此，专利权转让价格不按成本估价，而是按照其所能带来的超额收益计价。

② 专有技术（又称非专利技术）的计价。专有技术具有使用价值和价值，使用价值是专有技术本身应具有的；专有技术的价值在于专有技术的使用所能产生的超额获利能力，应在研究分析其直接和间接获利能力的基础上，准确计算出其价值。如果专有技术是自创的，一般不作为无形资产入账，自创过程中发生的费用按当期费用处理。对于外购专有技术，应由法定评估机构确认后再进行估价，其往往通过能产生的收益采用收益法进行估价。

③ 商标权的计价。如果商标权是自创的，一般不作为无形资产入账，而将商标设计、制作、注册、广告宣传等发生的费用直接作为销售费用计入当期损益。只有当企业购入或转让商标时，才需要对商标权计价。商标权的计价一般根据被许可方新增的收益确定。

④ 土地使用权的计价。根据取得土地使用权的方式不同，土地使用权可有以下几种计价方式：a.当建设单位向土地管理部门申请土地使用权并为之支付一笔出让金时，土地使用权作为无形资产核算；b.当建设单位获得土地使用权是通过行政划拨的方式，这时土地使用权就不能作为无形资产核算，在将土地使用权有偿转让、出租、抵押、作价入股和投资，按规定补交土地出让价款时，才作为无形资产核算。

6.新增其他资产价值的确定

其他资产是指不能全部计入当年损益，应当在以后年度分期摊销的各种费用，包括开办费、租入固定资产改良支出等。

（1）开办费的计价。开办费指筹建期间建设单位管理费中未计入固定资产的其他各项费用,如建设单位经费,包括筹建期间工作人员工资、办公费、差旅费、印刷费、生产职工培训费、样品样机购置费、农业开荒费、注册登记费等,以及不计入固定资产和无形资产购建成本的汇兑损益、利息支出。按照新财务制度规定,除了筹建期间不计入资产价值的汇兑净损失外,开办费从企业开始生产经营月份的次月起,按照不少于 5 年的期限平均摊入管理费用中。

（2）租入固定资产改良支出的计价。租入固定资产改良支出是指企业从其他单位或个人租入的固定资产,所有权属于出租人,但企业依合同享有使用权。通常双方在协议中规定,租入企业应按照规定的用途使用,并承担对租入固定资产进行修理和改良的责任,即发生的修理和改良支出全部由承租方承担。对租入固定资产的大修理支出,不构成固定资产价值的,其会计处理与自有固定资产的大修理支出无区别。对租入固定资产的实施改良,因有助于提高固定资产的效用和功能,应当另外确认为一项资产。由于租入固定资产的所有权不属于租入企业,不宜增加租入固定资产的价值而应作为其他资产处理。租入固定资产改良及大修理支出应当在租赁期内分期平均摊销。

任务三　质量保证金的处理

一、缺陷责任期概述

（一）缺陷责任期与保修期的概念区别

（1）缺陷责任期。缺陷责任期是指承包人对已交付使用的合同工程承担合同约定的缺陷修复责任的期限,其实质就是指预留质保金(保证金)的一个期限,具体可由发承包双方在合同中约定。

（2）保修期。保修期是指发承包双方在工程质量保修书中约定的期限。保修期自实际竣工日期起计算。保修期应当按照保证建筑物在合理寿命期内正常使用,维护使用者合法权益的原则确定。按照《建设工程质量管理条例》的规定,保修期确定如下:

① 地基基础工程和主体结构工程为设计文件规定的该工程的合理使用年限;

② 屋面防水工程,有防水要求的卫生间、房间和外墙面的防渗漏为 5 年;

③ 供热与供冷系统为 2 个采暖期和供热期;

④ 电气管线、给排水管道、设备安装和装修工程为 2 年。

（二）缺陷责任期的期限

缺陷责任期一般为 6 个月、12 个月或 24 个月,具体可由发承包双方在合同中约定。

缺陷责任期从工程通过竣(交)工验收之日起计。由于承包人原因导致工程无法按规定期限进行竣(交)工验收的,缺陷责任期从实际通过竣(交)工验收之日起计。由于发包人原因导致工程无法按规定期限进行竣(交)工验收的,在承包人提交竣(交)工验收报告 90 天后,工程自动进入缺陷责任期。

（三）保修的范围

在正常使用条件下,建筑工程的保修范围应包括地基基础工程、主体结构工程、屋面防水工程和其他土建工程,以及电气管线、上下水管线的安装工程,供热、供冷系统工程等项目,一般包括以下问题:

(1) 屋面、地下室、外墙阳台、卫生间、厨房等处的渗水、漏水问题。

(2) 各种通水管道(如自来水、热水、污水、雨水等)的漏水问题,各种气体管道的漏气问题,通气孔和烟道的堵塞问题。

(3) 泥地面有较大面积空鼓、裂缝或起砂问题。

(4) 内墙抹灰有较大面积起泡、脱落或墙面起碱脱皮问题,外墙粉刷自动脱落问题。

(5) 暖气管线安装不妥,出现局部不热、管线接口处漏水等问题。

(6) 地基基础、主体结构等存在影响工程使用的质量问题。

(7) 其他由于施工不良而造成的无法使用或不能正常发挥使用功能的工程部位。

由于用户使用不当而造成建筑功能不良或损坏者,不在保修范围内。

（四）缺陷责任期内的维修及费用承担

(1) 保修责任。缺陷责任期内,属于保修范围、内容的项目,承包人应当在接到保修通知之日起 7 天内派人保修。发生紧急抢修事故的,承包人在接到事故通知后,应当立即到达事故现场抢修。对于涉及结构安全的质量问题,应当按照《房屋建筑工程质量保修办法》(建设部令第 80 号)的规定,立即向当地建设行政主管部门报告,采取安全防范措施,由原设计单位或者具有相应资质等级的设计单位提出保修方案,承包人实施保修。质量保修完成后,由发包人组织验收。

(2) 费用承担。由他人及不可抗力原因造成的缺陷,发包人负责维修,承包人不承担费用,且发包人不得从保证金中扣除费用。如发包人委托承包人维修,发包人应该支付相应的维修费用。

发承包双方就缺陷责任有争议时,可以请有资质的单位进行鉴定,责任方承担鉴定费用并承担维修费用。

缺陷责任期内,由承包人原因造成的缺陷,承包人应负责维修,并承担鉴定及维修费用。如承包人不维修也不承担费用,发包人可按合同约定扣除保留金,并由承包人承担违约责任。承包人维修并承担相应费用后,不免除对工程的一般损失赔偿责任。

缺陷责任期的起算日期必须以工程的实际竣工日期为准,与之相对应的工程照管义务期的计算时间是从发包人签发工程接收证书起。对于有一个以上交工日期的工程,缺陷责任期应分别从各自不同的交工日期算起。

由于承包人原因造成某项缺陷或损坏,使某项工程或工程设备不能按原定目标使用而需要再次检查、检验和修复的,发包人有权要求承包人相应延长缺陷责任期,但缺陷责任期最长不超过 2 年。

二、质量保证金的使用及返还

(一) 质量保证金的含义

建设工程质量保证金(以下简称保证金)是指发包人与承包人在建设工程承包合同中约定,从应付的工程款中预留,用以保证承包人在缺陷责任期(质量保修期)内对建设工程出现的缺陷进行维修的资金。缺陷是指建设工程质量不符合工程建设强制标准、设计文件,以及承包合同的约定。

(二) 质量保证金的预留、管理和使用

(1) 质量保证金的预留。发包人应按照合同约定的质量保证金比例从结算款中扣留质量保证金。全部或者部分使用政府投资的建设项目,按工程价款结算总额 5% 左右的比例预留质量保证金;社会投资项目采用预留质量保证金方式的,预留质量保证金的比例可以参照执行。发包人与承包人应该在合同中约定质量保证金的预留方式及预留比例,建设工程竣工结算后,发包人应按照合同约定及时向承包人支付工程结算价款并预留质量保证金。

(2) 质量保证金的管理。缺陷责任期内,实行国库集中支付的政府投资项目,质量保证金的管理应按国库集中支付的有关规定执行。其他政府投资项目,质量保证金可以预留在财政部门或发包方。缺陷责任期内,如发包方被撤销,质量保证金随交付使用资产一并移交使用单位,由使用单位代行发包人职责。社会投资项目采用预留质量保证金方式的,发承包双方可以约定将质量保证金交由金融机构托管;采用工程质量保证担保、工程质量保险等其他方式的,发包人不得再预留质量保证金,并按照有关规定执行。

(3) 质量保证金的使用。承包人未按照合同约定履行属于自身责任的工程缺陷修复义务的,发包人有权从质量保证金中扣留用于缺陷修复的各项支出。若经查验,工程缺陷是属于发包人原因造成的,应由发包人承担查验和缺陷修复的费用。

(三) 质量保证金的返还

在合同约定的缺陷责任期终止后的 14 天内,发包人应将剩余的质量保证金返还给承包人。剩余质量保证金的返还并不能免除承包人按照合同约定应承担的质量保修责任和应履行的质量保修义务。

⮕ 思考与练习

一、单选题

1.建设项目竣工决算应包括(　　)的全部实际费用。

　A.从设计到竣工投产　　　　　　　　B.从筹集到竣工投产

　C.从立项到竣工验收　　　　　　　　D.从开工到竣工验收

2.关于竣工决算报告,大中型项目竣工决算和小型项目竣工决算均包括的竣工决算报表是(　　)。

　A.建设概况表　　　　　　　　　　　B.竣工财务决算总表

C.交付使用资产总表　　　　　　　　　　D.建设项目竣工财务决算审批表

3.负责组织人员编写建设工程竣工决算文件的责任单位是(　　　)。

A.建设单位　　　　　　　　　　　　B.监理单位

C.施工单位　　　　　　　　　　　　D.项目主管部门

4.建设项目由甲、乙两个单位工程组成,其工程费用见表6-7。若项目总勘察设计费为100万元,则乙工程应分摊的勘察设计费为(　　　)万元。

表6-7　　　　　　　　　　甲、乙单位工程的工程费用　　　　　　　　　(单位:万元)

单项工程	建筑工程费	安装工程费	需安装设备价值
甲	3500	500	2000
乙	1500	300	1200

A.30　　　　　　　　B.31　　　　　　　　C.33.3　　　　　　　　D.37.5

5.土地征用费的分摊一般按(　　　)比例分摊。

A.建筑工程费

B.建筑工程、安装工程费用总额

C.建筑安装工程费和需安装设备价值总额

D.工程费用总额

6.下列关于新增固定资产价值的计算,说法正确的是(　　　)。

A.为了保护环境而正在建设的附属辅助工程计入新增固定资产价值

B.不构成生产系统但能独立发挥效益的非生产性项目,在交付使用后计入新增固定资产价值

C.达到固定资产标准不需安装的设备、工器具,在购买后计入新增固定资产价值

D.分批交付生产的工程,应待全部交付完毕后一次计入新增固定资产价值

7.工程竣工后,由于洪水等不可抗力造成的损坏,承担保修费用的单位是(　　　)。

A.施工单位　　　　　　　　　　　　B.设计单位

C.建设单位　　　　　　　　　　　　D.监理单位

8.因建筑材料、建筑构配件和设备质量不合格引起的质量缺陷,属于承包单位采购的,承担经济责任的是(　　　)。

A.承包单位　　　　　　　　　　　　B.验收单位

C.供应单位　　　　　　　　　　　　D.设计单位

9.缺陷责任期的开始起算日期为(　　　)。

A.工程完工之日　　　　　　　　　　B.提交竣工验收申请之日

C.通过竣工验收之日　　　　　　　　D.通过竣工验收后30天

10.根据《建设工程质量管理条例》,下列有关建设工程的最低保修期限的规定,正确的是(　　　)。

A.地基基础工程为30年

B.屋面防水工程的防渗漏为3年

C.供热与供冷系统为2个采暖期和供热期

D. 设备安装和装修工程为 1 年

二、多选题

1. 竣工决算由( )等部分组成。

A. 竣工财务决算说明书 B. 竣工财务决算报表

C. 建设工程竣工图 D. 工程竣工造价对比分析

2. 在新增固定资产价值计算时,应计入新增固定资产价值的是( )。

A. 在建的附属辅助工程

B. 单项工程中不构成生产系统,但能独立发挥生产性的项目

C. 凡购置达到固定资产标准不需要安装的工具、器具费用

D. 属于新增固定资产价值的其他投资

3. 对于新增固定资产的其他费用,一般情况下,建设单位管理费按( )之和作比例分摊。

A. 建筑工程费用 B. 安装工程费用

C. 工程建设其他费 D. 需安装设备价值总额

4. 根据《建设工程质量管理条例》,有关保修期的确认,下列说法正确的是( )。

A. 基础设施工程为 50 年

B. 屋面防水工程,有防水要求的卫生间、房间和外墙面的防渗漏为 5 年

C. 供热与供冷系统为 2 个采暖期和供热期

D. 电气管线、给排水管道、设备安装和装修工程为 2 年

5. 关于缺陷责任期内的维修及费用承担,以下说法正确的是( )。

A. 缺陷责任期内,由承包人原因造成的缺陷,承包人应负责维修并承担鉴定及维修费用

B. 因承包人原因造成缺陷且不愿意维修的,发包人可按合同约定扣除保证金

C. 因承包人原因造成缺陷的,其负责维修并承担相应费用后,可免除对工程的一般损失赔偿责任

D. 由他人及不可抗力原因造成的缺陷,发包人负责维修,承包人不承担费用

[思考与练习参考答案]

一、单选题

1~5 BDAAA;6~10 BCACC

二、多选题

1~5 ABCD BCD ABD BCD ABD

参 考 文 献

［1］ 全国造价工程师执业资格考试培训教材编审委员会.建设工程计价.6版.北京:中国计划出版社,2013.

［2］ 全国一级建造师执业资格考试用书编写委员会.建设工程经济.4版.北京:中国建筑工业出版社,2015.

［3］ 中华人民共和国住房和城乡建设部,中华人民共和国国家质量监督检验检疫总局.GB 50500—2013　建设工程工程量清单计价规范.北京:中国计划出版社,2013.

［4］ 中华人民共和国住房和城乡建设部,中华人民共和国国家工商行政管理总局.GF-2013-0201　建设工程施工合同(示范文本).北京:中国计划出版社,2013.

［5］ 玉小冰,左恒忠.建筑工程造价控制.南京:南京大学出版社,2012.

［6］ 易红霞,周金菊.建筑工程计量与计价.长沙:中南大学出版社,2015.

［7］ 胡新萍,王芳.工程造价控制与管理.北京:北京大学出版社,2012.

［8］ 吴现立,冯占红.工程造价控制与管理.2版.武汉:武汉理工大学出版社,2008.

［9］ 柴琦,冯松山.建筑工程造价管理.北京:北京大学出版社,2012.

［10］ 陈建国,高显义.工程计量与造价管理.3版.上海:同济大学出版社,2010.

［11］ 陈海英.工程造价控制.北京:石油工业出版社,2008.

［12］ 斯庆,宋显锐.工程造价控制.北京:北京大学出版社,2009.

［13］ 徐锡权,刘永坤,孙家庭.建设工程造价管理.青岛:中国海洋大学出版社,2010.